重庆市研究生教育优质课程指定教材

信号检测与分析

冯 鹏 黎蕾蕾 何 鹏 编著

科学出版社

北 京

内 容 简 介

信号检测与分析是一门多学科综合的新兴技术，本书综合利用信息论、控制论、数字信号处理、随机过程、谱分析等理论，重点突出以信息论为基础的相关理论在信号检测中的应用，例如，如何进行信号的检测、估计和分析，以及如何在干扰环境下有效地提取有用信号等知识。具体而言，本书主要涉及信号检测与估计、信号分析与处理两大模块，涵盖信号的定义、随机信号分析的基础知识，介绍包括假设检验在内的信号检测与参数估计的基本概念，以及基于假设检验的检测准则和线性估计、非线性估计等多种估计方法，并重点讨论相干检测和取样积分；阐述维纳滤波器的基本原理及设计，引入以维纳滤波为基础的自适应数字滤波器，推导离散卡尔曼滤波的状态方程、测量方程，并介绍卡尔曼滤波的若干应用实例；最后重点论述经典功率谱估计的原理、方法、评价、性能以及相应的改进。

本书可供信息类、电子类、通信类学科高年级本科生、研究生以及从事相关研究的科研人员使用。

图书在版编目（CIP）数据

信号检测与分析 / 冯鹏，黎蕾蕾，何鹏编著. —北京：科学出版社，2020.4（2020.10 重印）

重庆市研究生教育优质课程指定教材

ISBN 978-7-03-063545-7

Ⅰ. ①信… Ⅱ. ①冯… ②黎… ③何… Ⅲ. ①信号检测－高等学校－教材 ②信号分析－高等学校－教材 Ⅳ. ①TN911

中国版本图书馆 CIP 数据核字（2019）第 264471 号

责任编辑：韩卫军 / 责任校对：彭　映
责任印制：罗　科 / 封面设计：墨创文化

科学出版社 出版

北京东黄城根北街 16 号
邮政编码：100717
http://www.sciencep.com

四川煤田地质制图印刷厂印刷

科学出版社发行　各地新华书店经销

*

2020 年 4 月第 一 版　开本：787×1092　1/16
2020 年 10 月第二次印刷　印张：14 1/2
字数：340 000

定价：60.00 元

（如有印装质量问题，我社负责调换）

序

　　信息技术的迅猛发展，应用需求的不断提高，对研究生的信息理论与技术教学提出了更高的要求。信号检测与分析是现代信息理论与技术的重要内容，广泛应用于电子信息系统、自动控制、光学、气象学、地震学、生物医学工程及航空航天系统工程等领域。在研究生培养中，信号的检测、传输、分析、处理和应用是信息类研究生学位培养的核心内容，"信号检测理论""统计信号处理""现代谱估计"等是目前国内"电子科学与技术""信息与通信工程""控制科学与工程""仪器科学与技术""光学工程"等多个研究生专业的核心课程或专业基础课程。由于各专业侧重不同，一些知识点分散在不同的课程中，课程内容交叠，系统性不强，授课时间跨度大，不利于学生系统学习。

　　有鉴于此，该书以信息论、统计信号处理和现代谱理论为基础，以信号的检测、分析和应用为脉络，保留了经典的信号检测理论的主干，增加了部分数字信号处理和统计信号处理的内容，嵌入团队最新科研成果。因此该书既注重基础，又凸显应用与创新，并且兼顾光电、通信、自动化等信息类专业不同的需求。

　　该书在内容上注重基本理论和课程知识体系的完备性；阐释注重各知识点之间的联系和递进，突出内在的逻辑性；技术介绍注重该领域的应用范例与研究前沿，突出技术的新颖性。力求内容丰富、系统和新颖，使读者得以知其然并知其所以然，从而开拓思维，激发兴趣。

　　希望该书的出版能够为从事信号检测与分析课程教学的教师们提供有益的参考，让该领域的学习者多一份选择，同时该书对相关研究人员也有所裨益。

曾孝平

前　言

互联网、大数据、云计算……随着科技的进步和社会的发展，人类突然置身于信息爆炸的时代。信号是信息的载体，更是信息传输的纽带。在信息的海洋中浮沉，需一舟一桨方能到达彼岸而不至于沉溺于各类无用和干扰信号中。这舟便是对信号的检测，这桨恰是对信号的分析。

面对天文数据般的信号，如何准确提取信息，又如何检测、复现乃至分析与处理这些纷繁复杂的信号，业已成为摆在当今人类面前重要而严峻的课题。信号检测与分析作为一门多学科交叉综合的技术，融合了信息论、统计信号处理、现代谱分析等多种理论，建立了复杂环境下随机信号检测和估计的原理及技术方法，这为信号特征的提取、分析和处理乃至识别奠定了理论和实践基础。了解和掌握信号检测与分析的基本理论、设计方法、实现路径和应用实例，对于从事信号类相关的教学工作、科学研究和产品开发等具有重要的现实意义。

本书是教学团队以长期讲授的研究生和本科生"信号检测理论"、"数字信号处理"和"信号与系统"等课程为基础，总结多年教学经验，借鉴课题组部分研究成果和参考国内外相关教材编写而成的。本书要求学生掌握"微积分"、"概率论与数理统计"、"线性代数"或"矩阵论"、"信号与系统"以及"随机信号分析"等基础知识，同时还具备"MATLAB"或"C++"等语言的编程技能。全书内容以随机信号的基础理论为出发点，包含信号检测与估计、信号处理与分析两大模块，由浅入深，由概念到实例，由算法到仿真，便于读者理解和消化艰深的理论和繁复的公式，从而达到举一反三的目的。

本书具体内容如下。第 1 章以信号的定义为切入点，阐述了信号的具体含义和分类，引入了信号检测和分析的一些基本概念；第 2 章复习随机信号分析的基础理论知识，包括随机信号、平稳随机信号的定义以及随机信号的期望、方差、自相关、功率谱等统计特征；介绍包括白噪声、谐波信号在内的几种特定的随机信号；同时，还重点描述了时间序列信号模型以及随机信号的高阶谱等统计特征；第 3 章在阐述信号检测与参数估计基本概念的基础上，讨论假设检验以及相关检测准则，详述线性估计和非线性估计的异同以及各自典型的估计方法，介绍几种参数估计的应用实例。第 4 章介绍两类典型的信号检测方法：相干检测和取样积分。第 5 章重点介绍维纳滤波器，概述维纳滤波的基本原理，推导因果和非因果条件下维纳滤波的 z 域解；以此为基础，对维纳滤波器的预测进行了详细讨论，并简要提及了一种用于求解 Yuler-Walker 方程的有效方法：Levinson-Durbin 算法；第 6 章从状态空间模型的角度引入卡尔曼滤波，重点分析离散卡尔曼滤波的状态方程、测量方程以及统计特性，详述其核心的递推公式和递推算法，介绍若干应用实例；第 7 章介绍以维纳滤波为基础的自适应数字滤波器，主要介绍最小均方（LMS）和递归最小二乘（RLS）自适应算法，涉及相关算法的原理、参数、性能等多个方面，以及自适应噪声抵消器、自适应系统辨识等多种自适应滤波器的应用举例和 MATLAB 模拟。第 8 章介绍功率谱估计问题，重点论述了经典功率谱估计的原理、方法、评价、性能以及相应的改进，可以看作随机信号处理和估计的具体应用，最后简要介绍如何利用 MATLAB 实现参数法的谱估计问题。

本书是重庆市研究生教育优质课程和重庆大学研究生重点课程"信号检测与分析"的配套教材，主要内容也适用于高年级本科生，对于建议选学的部分，我们在目录中用"*"加以标注。根据课时、专业的不同，授课教师可以有所侧重。扫描封底的本书二维码可以获取本书相关课件。

本书的出版得到了重庆市研究生教育教学改革研究项目（yjg183016），教育部高等学校仪器类专业教学指导委员会"2018 年高等学校仪器类专业新工科建设"项目（2018C024），重庆大学研究生教育教学改革研究重点项目（cquyjg18218），重庆大学教学改革研究项目（2017Y38），重庆大学研究生重点课程项目（201704058），重庆大学光电工程学院出版专项基金等的资助，书中部分实例源于课题组承担的国家重点研发计划（2019YFC0605203，2016YFC0104609），国家自然科学基金项目（61175005，61171157，61201346，61401049，11605017），中央高校基本科研业务费（CDJZR14125501，2018CDGFGD0008）等科研项目的研究成果。可以说，本书既总结了教学团队和课题组多年致力于"信号检测与分析"领域教学和研究的工作成果，也凝聚了教学团队投身于"信号检测与分析"课程改革的感受和体悟，希望能够对从事"信号检测与分析"领域研究的科研人员、教学工作者和相关专业的学生有所裨益。

本书在编著过程中得到了重庆市教育委员会、重庆大学研究生院和光电工程学院等单位及其领导的大力支持，在此表示诚挚的谢意。尤其感谢重庆大学国家级教学名师曾孝平教授，他在百忙之中通读全文，不仅提出诸多建设性的修订意见，而且亲自为本书作序，曾教授的严谨态度和专业精神让我们非常钦佩。魏彪教授审定了全书并修订了前言，研究生杨峰、陈渝、张爱民、谯梁、余小柳、黄晓腾、陈乐林等在文字录入和绘图等方面付出了辛勤劳动，在此一并表示衷心的感谢。书中，黎蕾蕾负责第 6 章的撰写，何鹏负责第 1 章的撰写，冯鹏负责其余章节撰写。此外，本书的内容还参考了很多文献和同类书籍，引用时难免挂一漏万，难以尽列。

由于作者水平有限，书中不妥之处在所难免，希望广大读者批评指正。

目　　录

第1章 绪 论

随着科学技术的飞速发展，信号检测与分析在实际工程中的应用越来越广泛，其所扮演的角色也越来越重要。那么究竟什么是信号？信号与信息之间的关系如何？信号又是怎样进行定义及分类的？如何对信号进行检测？信号分析是怎样开展的？信号检测与分析的目的、内容、方法及特点是什么？其应用的领域有哪些？这就是本章将要介绍的主要内容。

1.1 信号的定义及分类

人们对于"信号"一词并不陌生，如生活中的说话声、十字路口的红绿灯信号、电视中播放的视频、温度计测量的温度等，但如何对信号进行定义，首先需要弄清楚信号与信息之间的关系。

所谓信息，是指人类社会和自然界中需要传递、交换、存储和提取的抽象内容。由于其抽象性，为了便于表现和利用它，必须以语言、文字、图像或数据的方式将它表达出来。因而，人们称表示信息的语言、文字、图像或数据等为消息；而将运载消息的声、光、电等物理量称为信号。所以，从信息论的角度而言，信息是信号的具体内容，信号则是信息的一种物理表现形式，它反映了物理系统的状态和特性，是信息的函数。从信息处理的角度而言，当信息源产生信息后，信息需要被传递/传输才能被感知和接收。以一个典型的无线通信系统为例，为了实现远距离传输，必须对信息进行变换、编码等处理，并调制成合适的无线电信号，借助发射天线辐射到空间，再以电磁波的形式传播到接收天线。接收系统对经过放大、解调的无线电信号进行处理，提取出所需要的信息后发送给终端设备，从而完成信息传输的任务。由此可见，信号是串联信息系统各部分的纽带，对信号进行检测和处理分析是信息系统中的信息流高效、无失真传输的重要保障。广义地说，任何带有信息的事物，如振动、光强、温度、压力、电压、电流以及语音、图像等各种物理量，均可称为信号。一般而言，电压、电流或振动信号是一个独立变量的函数（或一维函数）；图像可表示为笛卡儿坐标系下的二维函数；视频则与位置和时间密切相关，是一个三维函数。本书主要讨论可表示为一维函数（一般设定为时间变量 t 的）的信号。

描述信号的基本方法是其对应的数学表达式。表达式是时间的函数，此时间函数的图形便是信号的波形。不同波形的信号具有不同的特点，因而在不同的研究领域和场合，信号也就有着不同的分类。

1.1.1 连续时间信号和离散时间信号

按照时间函数取值的连续性或离散性（或按照时间自变量 t 的取值特点），可以将信号划分为连续时间信号和离散时间信号（简称为连续信号和离散信号）。连续信号是指：如果在所讨论的时间间隔内，对于任意给定的时间值（除有限个不连续的间断点外）都能给出确定的函数值，则称该信号为连续信号。图 1.1.1 所示的正弦波信号与矩形波信号都是连续信号。连续信号的幅值可以是连续的，也可以是离散的（只取某些确定的值）。时间和幅值都连续的信号通常又称为模拟信号。在实际应用中，模拟信号与连续信号往往指同一概念，不予区别。

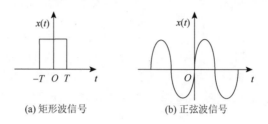

(a) 矩形波信号   (b) 正弦波信号

图 1.1.1 连续信号

与连续信号对应的是离散信号。离散信号在时间上是离散的，它只在某些不连续的特定瞬间取值，在其他时间则没有定义。所给出函数值的离散时刻的间隔可以是均匀的，也可以是不均匀的，通常情况下都采用均匀间隔。此时，时间自变量 t 简化为用整数序号 n 表示，即 $x(t)$ 转化为 $x(n)$。

除时间变量可以离散化外，离散信号的幅值也可以离散化。当离散信号的幅值为连续值时，又将其称为抽样信号。抽样信号可理解为在离散时间条件下对连续信号的抽样，如图 1.1.2（a）所示；当幅值为离散值时，则将其称为数字信号，换言之，数字信号在时间和幅值上均为离散的，如图 1.1.2（b）所示。

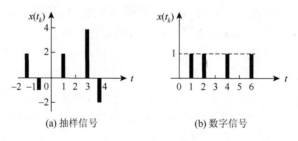

(a) 抽样信号   (b) 数字信号

图 1.1.2 离散信号

1.1.2 确定性信号和随机信号

信号可以从能否进行精确描述的角度进行分类。若信号能够用确定的时间函数或数学关系式进行表示，这种信号称为确定性信号。许多物理现象产生的信号是可以用精确的数学关系式来表示的，如大家所熟知的钟摆受到冲击后的振动，以及卫星在特定轨道上的绕地运动等，基本上都可归纳为确定性信号。而信号如果无法用确定的数学关系式来描述，且无法预测任意时刻信号的精确取值，如汽车在行进时的振动、心脏跳动时所记录的心电信号、海平面的波动等，则将其称为随机信号或不确定性信号。对于随机信号，往往只能从概率和统计的角度对其进行表示。确定性信号和随机信号如图 1.1.3 所示。

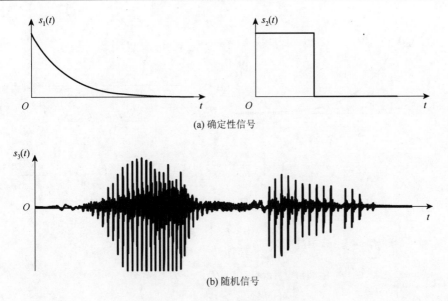

(a) 确定性信号

(b) 随机信号

图 1.1.3 确定性信号和随机信号

1.1.3 功率信号和能量信号

若从能量的角度来研究信号，将信号 $x(t)$ 看作作用在单位电阻上的电流，在所分析的时间区间 $-T \leqslant t \leqslant T$ 内，其消耗的能量为

$$W = \lim_{T \to \infty} \int_{-T}^{T} x^2(t) \mathrm{d}t \tag{1.1.1}$$

其平均功率为

$$G = \lim_{T \to \infty} \frac{1}{2T} \int_{-T}^{T} x^2(t) \mathrm{d}t \tag{1.1.2}$$

若能量 W 为有限值，则称该信号为能量有限信号，简称能量信号。由式（1.1.2）可知，能量信号的平均功率为零。实际应用中，一般的有限长非周期的绝对可积信号一定是能量信号。

若信号 $x(t)$ 的能量趋于无穷，而信号的功率 G（或平均功率）是不为零的有限值，则称 $x(t)$ 为功率信号。一个幅值有限的周期信号或随机信号的能量是无限的，但是只要功率有限，该信号就是功率信号。换言之，功率信号必须满足如下条件：

$$0 \leqslant \lim_{T \to \infty} \frac{1}{2T} \int_{-T}^{T} x^2(t) \mathrm{d}t \leqslant \infty \tag{1.1.3}$$

因此可知，一个能量信号具有零平均功率，而一个功率信号则具有无限大的能量。一个信号可以既不是能量信号，也不是功率信号，但不可能既是能量信号，又是功率信号。能量信号和功率信号如图 1.1.4 所示。

对于离散信号，上述定义和结论同样成立。

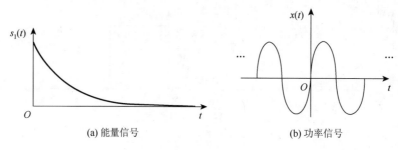

图 1.1.4　能量信号和功率信号

例 1.1.1　判断下列信号哪些属于能量信号，哪些属于功率信号。

$$x(t) = \begin{cases} A, & 0 < t < 1 \\ 0, & 其他 \end{cases}$$

$$y(t) = A\cos(\omega_0 t + \theta), \quad -\infty < t < \infty$$

$$z(t) = \begin{cases} t^{-1/4}, & t \geqslant 1 \\ 0, & 其他 \end{cases}$$

解　由式（1.1.1）和式（1.1.2）可知，上述三个信号的能量 W 和平均功率 G 分别为

$$W_1 = \lim_{T \to \infty} \int_{-T}^{T} A^2 \mathrm{d}t = A^2, \quad G_1 = 0$$

$$W_2 = \lim_{T \to \infty} \int_{-T}^{T} A^2 \cos^2(\omega_0 t + \theta)\mathrm{d}t = \infty, \quad G_2 = \lim_{T \to \infty} \frac{A^2}{2T}\int_{-T}^{T}\cos^2(\omega_0 t + \theta)\mathrm{d}t = \frac{A^2}{2}$$

$$W_3 = \lim_{T \to \infty} \int_{-T}^{T} t^{-1/2} \mathrm{d}t = \infty, \quad G_3 = \lim_{T \to \infty} \frac{1}{2T}\int_{-T}^{T} t^{-1/2} \mathrm{d}t = 0$$

因此，信号 $x(t)$ 是能量信号，$y(t)$ 是功率信号，$z(t)$ 既不是能量信号，也不是功率信号。

1.1.4　周期信号和非周期信号

按照信号随时间变化的特点可以将信号分为周期信号和非周期信号，它们皆属于确定性信号。

1. 周期信号

周期信号是指按一定时间间隔周而复始，且无始无终的信号。其函数表达式可写为

$$x(t) = x(t + nT), \quad n \in \mathbf{Z} \tag{1.1.4}$$

满足式（1.1.4）的最小 T 称为信号 $x(t)$ 的周期。从式中可以看出，只要知道周期信号在某一周期内的变化规律或变化过程，便可推导出信号在任意时刻的精确数值。图 1.1.5 所示为几种典型的周期信号。

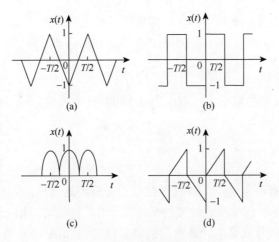

图 1.1.5　几种典型的周期信号

2. 非周期信号

非周期信号是指在时间上既非周而复始又不是无始无终的信号。如果一个信号虽然在一定的时间间隔上能够重复出现，但却不是无始无终的，这种信号也是非周期信号。例如，在某个时间范围分布的正弦信号就是非周期信号，因此非周期信号又称为脉冲信号或有限长信号。一个无限长信号，如果不是周而复始，那也是非周期信号，如指数衰减信号。非周期信号平方的积分，无论电压或电流信号，都代表在单位电阻上所消耗的能量，且信号总能量恒大于零。

1.1.5　基带信号和高频带通信号

根据信号的频谱特性，可将信号划分为基带信号与高频带通信号。频谱主要集中在零值附近的信号称为基带信号，而频谱主要集中在以 $\pm\omega_0$ 为中心频率、带宽为 $\Delta\omega$ 的范围内的信号则称为高频带通信号。

根据带宽 $\Delta\omega$ 相对载波 ω_0 的比例关系，又进一步将上述高频带通信号划分为窄带信号（比例在 1%以内，如常规的通信、雷达等系统中所涉及的信号）、宽带信号（比例为 1%～20%）、超宽带信号（比例超过 20%）。

窄带信号通常可表示为如下形式：

$$s(t) = a(t)\cos[\omega_0 t + \theta(t)] \tag{1.1.5}$$

式中，$a(t)$ 和 $\theta(t)$ 相对载波缓慢变化，均为基带慢变信号。为便于分析和处理，又可将式（1.1.5）表示为复数形式：

$$\tilde{s}(t) = a(t)\mathrm{e}^{\mathrm{j}[\omega_0 t + \theta(t)]} = \tilde{a}(t)\mathrm{e}^{\mathrm{j}\omega_0 t} \tag{1.1.6}$$

且

$$\begin{aligned}\tilde{a}(t) &= a(t)\mathrm{e}^{\mathrm{j}\theta(t)} = a(t)\cos[\theta(t)] + \mathrm{j}a(t)\sin[\theta(t)] \\ &= S_I(t) + \mathrm{j}S_Q(t)\end{aligned} \tag{1.1.7}$$

式中，$\tilde{a}(t)$ 为信号 $s(t)$ 的复包络；$S_I(t)$ 和 $S_Q(t)$ 为信号 $s(t)$ 的两个正交分量。

对于任意实信号 $s(t)$ $(-\infty < t < +\infty)$，其复数形式可表示为

$$\tilde{s}(t) = s(t) + \mathrm{j}\hat{s}(t), \quad -\infty < t < +\infty \tag{1.1.8}$$

$$\hat{s}(t) = \frac{1}{\pi}\int_{-\infty}^{+\infty}\frac{s(\tau)}{t-\tau}\mathrm{d}\tau \tag{1.1.9}$$

式中，$\hat{s}(t)$ 为 $s(t)$ 的希尔伯特变换；$\tilde{s}(t)$ 为 $s(t)$ 的解析信号或信号包络，τ 为中间变量。

1.1.6 奇异信号

如果信号本身具有不连续点，或其导数与积分有不连续点，这种信号称为奇异信号。实际信号可能比较复杂，有时需通过某种条件理想化，往往可以用一些简单的典型信号表示。冲激信号和阶跃信号就是两种最常用的奇异信号，如图 1.1.6 所示。

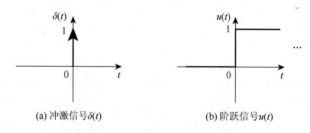

图 1.1.6　冲激信号和阶跃信号

1.2　信号的频谱分析

一般而言，信号可以用一个特定的时间函数进行表示。但若该信号所具有的特征在时域难以表现，通常可以将其表示为某种基本信号之和或积分的形式。最常用的基本信号包括正弦信号、δ 函数、sinc 函数以及 Walsh 函数等。若用复指数信号作为基本信号，任何能量信号都可表示为

$$x(t) = \frac{1}{2\pi}\int_{-\infty}^{+\infty}X(\omega)\mathrm{e}^{\mathrm{j}\omega t}\mathrm{d}\omega \tag{1.2.1}$$

式中

$$X(\omega) = \frac{1}{2\pi}\int_{-\infty}^{+\infty}x(t)\mathrm{e}^{-\mathrm{j}\omega t}\mathrm{d}t \tag{1.2.2}$$

通常把 $X(\omega)$ 称为信号 $x(t)$ 的频谱密度，简称频谱。信号 $x(t)$ 与其频谱 $X(\omega)$ 互为傅里叶变换，记为

$$x(t) \overset{\mathscr{F}}{\leftrightarrow} X(\omega) \tag{1.2.3}$$

若令 $f = \omega/(2\pi)$，则式（1.2.1）～式（1.2.3）可分别表示为

$$x(t) = \int_{-\infty}^{+\infty}X(f)\mathrm{e}^{\mathrm{j}2\pi ft}\mathrm{d}f \tag{1.2.4}$$

$$X(f) = \frac{1}{2\pi}\int_{-\infty}^{+\infty}x(t)\mathrm{e}^{-\mathrm{j}2\pi ft}\mathrm{d}t \tag{1.2.5}$$

$$x(t) \overset{\mathscr{F}}{\leftrightarrow} X(f) \tag{1.2.6}$$

理想条件下，信号的频谱分布于整个频率轴，即$-\infty < \omega < +\infty$。但在实际应用中，大部分信号的频谱主要集中于频率轴的某一个或几个局部范围内，在这个范围之外的频谱分量强度很小，实际应用中往往可以忽略不计。因此，通常采用带宽来度量信号频谱集中分布的区域。如果信号频谱在某一范围内具有单峰形状，则通常把峰值两侧下降到 3dB（半功率）点之间的宽度定义为信号的 3dB 带宽，记为$\Delta\omega = 2\pi\Delta f$。

1.3　信号的相关分析

相关函数和协方差函数用于描述不同随机信号之间或同一随机信号内不同时刻取值的相互关系。相关分析技术在信号和系统的分析和综合中占有重要位置，在一些如强噪声中提取微弱信号、渡越时间（transit time）检测、速度及距离检测、系统动态特性识别等问题上发挥作用。就本质而言，相关分析是基于信号和噪声的统计特性进行检测，是对两个时间（空间）信号相似性的一种度量。

1.3.1　相关的定义

两个时间信号 $x(t)$ 和 $y(t)$ 的相关定义为

$$r_{xy}(\tau) = \int_{-\infty}^{+\infty} x(t+\tau)y^*(t)\mathrm{d}t = \int_{-\infty}^{+\infty} x(t)y^*(t-\tau)\mathrm{d}t \tag{1.3.1}$$

式中，"$*$"表示取复共轭。

两个函数的相关度量了它们之间"相似"的程度。这是一个十分重要的概念，在信号检测中起着非常重要的作用。

相关的物理意义：如图 1.3.1 所示，$x(t)$ 为雷达或声呐发射的探测信号，而 $y(t)$ 为从目标物（飞机或船舶）反射回来的信号。$y(t)$ 与 $x(t)$ 的波形很近似，只不过延迟了一段时间 T。很明显，当式（1.3.1）中的 $\tau = -T$ 时，$r_{xy}(\tau)$ 将取得最大值。这样，便可以通过相关分析找到 T，从而确定目标物的距离。

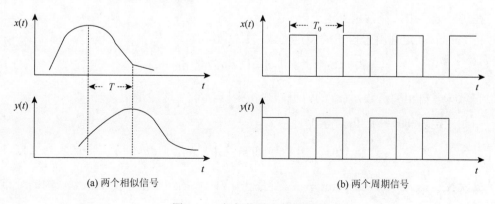

图 1.3.1　相似信号和周期信号

由式（1.3.1）不难得到

$$r_{xy}(-\tau) = r_{yx}^*(\tau) \tag{1.3.2}$$

时间信号 $x(t)$ 的自相关函数定义为

$$r_{xx}(\tau) = \int_{-\infty}^{+\infty} x(t+\tau) x^*(t) \mathrm{d}t \tag{1.3.3}$$

由式（1.3.2）可以得到

$$r_{xx}(-\tau) = r_{xx}^*(\tau) \tag{1.3.4}$$

由自相关的定义式（1.3.3）可得

$$r_{xx}(0) = \int_{-\infty}^{+\infty} |x(t)|^2 \mathrm{d}t \tag{1.3.5}$$

也就是说，时差为零的自相关就是信号 $x(t)$ 的能量。

对于实信号 $x(t)$，根据上面关于互相关的物理解释，不难理解当时差 $\tau = 0$ 时，自相关取得最大值，即

$$r_{xx}(0) \geqslant |r_{xx}(\tau)| \tag{1.3.6}$$

由式（1.3.4）还可以得到实信号自相关函数的另一个重要性质：

$$r_{xx}(-\tau) = r_{xx}(\tau) \tag{1.3.7}$$

也就是说，自相关是时差的偶函数。

对于两个周期为 T_0 的周期函数 $x(t)$ 和 $y(t)$，它们的互相关定义为

$$r_{xy}(\tau) = \frac{1}{T_0} \int_0^{T_0} x(t+\tau) y^*(t) \mathrm{d}t \tag{1.3.8}$$

显然，互相关函数也是周期的且其周期为 T_0。

1.3.2　相关的定理

假定函数 $x(t)$ 和 $y(t)$ 的傅里叶变换为 $X(\omega)$ 和 $Y(\omega)$，根据傅里叶变换的定义不难证明 Parserval 定理：

$$\int_{-\infty}^{+\infty} x(t) y^*(t) \mathrm{d}t = \frac{1}{2\pi} \int_{-\infty}^{+\infty} X(\omega) Y^*(\omega) \mathrm{d}\omega \tag{1.3.9}$$

在信号处理中，经常用到这个等式。

将 Parserval 定理用于自相关的定义式（1.3.3），有

$$r_{xx}(\tau) = \frac{1}{2\pi} \int_{-\infty}^{+\infty} |X(\omega)|^2 \mathrm{e}^{\mathrm{j}\omega t} \mathrm{d}\omega \tag{1.3.10}$$

它意味着自相关函数 $r_{xx}(\tau)$ 的傅里叶变换为 $|X(\omega)|^2$，这便是相关定理。

由相关定理和式（1.3.6）得到

$$r_{xx}(0) = \int_{-\infty}^{+\infty} |X(t)|^2 \mathrm{d}t = \frac{1}{2\pi} \int_{-\infty}^{+\infty} |X(\omega)|^2 \mathrm{d}\omega \tag{1.3.11}$$

式（1.3.11）称为 Plancherel 等式。它说明 $|X(\omega)|^2$ 描述了信号能量在频域内的分布，故 $|X(\omega)|^2$ 称为信号的功率谱。

1.4　信号通过线性时不变系统

学习信号检测与分析相关的理论时，线性系统分析和数字信号处理的基础理论和方法是不可缺少的。线性系统分析的主要内容表述如图 1.4.1 所示。

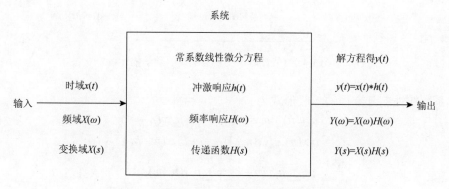

图 1.4.1　线性时不变（模拟）系统的数学描述

例 1.4.1　RC 电路。$x(t)$ 为输入电压，输出电压 $y(t)$ 为电容器两端的电压。由于流回电路的电流为

$$i(t) = C\frac{\mathrm{d}y(t)}{\mathrm{d}t}$$

所以根据全电路的欧姆定律，可以写出如下方程：

$$RC\frac{\mathrm{d}y(t)}{\mathrm{d}t} + y(t) = x(t)$$

这便是描述 RC 电路动态过程的微分方程。将该微分方程两边取拉普拉斯变换可以得到

$$H(s) = \frac{Y(s)}{X(s)} = \frac{1}{RCs+1}$$

这就是 RC 电路的传递函数。

令传递函数 $H(s)$ 的复变量 $s = \mathrm{j}\omega$，则可以得到频率响应为

$$H(\omega) = \frac{1}{1+\mathrm{j}RC\omega}, \quad |H(\omega)| = \frac{1}{\sqrt{1+R^2C^2\omega^2}}, \quad \arg H(\omega) = -\arctan(RC\omega)$$

由其幅频响应 $|H(\omega)|$ 可以看到，RC 电路具有低通滤波的性质。

将传递函数 $H(s)$ 进行拉普拉斯变换便可得到冲激响应为

$$h(t) = \frac{1}{RC}\mathrm{e}^{-\frac{t}{RC}}$$

随着大规模集成电路计算技术的飞速发展，离散信号的检测和估计已成为信号检测的主流。线性时不变离散系统的数学描述如图 1.4.2 所示。

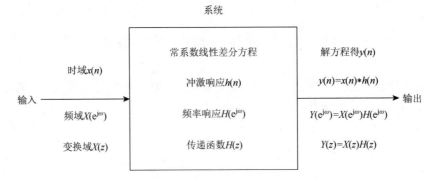

图 1.4.2　线性时不变离散系统的数学描述

常系数线性差分方程的一般形式为

$$a_0 y(n) + a_1 y(n-1) + \cdots + a_N y(n-N)$$
$$= b_0 x(n) + b_1 x(n-1) + \cdots + b_M x(n-M) \tag{1.4.1}$$

$$\sum_{k=0}^{N} a_k y(n-k) = \sum_{r=0}^{M} b_r x(n-r) \tag{1.4.2}$$

由差分方程描述的系统称为数字滤波器。

如式（1.4.1）和式（1.4.2）所示，若除 $a_0 \neq 0$ 外，其他 a_k 均为零，那么式（1.4.2）可写为

$$y(n) = \sum_{r=0}^{M} h(r) x(n-r), \quad h(r) = \frac{b_r}{a_0} \tag{1.4.3}$$

式（1.4.3）实际上是卷积求和的形式，故 $h(r)$ 是数字滤波器的冲激响应。由于 $h(r)$ 只有 $M+1$ 个非零值，故这种滤波器称为有限长冲激响应（finite impulse response，FIR）滤波器。由式（1.4.3）可以看到，n 时刻的输出 $y(n)$ 实际上是当前时刻的输入 $x(n)$ 及过去 M 个时刻的输入 $x(n-1), x(n-2), \cdots, x(n-M)$ 的加权平均，故 FIR 滤波器有时又被称为滑动平均滤波器。

式（1.4.2）中，若除 $a_0 \neq 0$ 外，其他 a_k 不全为零，则为无限长冲激响应（infinite impulse response，IIR）滤波器，这时可以将式（1.4.2）写为

$$y(n) = \sum_{r=0}^{M} \frac{b_r}{a_0} x(n-r) - \sum_{k=1}^{N} \frac{a_k}{a_0} y(n-k) \tag{1.4.4}$$

n 时刻的输出 $y(n)$，除与当前输入 $x(n)$ 及过去 M 个时刻的输入 $x(n-r)(r=1,2,\cdots,M)$ 有关外，还与过去 N 个时刻的输出 $y(n-k)(k=1,2,\cdots,N)$ 有关。也就是说，IIR 滤波器存在反馈。

将差分方程式（1.4.2）两边进行 z 变换可得到传递函数：

$$H(z) = \frac{\displaystyle\sum_{r=0}^{M} b_r z^{-r}}{\displaystyle\sum_{k=0}^{N} a_k z^{-k}} \tag{1.4.5}$$

这实际上是关于 z^{-1} 的有理分式，分子多项式的根称为零点，分母多项式的根称为极点。除 $z = 0$ 外，FIR 滤波器没有其他极点，故 FIR 滤波器有时称为零点滤波器。

例 1.4.2 算术平均器。设 FIR 滤波器的冲激响应为

$$h(r) = \frac{1}{N}, \quad 0 \leqslant r \leqslant N-1 \tag{1.4.6}$$

将其代入式（1.4.3）得

$$y(n) = \frac{1}{N} \sum_{r=0}^{N-1} x(n-r) \tag{1.4.7}$$

实际上就是将 n 时刻及以前 $N-1$ 个时刻的输出作简单的算术平均。

将式（1.4.7）两边取 z 变换可得传递函数：

$$H(z) = \frac{1}{N} \sum_{r=0}^{N-1} z^{-r} = \frac{1}{N} \frac{1-z^{-N}}{1-z^{-1}} \tag{1.4.8}$$

其零点位于 $z = e^{j\frac{2\pi}{N}k}, k = 1, 2, \cdots, N-1$。而位于 $z=1$ 处的零点正好和极点抵消。

将 $z = e^{j\omega}$ 代入传递函数便得到系统的频率响应：

$$H(e^{j\omega}) = \frac{1}{N} \frac{1-e^{-jN\omega}}{1-e^{-j\omega}} = \frac{e^{-j\frac{N}{2}\omega}}{N} \frac{\sin\frac{N}{2}\omega}{\sin\frac{\omega}{2}} \tag{1.4.9}$$

在 $\omega = \frac{2\pi}{N} k (k = \pm1, \pm2, \cdots)$ 处，频率响应为零。它具有低通滤波的性质。

例 1.4.3 一阶 IIR 滤波器。其输入 $x(n)$ 与输出 $y(n)$ 之间的关系如式（1.4.10）所示。

$$y(n) - ay(n-1) = x(n) \tag{1.4.10}$$

其传递函数为

$$H(z) = \frac{1}{1-az^{-1}} \tag{1.4.11}$$

将式（1.4.11）进行 z 反变换可得系统冲激响应：

$$h(n) = a^n u(n) \tag{1.4.12}$$

1.5 信号检测与分析的基本概念

对于信号检测与分析，其所涉及的主要理论基础是信号的统计检测理论、统计估计理论、滤波以及处理分析理论。

所谓信号的统计检测理论，是研究在噪声干扰背景中，所关心的信号属于哪种状态的最佳判决问题；统计估计理论，是研究在噪声干扰背景中，通过对信号的观测，如何构造待估计参数的最佳估计量问题；而信号的滤波以及处理分析理论则是为了改善信号质量，研究在噪声干扰中所感兴趣信号波形的最佳恢复问题。我们以下面的两个例子来具体说明。

在雷达系统中，雷达所发射的信号以电磁波的形式在空间传播，当碰到反射体时会有部分能量返回雷达并被接收，如图 1.5.1 所示。图中 $x(t)$ 表示雷达接收的信号，t_d 对应反射体与雷达之间的距离 R，即 $R = t_d c / 2$，c 为光速。当反射波是由人们感兴趣的物体返回时，所接收的信号就是目标信号，而来自其他物体的回波或人为干扰等是外界干扰，同时存在各种内部干扰。雷达系统面临的任务之一就是从可能非常恶劣的干扰环境中提取人们感兴趣的目标信号，这就要求雷达系统根据目标信号和干扰信号的统计特性，采用统计信号处理的方法，按照某种设定的最佳准则，检测出目标信号，估计目标的有关参量（斜距 L、方位 β、高度 H 和速度 v 等），建立目标的运动航迹，预测未来的目标运动状态等。这就是雷达信号的检测、参量估计和状态滤波。

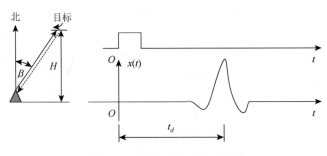

图 1.5.1 雷达系统工作示意图

第二个例子。二进制数字通信系统如图 1.5.2 所示，信源每隔 $T(s)$ 产生一个二进制代码 0 或 1。为了使数字信息能够在信道中远距离传输，应将二进制数字码进行调制，如在调频（frequency modulation，FM）模式下，用两种不同频率（ω_0 和 ω_1）的正弦信号分别对数码 0 和 1 进行调制，结果如下。

数码 0：

$$s_0(t) = \sin \omega_0 t, \quad 0 \leqslant t \leqslant T$$

数码 1：

$$s_1(t) = \sin \omega_1 t, \quad 0 \leqslant t \leqslant T$$

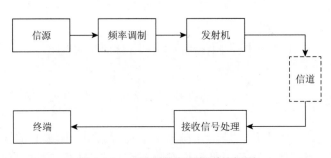

图 1.5.2 二进制数字通信系统框图

这种信号可以是连续相位频移键控（continuous-phase frequency shift keying，CPFSK）信号，如图 1.5.3 所示。

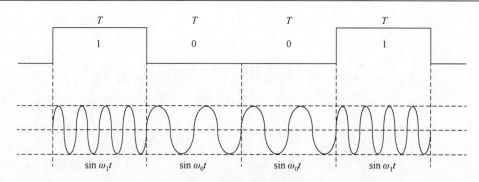

图 1.5.3　连续相位频移键控信号

信号 $s_0(t)$ 或 $s_1(t)$ 通过天线发射出去。如果信号在信道中传输没有失真而仅仅受到衰减，则在接收天线处会收到辐射衰减的信号，经放大后接收到的有用信号仍可以用 $s_0(t)$ 或 $s_1(t)$ 表示。若在[0, T]时间内接收信号为 $x(t)$，考虑加性噪声 $n(t)$，则 $x(t)$ 可以表示如下：

当 $0 \leqslant t \leqslant T$ 时，$s_0(t)$ 被发射和接收（不考虑传输延时），则

$$x(t) = s_0(t) + n(t), \quad 0 \leqslant t \leqslant T$$

当 $0 \leqslant t \leqslant T$ 时，$s_1(t)$ 被发射和接收（不考虑传输延时），则

$$x(t) = s_1(t) + n(t), \quad 0 \leqslant t \leqslant T$$

事实上，在接收到 $x(t)$ 后，并不知道在[0, T]内发送的是 $s_0(t)$ 还是 $s_1(t)$，所以要判断在[0, T]内究竟发送的是 $s_0(t)$ 还是 $s_1(t)$。要完成这种判断，需要根据在 $s_0(t)$ 和 $s_1(t)$ 下接收信号 $x(t)$ 在统计特性上的差异，并选择合理的最佳判断结果。这就是信号的统计检测理论需要研究和解决的问题。对于 $M(M>2)$ 元通信系统，同样需要最佳的判断，即在[0, T]究竟发送的是 M 个可能信号中的哪一个的问题。这就是 M 元（多元）信号的检测。

对信号状态作出判断后，通常还需要获得信号有关参数的信息，如信号振幅、频率和相位等。这就要求在对信号观测的基础上构造最佳估计量，这是信号的统计估计理论问题。

如果还要求把受到噪声污染信号的波形恢复出来，这就是信号的波形估计。信号波形估计一般是在线性最小均方误差准则下的一种最佳估计。波形估计可以是当前，也可以是未来或过去，这就是所谓的滤波、预测和平滑。

本章对信号的统计检测、估计和处理滤波作了大致的介绍，广义而言，这三者之间是密切相关的。如果我们认为信号参量有多个可能真值，则信号参量估计可以看作多元信号的检测问题；信号的参量估计又等同于信号波形估计的特例；若信号的参量随时间变化，则在信号参量估计的基础上，结合信号的运动规律和噪声的统计特性，可以实现信号的波形估计。

第 2 章　随机信号分析基础

第 1 章所讨论的信号都是确定性信号，本章及以后章节将讨论随机信号。随机信号和确定性信号不同，它不能通过一个确切的数学公式描述，也不能准确地进行预测。因此，对于随机信号一般只能在统计的意义上进行研究，这就决定了其分析与处理的方法和确定性信号相比有着较大的差异。

在工程和生活实际中，随机信号的例子有很多。例如，各种无线电系统及电子装置中的噪声与干扰，建筑物所承受的风载，船舶航行时所受到的波浪冲击，许多生物医学信号（如心电图（ECG）、脑电图（EEG）、肌电图（EMG）、心音图（PXG）等）以及我们每天都在发出的语音信号等都是随机的。因此，研究随机信号的分析与处理方法有着重要的理论与实际意义。

本章首先讨论随机信号的基本概念、描述方法，其次重点讨论平稳随机信号的性质及其两个重要的特征量，即相关函数和功率谱，然后讨论随机信号通过线性时不变系统的行为，以及时间序列信号模型，最后讨论随机信号处理中的高阶谱问题。

2.1　随　机　信　号

2.1.1　随机变量

由概率论可知，我们可以用一个随机变量 X 来描述自然界中的随机事件，若 X 的取值是连续的，则 X 是连续型随机变量。若 X 的取值是离散的，则 X 是离散型随机变量，如服从二项式分布、泊松分布的随机变量。对于随机变量 X，我们一般用它的分布函数（概率密度）、矩（均值、方差）及随机变量等特征来描述。

1. 分布函数

对于随机变量 X，实函数：

$$P(x) = \text{Probability}(X \leqslant x), \quad X \in (-\infty, x] \tag{2.1.1}$$

称为 X 的概率分布函数，简称分布函数。$P(x)$ 有如下一些最基本的性质：

（1）$0 \leqslant P(x) \leqslant 1$；

（2）$P(-\infty) = 0$；

（3）$P(\infty) = 1$；

（4）若 $x < y$，则 $P(x) \leqslant P(y)$。

若 X 为连续随机变量，则定义

$$f(x) = \frac{\mathrm{d}P(x)}{\mathrm{d}x} \tag{2.1.2}$$

为 X 的概率密度函数（probability density function，PDF）。显然，分布函数和概率密度函数还有如下关系：

$$P(x) = \int_{-\infty}^{x} f(v)\mathrm{d}v \tag{2.1.3}$$

概率密度函数有如下基本性质：

（1）$f(x) \geqslant 0$；

（2）$\int_{-\infty}^{\infty} f(x)\mathrm{d}x = 1$；

（3）$P(b) - P(a) = \int_{a}^{b} f(x)\mathrm{d}x$。

2. 均值与方差

定义

$$u_x = E\{X\} = \int_{-\infty}^{\infty} xf(x)\mathrm{d}x \tag{2.1.4}$$

为 X 的数学期望值，或简称为均值。定义

$$D_X^2 = E\{|X|^2\} = \int_{-\infty}^{\infty} |x|^2 f(x)\mathrm{d}x \tag{2.1.5}$$

$$\sigma_X^2 = E\{|X - u_X|^2\} = \int_{-\infty}^{\infty} |x - u_X|^2 f(x)\mathrm{d}x \tag{2.1.6}$$

分别为 X 的均方值和方差。式中，$E\{\cdot\}$ 表示求均值运算。若 X 是离散型数据变量，则上述的求均值运算将由积分改为求和。例如，对于均值，有

$$u_X = E\{X\} = \sum_k x_k f_k \tag{2.1.7}$$

式中，f_k 是 X 取值为 x_k 时的概率。

3. 矩

定义

$$\eta_X^m = E\{|X|^m\} = \int_{-\infty}^{\infty} |x|^m f(x)\mathrm{d}x \tag{2.1.8}$$

为 X 的 m 阶原点矩，显然，$\eta_X^0 = 1$，$\eta_X^1 = u_X$，$\eta_X^2 = D_X^2$。再定义

$$\gamma_X^m = E\{|X - u_X|^m\} = \int_{-\infty}^{\infty} |x - u_X|^m f(x)\mathrm{d}x \tag{2.1.9}$$

为 X 的 m 阶原点矩，显然，$\gamma_X^0 = 1$，$\gamma_X^1 = 0$，$\gamma_X^2 = \sigma_X^2$。矩、均值和方差都称为随机变量的数字特征，它们是描述随机变量的重要工具。例如，均值表示 X 取值的中心位置，方差表示其取值相对均值的分散程度。$\sigma_X = \sqrt{\gamma_X^2}$ 又称为标准差，它同样表示了 X 的取值相对均值的分散程度。

均值称为一阶统计量，均方值和方差称为二阶统计量。同样可以定义更高阶的统计量。定义

$$\text{Skew} = E\left\{\left(\frac{X - u_X}{\sigma_X}\right)^3\right\} = \frac{1}{\sigma_X^3}\gamma_X^3 \tag{2.1.10}$$

为 X 的斜度（skewness）。它是一个无量纲的量，用来评价分布函数相对均值的对称性。再定义

$$\text{Kurtosis} = E\left\{\left(\frac{X - u_X}{\sigma_X}\right)^4\right\} - 3 = \frac{1}{\sigma_X^4}\gamma_X^4 - 3 \tag{2.1.11}$$

为 X 的峰度（kurtosis）。它也是一个无量纲的量，用来表征分布函数在均值处的峰值特性。式中"–3"是为了保证正态分布的峰度为零。

例 2.1.1　令 X 是在 $[a,\ b]$ 上服从均匀分布的实随机变量，从而有

$$f(x) = \frac{1}{b-a}, \quad u_X = \frac{a+b}{2}, \quad \sigma_X^2 = \frac{(b-a)^2}{12} \tag{2.1.12}$$

若 X 取离散值 $\{0, 1, 2, \cdots, n\}$ 的概率都相等，即均为 $1/(n+1)$，则称 X 是离散型均匀分布的随机变量，这时有

$$u_X = n/2, \quad \sigma_X^2 = n(n+2)/12 \tag{2.1.13}$$

例 2.1.2　均值为 u_X、方差为 σ_X^2、服从正态分布（即高斯分布）的随机变量 X 的概率密度函数为

$$f(x) = \frac{1}{\sqrt{2\pi\sigma_X^2}}\exp\left[-\frac{1}{2\sigma_X^2}(x - u_X)^2\right] \tag{2.1.14}$$

显然，正态分布的概率密度函数完全由其均值和方差决定，因此常记为 $N(u_X, \sigma_X^2)$。实际上，正态分布的所有高阶矩都可以由其均值和方差决定。可以证明：

$$\gamma_X^m = \begin{cases} 1\times3\times5\times\cdots\times(m-1)\sigma_X^m, & m\text{为偶数} \\ 0, & m\text{为奇数} \end{cases} \tag{2.1.15}$$

若 $m = 4$，则 $\gamma_X^4 = 3\sigma_X^4$，根据式（2.1.11），其峰度等于零。因此，正态分布具有最简单的分布形式。正因为如此，正态分布和均匀分布都是信号处理中最常用的信号概率模型。

4. 随机变量

N 个随机变量组成的向量：

$$\boldsymbol{X} = [X_1, X_2, \cdots, X_N]^{\mathrm{T}} \tag{2.1.16}$$

称为随机向量。随机向量是研究多个随机变量的联合分布及进一步将随机变量理论推广到随机信号的重要工具。$\boldsymbol{X}$ 的均值是由其各个分量的均值所组成的均值向量，即

$$\boldsymbol{u}_X = [u_{X1}, u_{X2}, \cdots, u_{XN}]^{\mathrm{T}}, \quad \boldsymbol{u}_X = E\{X_i\} \tag{2.1.17}$$

其方差是由各个分量之间互相求方差所形成的方差矩阵，即

$$\boldsymbol{\Sigma} = E\{(\boldsymbol{X} - \boldsymbol{u}_X)(\boldsymbol{X} - \boldsymbol{u}_X)^T\}$$

$$= \begin{bmatrix} \sigma_1^2 & \mathrm{cov}(X_1, X_2) & \cdots & \mathrm{cov}(X_1, X_N) \\ \mathrm{cov}(X_2, X_1) & \sigma_2^2 & \cdots & \mathrm{cov}(X_2, X_N) \\ \vdots & \vdots & & \vdots \\ \mathrm{cov}(X_N, X_1) & \mathrm{cov}(X_N, X_2) & \cdots & \sigma_N^2 \end{bmatrix} \qquad (2.1.18)$$

式中

$$\mathrm{cov}(X_i, X_j) = \boldsymbol{\Sigma}_{i,j} = E\{(X_i - u_{X_i})(X_j - u_{X_j})\} \qquad (2.1.19)$$

称为分量 X_i 和 X_j 之间的协方差。

对于 N 维正态分布，其联合概率密度函数为

$$f(\boldsymbol{X}) = [(2\pi)^N \mid \boldsymbol{\Sigma} \mid]^{-1/2} \exp\left[-\frac{1}{2}(\boldsymbol{X} - \boldsymbol{u}_X)^T \boldsymbol{\Sigma}^{-1}(\boldsymbol{X} - \boldsymbol{u}_X)\right] \qquad (2.1.20)$$

它也完全由其均值向量和方差矩阵决定。

两个随机变量 X 和 Y，记其联合概率密度为 $f(x, y)$，其边缘概率密度分别为 $f(x)$ 和 $f(y)$，若

$$f(x, y) = f(x)f(y)$$

则称 X 和 Y 是相互独立的。这一概念可推广到更高维的联合分布。若

$$\mathrm{cov}(\boldsymbol{X}, \boldsymbol{Y}) = E\{(\boldsymbol{X} - \boldsymbol{u}_X)(\boldsymbol{Y} - \boldsymbol{u}_Y)\} = E\{\boldsymbol{X}\boldsymbol{Y}\} - E\{\boldsymbol{X}\}E\{\boldsymbol{Y}\} = 0$$

则必有 $E\{\boldsymbol{X}\boldsymbol{Y}\} = E\{\boldsymbol{X}\}E\{\boldsymbol{Y}\}$，这时，可以说 $\boldsymbol{X}$ 和 $\boldsymbol{Y}$ 是不相关的。两个独立的随机变量必然是互不相关的，但反之并不一定成立，即两个互不相关的随机变量不一定是相互独立的。对于正态分布，独立和不相关是等效的。因此，若式（2.1.16）中 $\boldsymbol{X}$ 的各个分量都服从正态分布，且各分量之间互不相关，那么式（2.1.18）所示的方差阵将变成对角阵。

可以证明，4 个零均值高斯型的随机变量的联合高阶矩阵为

$$E\{X_1 X_2 X_3 X_4\} = E\{X_1 X_2\}E\{X_3 X_4\}$$
$$+ E\{X_1 X_3\}E\{X_2 X_4\} + E\{X_1 X_4\}E\{X_2 X_3\} \qquad (2.1.21)$$

将在后面章节用到这一关系。

以上随机变量、随机向量的描述方法可推广到随机信号。

2.1.2　随机信号及其特征描述

本节研究一个晶体管直流放大器的输出。当输入对地短路时，其输出应为零。但是由于组成放大器各元件中的热噪声致使输出并不为零，产生了温漂。该温漂电压就是一个随机信号。也就是说，当在相同的条件下独立地进行多次观察时，各次观察到的结果互不相同。既然如此，为了全面地了解输出噪声的特征，从概念上讲，应该在相同的条件下，独立地做尽可能多的观察，这如同在同一时刻，对尽可能多的同样的放大器各做一次观察一样。这样，我们每一次观察都可以得到一个记录 $x_i(t)$，其中 $i = 1, 2, \cdots, N$，而 $N \rightarrow \infty$，如图 2.1.1 所示。

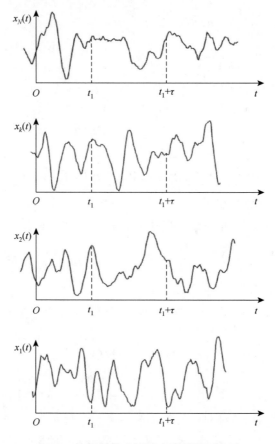

图 2.1.1　晶体管直流放大器的温漂电压

如果将对温漂电压的观察看作一个随机试验，那么，每一次的记录就是该随机试验的一次实现，相应的结果 $x_i(t)$ 就是一个样本函数。所有样本函数的集合 $x_i(t)$，$i = 1, 2, \cdots, N$，而 $N \to \infty$，就构成了温漂电压可能经历的整个过程，该集合就是一个随机过程，即随机信号，记为 $X(t)$。

对于一个特定的时刻，如 $t = t_1$，显然 $x_1(t_j)$，$x_2(t_j)$，$\cdots$，$x_N(t_j)$ 是一个随机变量，它相当于在某一固定的时刻同时测量无限多个相同放大器的输出值。当 $t = t_j$ 时，$x_1(t_j)$，$x_2(t_j)$，$\cdots$，$x_N(t_j)$ 也是一个随机变量。因此，一个随机信号 $X(t)$ 是依赖于时间 t 的随机变量。这样，我们可以用描述随机变量的方法来描述随机信号。

当 t 在时间轴上取值 t_1，t_2，$\cdots$，t_m 时，可以得到 m 个随机变量 $X(t_1)$，$X(t_2)$，$\cdots$，$X(t_m)$，显然，描述这 m 个随机变量最全面的方法是利用其 m 维的概率分布函数（或概率密度函数）：

$$P(x_1, x_2, \cdots, x_m; t_1, t_2, \cdots, t_m)$$
$$= P\{X(t_1) < x_1, X(t_2) < x_2, \cdots, X(t_m) < x_m\}$$

（2.1.22）

当 m 趋近无穷时，式（2.1.22）完善地描述了随机信号 $X(t)$。但是，在工程实际中，要想得到某一随机信号的高维分布函数（或概率密度函数）是相当困难的，且计算也十分烦琐。因此，在实际工作中，对随机信号的描述，除了采用较低维的分布函数（如一维和二维）外，主要是使用其一阶和二阶的数字特征。

对图 2.1.1 中的随机信号 $X(t)$ 进行离散化，得离散随机信号 $X(nT_s)$（以下简记为 $X(n)$）。对 $X(n)$ 的每一次实现，记为 $x(n, i)$，$n \in (-\infty, \infty)$ 代表时间，$i = 1, 2, \cdots, N(N \to \infty)$ 代表实现的序号，即样本数。对于 n, i 的不同组合，$x(n, i)$ 可有如下四种不同的解释：

（1）若 n 固定，则 $x(n, i)$ 相对标量 i 的集合为 n 时刻的随机变量；

（2）若 i 固定，则 $x(n, i)$ 相对标量 n 的集合构成一个一维的离散时间序列，即 $X(n)$；

（3）若 n 固定，i 也固定，则 $x(n, i)$ 是一个具体的数值；

（4）若 n 为变量，i 也为变量，则 $x(n, i)$ 是一个随机信号。

显然，$X(n)$ 的均值、方差、均方值等一、二阶数字特征均是时间 n 的函数，均值可表示为

$$u_X(n) = E\{X(n)\} = \lim_{N \to \infty} \frac{1}{N} \sum_{i=1}^{N} x(n, i) \tag{2.1.23}$$

方差为

$$\sigma_X^2(n) = E\{|X(n) - u_X(n)|^2\} = \lim_{N \to \infty} \frac{1}{N} \sum_{i=1}^{N} |x(n, i) - u_X(n)|^2 \tag{2.1.24}$$

均方值为

$$D_X^2(n) = E\{|X(n)|^2\} = \lim_{N \to \infty} \frac{1}{N} \sum_{i=1}^{N} |x(n, i)|^2 \tag{2.1.25}$$

$X(n)$ 的自相关函数定义为

$$r_X(n_1, n_2) = E\{X(n_1)X(n_2)\} = \lim_{N \to \infty} \frac{1}{N} \sum_{i=1}^{N} x(n_1, i)x(n_2, i) \tag{2.1.26}$$

自协方差函数定义为

$$\mathrm{cov}_X(n_1, n_2) = E\{[X(n_1) - u_X(n_1)][X(n_2) - u_X(n_2)]\}$$
$$= \lim_{N \to \infty} \frac{1}{N} \sum_{i=1}^{N} [x(n_1, i) - u_X(n_1)][x(n_2, i) - u_X(n_2)] \tag{2.1.27}$$

式（2.1.23）～式（2.1.27）右边的求均值运算 $E\{\cdot\}$ 体现了随机信号的"集总平均"，该集总平均是由 $X(n)$ 的无穷多样本 $x(n, i)(i = 1, 2, \cdots, \infty)$ 在相应时刻对应相加（或相乘后再相加）实现的。

随机信号的自相关函数 $r_X(n_1, n_2)$ 描述了信号 $X(n)$ 在 n_1、n_2 两个时刻的相互关系，是一个重要的统计量。若 $n_1 = n_2 = n$，则

$$r_X(n_1, n_2) = E\{|X(n)|^2\} = D_X^2(n)$$

$$\mathrm{cov}_X(n_1, n_2) = E\{|X(n_1) - u_X(n_1)|^2\} = \sigma_X^2(n)$$

对于两个随机信号 $X(n)$、$Y(n)$，其互相关函数和互协方差函数分别定义为

$$r_{XY}(n_1, n_2) = E\{X(n_1)Y(n_2)\} \tag{2.1.28}$$

$$\mathrm{cov}_{XY}(n_1, n_2) = E\{[X(n_1) - u_X(n_1)][Y(n_2) - u_Y(n_2)]\} \tag{2.1.29}$$

下面介绍几个在信号处理中常用到的概念。

由于随机信号 $X(n)$ 可以看成无穷维的随机向量，所以，如果

$$f_X(x_1, x_2, \cdots x_N; n_1, n_2, \cdots, n_N) = f_X(x_1, n_1) f_X(x_2, n_2) \cdots f_X(x_N, n_N) \tag{2.1.30}$$

则称 $X(n)$ 是独立的随机信号，如果在 $n_1, n_2, \cdots, n_N$ 时刻的随机变量具有同样的分布，则称 $X(n)$ 是独立同分布（independent and identically distributed，IID）的随机信号。

如果 $X(n)$ 在任意不同时刻的协方差都为零，即

$$\mathrm{cov}_X(n_1, n_2) = 0 , \quad 对所有的 \ n_1 \neq n_2 \tag{2.1.31}$$

则称信号 $X(n)$ 是不相关的随机信号。

根据式（2.1.30），对任意的正整数 N，若 $f_X(x_1, x_2, \cdots, x_N; n_1, n_2, \cdots, n_N)$ 都服从 N 阶高斯联合分布，则称 $X(n)$ 是高斯型随机信号；同样，若服从均匀分布，则称 $X(n)$ 是均匀型随机分布。

将上述概念扩展到两个随机信号，如 $X(n)$ 和 $Y(n)$，又可得到相应的结论。

若二者的联合概率密度和其各自概率密度有如下关系：

$$f_{XY}(x, y; n_1, n_2) = f_X(x; n_1) f_Y(y; n_2) \tag{2.1.32}$$

对 n_1、n_2 所有的值则称 $X(n)$ 和 $Y(n)$ 是统计独立的。进一步，若 $f_X(x; n_1)$ 和 $f_Y(y; n_2)$ 是相同的函数，则称 $X(n)$ 和 $Y(n)$ 是 IID 的随机信号。

如果

$$\mathrm{cov}_{XY}(n_1, n_2) = 0 , \quad 对所有的 \ n_1 \neq n_2 \tag{2.1.33}$$

则称信号 $X(n)$ 和 $Y(n)$ 是不相关的。由于

$$\begin{aligned} \mathrm{cov}(n_1, n_2) &= E\{X(n_1)Y(n_2)\} - E\{X(n_1)\}u_Y(n_2) - u(n_1)E\{Y(n_2)\} + u_X(n_1)u_Y(n_2) \\ &= E\{X(n_1)Y(n_2)\} - u_X(n_1)u_Y(n_2) \end{aligned}$$

所以，若 $X(n)$、$Y(n)$ 不相关，必有

$$E\{X(n_1)Y(n_2)\} = u_X(n_1)u_Y(n_2)$$

即

$$r_{XY}(n_1, n_2) = u_X(n_1)u_Y(n_2)$$

如果

$$r_{XY}(n_1, n_2) = 0 , \quad 对所有的 \ n_1 \neq n_2 \tag{2.1.34}$$

称信号 $X(n)$ 和 $Y(n)$ 是相互正交的。

2.2 平稳随机信号

2.2.1 平稳随机信号的定义

平稳随机信号是指对于时间的变化具有某种平稳性质的一类信号。若随机信号 $X(n)$ 的概率密度函数满足 $f_X(x_1, \cdots, x_N; n_1, \cdots, n_N) = f_X(x_1, \cdots, x_N; n_{1+k}, \cdots, n_{N+k})$，对任意的 k 都成立，则称 $X(n)$ 是 N 阶平稳的。如果上式对 $N = 1, 2, \cdots, \infty$ 都成立，则称 $X(n)$ 是严平稳（strict-sense stationary，SSS）的随机信号，或狭义平稳的随机信号。

严平稳的随机信号可以说基本上不存在，而且其定义也无法应用于实际。因此，人们研究和应用最多的是宽平稳（wide-sense stationary，WSS）信号，又称广义平稳信号。对随机信号 $X(n)$，若其均值为常数，即

$$u_X(n) = E\{X(n)\} = u_X \tag{2.2.1}$$

其方差为有限值且也为常数，即

$$\sigma_X^2(n) = E\{|X(n) - u_X|^2\} = \sigma_X^2 \tag{2.2.2}$$

其自相关函数 $r_X(n_1, n_2)$ 和 n_1、n_2 的选取起点无关，而仅和 n_1、n_2 之差有关，即

$$r_X(n_1, n_2) = E\{[X(n)X(n+m)]\} = r_X(m), \quad m = n_2 - n_1 \tag{2.2.3}$$

则称 $X(n)$ 是宽平稳的随机信号。

根据上述定义还可以得到均方值为

$$D_X^2(n) = E\{|X(n)|^2\} = D_X^2 \tag{2.2.4}$$

及自协方差为

$$\mathrm{cov}_X(n_1, n_2) = E\{[X(n) - u_X][X(n+m) - u_X]\} = \mathrm{cov}_X(m) \tag{2.2.5}$$

宽平稳随机信号是一类重要的随机信号。在实际工作中，往往把所要研究的随机信号视为宽平稳的，这样将使问题大大简化。实际上，自然界中的绝大部分随机信号都可以认为是宽平稳的。

2.2.2　平稳随机信号的自相关函数

平稳信号自相关函数的定义已由式（2.2.3）给出，现讨论它的一些主要性质。

性质 2.2.1

$$r_X(0) \geqslant |r_X(m)|, \quad 对所有的\ m$$

及

$$r_X(0) = \sigma_X^2 + |u_X|^2 \geqslant 0 \tag{2.2.6}$$

这一性质说明，自相关函数在 $m=0$ 处取得最大值，并且 $r_X(0)$ 是非负的。$|u_X|^2$ 代表信号 $X(n)$ 中直流分量的平均功率，σ_X^2 代表 $X(n)$ 中交流分量的平均功率，因此，$r_X(0)$ 代表 $X(n)$ 的总平均功率。现证明性质 2.2.1。

若 $X(n)$ 是实信号，由

$$E\{[X(n) \pm X(n+m)]^2\} \geqslant 0 \tag{2.2.7}$$

可得 $r_X(0) \geqslant |r_X(m)|$；若 $X(n)$ 是复信号，由

$$|r_X(m)|^2 = |E\{X^*(n)X(n+m)\}|^2$$
$$\leqslant E\{|X(n)|^2\}E\{|X(n+m)|^2\} = r_x^2(0)$$

也可得到同样的结论。

性质 2.2.2　若 $X(n)$ 是实信号，则 $r_X(m) = r_X(-m)$，即 $r_X(m)$ 为实偶函数；若 $X(n)$ 是复信号，则 $r_X(-m) = r_X^*(m)$，即 $r_X(m)$ 是 Hermitian 对称的。

性质 2.2.3　$r_{XY}(-m) = r_{YX}^*(m)$。若 $X(n)$、$Y(n)$ 是实信号，则 $r_{XY}(-m) = r_{YX}(m)$，该结果说明，即使 $X(n)$、$Y(n)$ 是实信号，$r_{XY}(m)$ 也不是偶对称的。

性质 2.2.4 $r_X(0)r_Y(0) \geqslant |r_{XY}(m)|^2$。

性质 2.2.5 由 $r_X(-M), \cdots, r_X(0), \cdots, r_X(M)$ 这 $2M+1$ 个自相关函数组成的矩阵

$$\boldsymbol{R}_M = \begin{bmatrix} r_X(0) & r_X(-1) & \cdots & r_X(-M) \\ r_X(1) & r_X(0) & \cdots & r_X(-M-1) \\ \vdots & \vdots & & \vdots \\ r_X(M) & r_X(M-1) & \cdots & r_X(0) \end{bmatrix} \quad (2.2.8)$$

是非负定的。

现证明性质 2.2.5。

设 $\boldsymbol{\alpha}$ 是任意一个 $M+1$ 维非零向量，$\boldsymbol{\alpha} = [\alpha_0, \alpha_1, \cdots, \alpha_M]^{\mathrm{T}}$，由于

$$\partial^{\mathrm{H}} \boldsymbol{R}_M \boldsymbol{\alpha} = \sum_{m=0}^{M} \sum_{n=0}^{M} a_m a_n^* r_X(m-n) = E\left\{ \left| \sum_{n=0}^{M} a_n^* X(n) \right|^2 \right\} \geqslant 0$$

故性质 2.2.5 成立（式中上标 H 代表共轭转置）。

例 2.2.1 随机相位正弦序列：

$$X(n) = A\sin(2\pi f n T_s + \phi) \quad (2.2.9)$$

式中，A、f 均为常数；ϕ 是一个随机变量，在 $0 \sim 2\pi$ 内服从均匀分布，即

$$p(\phi) = \begin{cases} \dfrac{1}{2\pi}, & 0 \leqslant \phi \leqslant 2\pi \\ 0, & \text{其他} \end{cases}$$

显然，对应 ϕ 的一个取值，可得到一条正弦曲线。因为 ϕ 在 $0 \sim 2\pi$ 内的取值是随机的，所以其每一个样本 $X(n)$ 都是一条正弦信号。试求 $X(n)$ 的均值及其自相关函数，并判断其平稳性。

解 根据定义，$X(n)$ 的均值和自相关函数分别为

$$u_X(n) = E\{A\sin(2\pi f n T_s + \phi)\} = \int_0^{2\pi} A\sin(2\pi f T_s n + \phi)\frac{1}{2\pi}\mathrm{d}\phi = 0$$

与

$$\begin{aligned} r_X(n_1, n_2) &= E\{A^2 \sin(2\pi f n_1 T_s + \phi)\sin(2\pi f n_2 T_s + \phi)\} \\ &= \frac{A^2}{2\pi} \int_0^{2\pi} \sin(2\pi f n_1 T_s + \phi)\sin(2\pi f n_2 T_s + \phi)\mathrm{d}\phi \\ &= \frac{A^2}{2} \cos\left[2\pi f(n_2 - n_1)T_s\right] \end{aligned}$$

由于

$$u_X(n) = u_X = 0$$

及

$$r_X(n_1, n_2) = r_X(n_2 - n_1) = r_X(m) = \frac{A^2}{2}\cos(2\pi f m T_s)$$

所以随机相位正弦波是宽平稳的。

例 2.2.2　随机振幅正弦序列如式（2.2.10）所示：

$$X(n) = A\sin(2\pi f n T_s) \tag{2.2.10}$$

式中，f 为常数；A 为正态随机变量，设其均值为 0，方差为 σ^2，即 $A \sim N(0, \sigma^2)$，试求 $X(n)$ 的均值、自相关函数，并讨论其平稳性。

解　均值为

$$u_X(n) = E\{X(n)\} = E\{A\sin(2\pi f n T_s)\}$$

对于给定的时刻 n，$\sin(2\pi f n T_s)$ 为一个常数，所以有

$$u_X(n) = \sin(2\pi f n T_s) E\{A\} = 0$$

自相关函数为

$$\begin{aligned} r_X(n_1, n_2) &= E\{A^2 \sin(2\pi f n_1 T_s)\sin(2\pi f n_2 T_s)\} \\ &= \sigma^2 \sin(2\pi f n_1 T_s)\sin(2\pi f n_2 T_s) \end{aligned}$$

由此可以看出，虽然 $X(n)$ 的均值和时间无关，但其自相关函数不能写为 $r_X(n_1 - n_2)$ 的形式，即 $r_X(n_1, n_2)$ 和 n_1、n_2 的选取位置有关，所以随机振幅正弦波不是宽平稳的。

2.2.3　平稳随机信号的功率谱

对自相关函数和互相关函数进行 z 变换，有

$$P_X(z) = \sum_{m=-\infty}^{\infty} r_X(m) z^{-m} \tag{2.2.11}$$

$$P_{XY}(z) = \sum_{m=-\infty}^{\infty} r_{XY}(m) z^{-m} \tag{2.2.12}$$

令 $z = e^{j\omega}$，得到

$$P_X(e^{j\omega}) = \sum_{m=-\infty}^{\infty} r_X(m) e^{-j\omega m} \tag{2.2.13a}$$

$$P_{XY}(e^{j\omega}) = \sum_{m=-\infty}^{\infty} r_{XY}(m) e^{-j\omega m} \tag{2.2.13b}$$

我们称 $P_X(e^{j\omega})$ 为随机信号 $X(n)$ 的自功率谱，$P_{XY}(e^{j\omega})$ 为随机信号 $X(n)$ 与 $Y(n)$ 的互功率谱。功率谱反映了信号的功率在频域随频率 ω 的分布，因此，$P_X(e^{j\omega})$、$P_{XY}(e^{j\omega})$ 又称为功率谱密度。所以，$P_X(e^{j\omega})\mathrm{d}\omega$ 表示信号 $X(n)$ 在 $\omega \sim \omega + \mathrm{d}\omega$ 的平均功率。我们知道，随机信号在时间上是无限的，在样本上也是无穷多的，因此随机信号的能量是无限的，它应是功率信号。功率信号不满足傅里叶变换的绝对可积条件，因此其傅里叶变换是不存在的，如确定性的正弦、余弦信号，其傅里叶变换也是不存在的，只是在引入了 δ 函数后才求得其傅里叶变换。因此，对随机信号的频域分析，不再是简单的频谱，而是功率谱。

假定 $X(n)$ 的功率是有限的，那么其功率谱密度的反变换必然存在，其反变换就是自相关函数，即有

$$r_X(m) = \frac{1}{2\pi} \int_{-\pi}^{\pi} P_X(e^{j\omega}) e^{j\omega m} \mathrm{d}\omega \tag{2.2.14}$$

令式（2.2.14）中的时差为零，即 $m = 0$，可得

$$r_X(0) = \frac{1}{2\pi} \int_{-\pi}^{\pi} P_X(\mathrm{e}^{\mathrm{j}\omega}) \mathrm{d}\omega = E\{|X(n)|^2\} \qquad (2.2.15)$$

式中，$E\{|X(n)|^2\}$ 为信号的平均功率，故 $P_X(\mathrm{e}^{\mathrm{j}\omega})$ 描述了随机信号的平均功率在不同的频率下的分布，所以 $P_X(\mathrm{e}^{\mathrm{j}\omega})$ 称为功率谱密度，或简称为功率谱。这一点与确定性信号分析的结果是类似的。式（2.2.13）及式（2.2.14）称为维纳-欣钦（Wiener-Khinchine）定理。

例 2.2.3 已知平稳信号 $X(n)$ 的自相关函数为 $r_X(m) = a^{|m|}$，$|a| < 1$，求其功率谱。

解 由式（2.2.13a）有

$$P_X(\mathrm{e}^{\mathrm{j}\omega}) = \sum_{m=-\infty}^{\infty} a^{|m|} \mathrm{e}^{-\mathrm{j}\omega m} = \sum_{m=0}^{\infty} a^m \mathrm{e}^{-\mathrm{j}\omega m} + \sum_{m=-\infty}^{0} a^{-m} \mathrm{e}^{-\mathrm{j}\omega m}$$

$$= \frac{1}{1 - a\mathrm{e}^{-\mathrm{j}\omega}} + \frac{1}{1 + a\mathrm{e}^{-\mathrm{j}\omega}} = \frac{1 - a^2}{1 + a^2 - 2a\cos\omega}, \quad |a| < 1$$

显然它始终是 ω 的实函数。请读者自己计算并画出该功率谱曲线。

读者可自行证明，功率谱有如下重要性质：

性质 2.2.6 无论 $X(n)$ 是实数的还是复数的，$P_X(\mathrm{e}^{\mathrm{j}\omega})$ 都是 ω 的实函数，因此功率谱失去了相位信息。

性质 2.2.7 $P_X(\mathrm{e}^{\mathrm{j}\omega})$ 对所有的 ω 都是非负的（见式（2.2.15））。

性质 2.2.8 若 $X(n)$ 是实信号，由于 $r_X(m)$ 是偶对称的，那么 $P_X(\mathrm{e}^{\mathrm{j}\omega})$ 仍是 ω 的偶函数。

性质 2.2.9 如式（2.2.15）所示，功率谱曲线在 $(-\pi, \pi)$ 内的面积等于信号的均方值。

一个平稳的随机序列 $u(n)$，如果其功率谱 $P_u(\mathrm{e}^{\mathrm{j}\omega})$ 在 $|\omega| \leqslant \pi$ 的范围内始终为一个常数，如 σ^2，则称该序列为白噪声序列，其自相关函数

$$r_u(m) = \frac{1}{2\pi} \int_{-\pi}^{\pi} P_u(\mathrm{e}^{\mathrm{j}\omega}) \mathrm{e}^{\mathrm{j}\omega m} \mathrm{d}\omega = \sigma^2 \delta(m) \qquad (2.2.16)$$

是在 $m = 0$ 处的 δ 函数。根据自相关函数的定义，$r_u(m) = E[u(n)u(n+m)]$，它说明白噪声序列在任意两个不同的时刻是不相关的，即 $E[u(n+i)u(n+j)] = 0$，对所有的 $i \neq j$。若 $u(n)$ 是高斯型的，那么它在任意两个不同的时刻又是互相独立的。这说明，白噪声序列是最随机的，即由 $u(n)$ 无法预测 $u(n+1)$。白噪声的功率谱是一个常数，这表明白噪声的功率在各种频率下是均匀分布的。众所周知，白光是由各种不同颜色的光组成的，光的不同颜色意味着不同的电磁振荡频率。白噪声借用这一概念形象地表明它具有宽广的频率范围。在工程应用中，严格意义下的白噪声是不存在的，但如果在涉及的频率范围内，随机信号具有平坦的功率谱，则可以把它视为白噪声。

若 $X(n)$ 由 L 个正弦波组成，即

$$X(n) = \sum_{k=1}^{L} A_k \sin(\omega_k n + \varphi_k) \qquad (2.2.17)$$

式中， A_k 、 ω_k 是常数， φ_k 是均匀分布的随机变量，那么可以求出

$$r_X(m) = \sum_{k=1}^{L} \frac{A_k^2}{2} \cos(\omega_k m)$$ （2.2.18）

$$P_X(e^{j\omega}) = \sum_{k=1}^{L} \frac{\pi A_k^2}{2} \left[\delta(\omega + \omega_k) + \delta(\omega - \omega_k) \right]$$ （2.2.19）

此即为"线谱"，那由一个或多个正弦信号所组成的信号连续谱，它是相对频谱的另一个极端情况。

定义

$$\mathrm{coh}(e^{j\omega}) = \frac{P_{XY}(e^{j\omega})}{\sqrt{P_X(e^{j\omega})}\sqrt{P_Y(e^{j\omega})}}$$ （2.2.20）

为 $X(n)$ 和 $Y(n)$ 在频域的归一化相干函数，一般而言 $\mathrm{coh}(e^{j\omega})$ 为复数，所以，又定义

$$\left| \mathrm{coh}(e^{j\omega}) \right|^2 = \frac{\left| P_{XY}(e^{j\omega}) \right|^2}{P_X(e^{j\omega}) P_Y(e^{j\omega})}$$ （2.2.21）

为幅平方相干函数。如果 $X(n) = Y(n)$ ，则 $\mathrm{coh}(e^{j\omega}) = 1$ ， $\forall \omega$ ；如果 $X(n)$ 、 $Y(n)$ 不相关，则 $\mathrm{coh}(e^{j\omega}) = 0$ ， $\forall \omega$ ，因此， $0 \leqslant |\mathrm{coh}(e^{j\omega})| \leqslant 1$ ， $\forall \omega$ 。在上述情况下，都有 $-\pi < \omega \leqslant \pi$ 。

2.3 　 几种特定的随机信号

2.3.1 　 高斯信号

顾名思义，高斯信号的任意维概率密度函数均是高斯函数。

高斯信号的一维概率密度函数为

$$f(x) = \frac{1}{\sqrt{2\pi}\sigma_x} \exp\left[-\frac{1}{2} \frac{(x - m_x)^2}{\sigma_x^2} \right]$$ （2.3.1）

高斯信号的 N 维概率密度函数为

$$f(X) = \frac{1}{\sqrt{2\pi |\operatorname{var} X|^2}} \exp\left[-\frac{1}{2} (X - M_x)^{\mathrm{T}} (\operatorname{var} X)^{-1} (X - M_x) \right]$$ （2.3.2）

式中， X 为 N 维随机矢量； M_x 为 N 维均值矢量。

$$X = [X_1, X_2, \cdots, X_N]^{\mathrm{T}}, \quad M_x = [m_x, m_x, \cdots, m_x]^{\mathrm{T}}$$ （2.3.3）

方差阵 $\operatorname{var} X$ 是 N 维方阵，其定义如下：

$$\operatorname{var} X = E[(X - M_x)(X - M_x)^{\mathrm{T}}]$$

$$= \begin{bmatrix} \sigma_{11}^2 & \sigma_{12} & \cdots & \sigma_{1N} \\ \sigma_{21} & \sigma_{22} & \cdots & \sigma_{2N} \\ \vdots & \vdots & & \vdots \\ \sigma_{N1} & \sigma_{N2} & \cdots & \sigma_{NN}^2 \end{bmatrix}$$ （2.3.4）

$$\sigma_{ij} = E[(X_i - m_x)(X_j - m_x)^{\mathrm{T}}]，\text{ 实际上就是自协方差。}$$

2.3.2　白噪声

若随机信号 $w(n)$ 的随机变量是两两不相关的，则称为白噪声。根据式（2.2.5），白噪声的自协方差为

$$c_{ww}(m) = E[(W_{n+m} - m_w)(W_n - m_w)^*] = r_{ww}(m) - m_w^2 = \sigma_w^2 \delta(m) - m_w^2 \qquad (2.3.5)$$

式中，*表示复共轭。若为零均值的白噪声，自协方差等于自相关，即

$$r_{ww}(m) = \sigma_w^2 \delta(m) \qquad (2.3.6)$$

式（2.3.6）说明零均值白噪声的自相关幅值是幅度为 σ_w^2 的冲激函数，其功率在各种频率下是均匀分布的。

2.3.3　马尔可夫信号

马尔可夫信号的条件概率密度函数满足

$$f(x_{n+1} | x_n, x_{n-1}, \cdots, x_1) = f(x_{n+1} | x_n) \qquad (2.3.7)$$

也就是说，当 $m \geqslant 2$ 时，b_{m-1} 和 X_{n+m} 是不相关的，b_{m-1} 和 X_{n+1} 一定相关，否则就是白噪声。

2.3.4　谐波信号

谐波信号实际上是若干正弦信号的线性组合：

$$x(n) = \sum_{i=1}^{N} A_i \cos(\omega_i n + \theta_i) \qquad (2.3.8)$$

式中，A_i 和 ω_i 是常数；θ_i 是服从均匀分布的独立随机变量，其概率密度函数为

$$p(\theta_i) = \frac{1}{2\pi}，\quad -\pi \leqslant \theta_i \leqslant \pi \qquad (2.3.9)$$

很容易证明：当 $N = 1$ 时，谐波信号的均值和自相关分别为

$$E[x(n)] = 0$$

$$r_{xx}(n, n+m) = E[x(n)x(n+m)] = \frac{1}{2} A^2 \cos(\omega m)$$

这时，谐波信号是平稳的。由于 θ_i 是统计独立的，所以式（2.3.8）所示谐波信号也是平稳的，且均值和自相关分别为

$$E[x(n)] = 0 \qquad (2.3.10)$$

$$r_{xx}(m) = \sum_{i=1}^{N} \frac{1}{2} A_i^2 \cos(\omega_i m) \tag{2.3.11}$$

白噪声和马尔可夫信号的定义涉及不同时刻随机变量的相关性,而高斯信号涉及的是概率密度函数的形式,所以它们之间是不相排斥的。

例如,载流子的无规则热运动,即使无外加电压,任何一个电阻都会形成电流。可以用随机信号来描述这一物理现象,称为热噪声。这是电子线路中最值得注意的噪声。另外,由于载流子的电荷都是量化的,由此而引起的电流随机起伏也是一种重要的噪声,称为散粒噪声。

实验结果和理论分析都表明:热噪声和散粒噪声均可认为是高斯白噪声。

数字信号处理中的有限字长效应可以认为是均匀分布的白噪声。

2.4　随机信号通过线性系统

设线性时不变系统的冲激响应为 $h(n)$,输入随机信号 $X(n)$ 的一次实现 $x(n)$ 是一个时间序列。$x(n)$ 通过系统后相应的输出为

$$y(n) = h(n)x(n) = \sum_{k} h(k)x(n-k) \tag{2.4.1}$$

$X(n)$ 的不同实现产生不同的输出,故输出也应是一个随机信号 $y(n)$。从随机试验的总体来看,$x(n-k)$ 也可以是一个随机变量,相应地,$y(n)$ 可以认为是随机变量的线性组合。由此观念出发,可以得出相应的一些结论。

例如,输出的均值为

$$m_y = E[y(n)] = \sum_{k} h(k)E[x(n-k)]m_x \sum_{k} h(k) = H(\mathrm{e}^{\mathrm{j}0})m_x$$

即

$$m_y = \left[\sum_{k} h(k)\right]m_x = H(\mathrm{e}^{\mathrm{j}0})m_x \tag{2.4.2}$$

由式(2.4.1)可以得到

$$y^*(n) = \sum_{k} h^*(k)x^*(n-k)$$

$$y(n+m) = \sum_{p} h(p)x(n+m-p)$$

于是,输出的自相关为

$$\begin{aligned}
r_{yy}(m) &= E[y(n+m)y^*(n)] \\
&= \sum_{k}\sum_{p} h^*(k)h(p)E[x^*(n-k)x(n+m-p)] \\
&= \sum_{k}\sum_{p} h^*(k)h(p)r_{xx}(m-p+k) \\
&= \sum_{k}\sum_{l} [h^*(k)h(k+l)]r_{xx}(m-l)
\end{aligned}$$

令

$$r_{hh}(m) = \sum_n h^*(n)h(n+m) \tag{2.4.3}$$

则可得输出的自相关如下：

$$r_{yy}(m) = \sum_l r_{hh}(l)r_{xx}(m-l) = r_{hh}(m)r_{xx}(m) \tag{2.4.4}$$

式中，$r_{hh}(m)$称为系统冲激响应的自相关。

将式（2.4.4）两边进行傅里叶变换得

$$P_{yy}(\omega) = |H(e^{j\omega})|^2 P_{xx}(\omega) \tag{2.4.5}$$

这是一个十分重要的结论。在实际工程应用中，携带有用信息的信号往往占有较窄的频带，因为它们在时间域内不会剧烈地起伏；若它受到剧烈起伏的噪声的干扰，则噪声功率占有很宽的频率范围；可以设计一个窄带滤波器对被噪声污染的信号进行滤波处理，有用信号的功率没有损失地通过信号处理系统，噪声功率却被明显地衰减了。这意味着，平均而言，在窄带滤波器输出端，噪声起伏的幅度会明显地减小。在有噪声的情况下，信号检测体现为信号和噪声的功率比的显著改善，而不是绝对意义下的滤除噪声。

关于输出和输入的互相关及互功率谱，可以导出如下结论：

$$r_{yx}(m) = h(m)r_{xx}(m) \tag{2.4.6}$$

$$P_{yx}(\omega) = H(e^{j\omega})P_{xx}(\omega) \tag{2.4.7}$$

2.5　时间序列信号模型

2.5.1　三种时间序列信号模型

如果用一个白噪声序列 $w(n)$ 去激励一个稳定的线性系统，其响应为 $X(n)$，那么由式（2.4.4）和式（2.4.5）可得

$$r_{xx}(m) = r_{hh}(m)\sigma_w^2\delta(m) = \sigma_w^2 r_{hh}(m) \tag{2.5.1}$$

$$P_{xx}(\omega) = |H(e^{j\omega})|^2 \sigma_w^2 \tag{2.5.2}$$

不难看出，系统输出信号的自相关及功率谱完全由系统的性质决定。当用白噪声序列激励一个离散的最小相移系统进行信号建模时，能够产生具有特定二阶统计特性的平稳随机序列。在实际应用中，为了便于对问题的分析和处理，线性时不变系统的传递函数通常用一个有限阶数的有理函数（线性差分方程）来近似表示。相应地，系统的输出序列也就可以用有限个参数来描述，称该有理函数为平稳随机序列的参数模型，这种参数模型称为时间序列信号模型。这种通过建立合适的参数模型来分析平稳随机序列的方法，因其频谱分辨率高，已成为现代谱分析中的一种重要方法。本书只介绍其中三种最常用的参数模型：自回归（auto regressive，AR）、滑动平均（moving average，MA）以及自回归-滑动平均（auto regressive-moving average，ARMA）模型。

若离散随机信号 $\{x(n)\}$ 服从线性差分方程：

$$x(n) + \sum_{i=1}^{p} a_i x(n-i) = e(n) + \sum_{j=1}^{q} b_j e(n-j) \tag{2.5.3}$$

式中，$e(n)$ 是一个离散白噪声，则称 $\{x(n)\}$ 为 ARMA 信号，而式（2.5.3）所示差分方程称为 ARMA 模型。系数 $a_1, \cdots, a_p$ 和 $b_1, \cdots, b_q$ 分别称为 AR 参数和 MA 参数，而 p 和 q 分别称为 AR 阶数和 MA 阶数。显然，ARMA 模型描述的是一个时不变的线性系统。具有 AR 阶数 p 和 MA 阶数 q 的 ARMA 模型常用符号 ARMA(p, q)简记之。

ARMA 模型可以写为更紧凑的形式：

$$A(z)x(n) = B(z)e(n), \quad n = 0, \pm 1, \pm 2, \cdots \tag{2.5.4}$$

式中，多项式 $A(z)$ 和 $B(z)$ 分别称为 AR 和 MA 多项式，即有

$$A(z) = 1 + a_1 z^{-1} + \cdots + a_p z^{-p} \tag{2.5.5}$$

$$B(z) = 1 + b_1 z^{-1} + \cdots + b_q z^{-q} \tag{2.5.6}$$

且 z^{-j} 是后向移位算子，定义为

$$z^{-j}x(n) \overset{\text{def}}{=} x(n-j), \quad j = 0, \pm 1, \pm 2, \cdots \tag{2.5.7}$$

ARMA 模型描述的线性时不变系统的传递函数定义为

$$H(z) \overset{\text{def}}{=} \frac{B(z)}{A(z)} = \sum_{i=-\infty}^{\infty} h_i z^{-i} \tag{2.5.8}$$

式中，h_i 称为系统的冲激响应系数。可见，系统的极点 $A(z) = 0$ 贡献为自回归，而系统零点 $B(z) = 0$ 贡献为滑动平均。

ARMA 模型有如下两个特例。

（1）若 $B(z) = 1$，则 ARMA(p, q)模型退化为

$$x(n) + a_1 x(n-1) + \cdots + a_p x(n-p) = e(n) \tag{2.5.9}$$

这一模型称为阶数为 p 的自回归模型，简记为 AR(p)模型。

（2）若 $A(z) = 1$，则 ARMA(p, q)模型退化为

$$x(n) = e(n) + b_1 e(n-1) + \cdots + b_q(n-q) \tag{2.5.10}$$

这一模型称为阶数为 q 的滑动平均模型，简记为 MA(q)模型。

下面讨论 ARMA 模型的重要性质。

首先，为了使线性时不变系统是稳定的，即有界的输入 $e(n)$ 一定产生有界的输出 $x(n)$，则系统的冲激响应 h_i 必须是绝对可求和的：

$$\sum_{i=-\infty}^{\infty} |h_i| < \infty \tag{2.5.11}$$

这一条件等价为系统传递函数不能在单位圆上有极点，即 $A(z) \neq 0, \ |z| = 1$。

其次，系统模型不能被简化，这要求多项式 $A(z)$ 和 $B(z)$ 没有任何公共因子，或者说 $A(z)$ 和 $B(z)$ 是互素的。

除了稳定性和互素性以外，还要求线性时不变系统是物理可实现的，即它必须是一个因果系统。

定义 2.5.1（因果性）　一个由 $A(z)x(n) = B(z)e(n)$ 定义的 ARMA 模型称为因果的，或称 $x(n)$ 是 $e(n)$ 的因果函数，若存在一个常数序列满足下列条件：

$$\sum_{i=0}^{\infty} |h_i| < \infty \qquad\qquad (2.5.12)$$

$$x(n) = \sum_{i=0}^{\infty} h_i e(n-i) \qquad\qquad (2.5.13)$$

条件式（2.5.12）是为了保证系统输出 $x(n)$ 任何时候都是有界的，而条件式（2.5.13）才是因果性真正的条件。这两个条件意味着 $h_i = 0(i < 0)$。应当注意，因果性并不是输出 $x(n)$ 单独的性质，而是它与输入激励 $e(n)$ 之间的关系。

下面的定理给出了 ARMA 因果模型的充分必要条件。

定理 2.5.1　令 $\{x(n)\}$ 是一个 $A(z)$ 和 $B(z)$ 无公共零点的 ARMA(p,q) 信号，则 $\{x(n)\}$ 是因果的，当且仅当对所有 $|z| \geq 1$ 有 $A(z) \neq 0$。

证明　先证充分性（$\Rightarrow$）。假定 $A(z) \neq 0$, $|z| \geq 1$。这意味着，存在一个任意小的非负数 $\varepsilon \geq 0$ 使得 $\dfrac{1}{A(z)}$ 具有幂级数展开：

$$\frac{1}{A(z)} = \sum_{i=0}^{\infty} \xi_i z^{-i} = \xi(z), \quad |z| > 1 + \varepsilon$$

换言之，当 $i \to \infty$ 时，有 $\xi_i(1 + \varepsilon/2)^{-i} \to 0$。因此，存在 $K \in (0, +\infty)$ 使得

$$|\xi_i| < K(1 + \varepsilon/2)^i, \quad i = 0, 1, 2, \cdots$$

由此可得 $\sum_{i=0}^{\infty} |\xi_i| < \infty$ 和 $\xi(z)A(z) = 1, \forall |z| \geq 1$。再对差分方程 $A(z)x(n) = B(z)e(n)$ 的两边同乘以算子 $\xi(z)$，则有

$$x(n) = \xi(z)B(z)e(n) = \frac{B(z)}{A(z)}e(n)$$

令 $H(z) = \xi(z)B(z)$，则可得到所希望的表达式：

$$x(n) = \sum_{i=0}^{\infty} h_i z^{-i} e(n) = \sum_{i=0}^{\infty} h_i e(n-i)$$

再证必要性（$\Leftarrow$）。假定 $\{x(n)\}$ 是因果的，即有 $x(n) = \sum_{i=0}^{\infty} h_i e(n-i)$，并且序列 $\{h_i\}$ 满足 $\sum_{i=0}^{\infty} |h_i| < \infty$ 和 $H(z) \neq 0, |z| \geq 1$。这意味着 $x(n) = H(z)e(n)$ 成立。注意

$$B(z)e(n) = A(z)x(n) = A(z)H(z)e(n)$$

令 $\eta(z) = A(z)H(z) = \sum_{i=0}^{\infty} \eta_i z^{-i}, |z| \geq 1$，则上式可写为

$$\sum_{i=0}^{q} \theta_i e(n-i) = \sum_{i=0}^{\infty} \eta_i e(n-i), \quad |z| \geq 1$$

上式两边在同乘 $e(n-k)$ 后取数学期望，由于 $e(n)$ 为白噪声，满足 $E\{e(n-i)e(n-k)\} = \sigma^2 \delta(k-i)$，故有 $\eta_i = \theta_i(i = 0, 1, \cdots, q)$ 以及 $\eta_i = 0(i > q)$。从而得

$$B(z) = \eta(z) = A(z)H(z), \quad |z| \geqslant 1 \qquad (2.5.14)$$

另外，有

$$|H(z)| = |\sum_{i=0}^{\infty} h_i z^{-i}| < \sum_{i=0}^{\infty} |h_i||z^{-i}| \leqslant \sum_{i=0}^{\infty} |h_i|, \quad |z| \geqslant 1$$

但根据稳定性条件，h_i 是绝对可求和的，故上式意味着

$$|H(z)| < \infty, \quad |z| \geqslant 1 \qquad (2.5.15)$$

由于 $B(z)$ 和 $A(z)$ 无公共零点，由式（2.5.14）和式（2.5.15）可知，$|z| \geqslant 1$ 时不可能有 $A(z) = 0$。这就完成了定理 2.5.1 的证明。

定理 2.5.1 表明，当且仅当系统极点全部位于单位圆内时，系统输出 $x(n)$ 是输入 $e(n)$ 的因果函数。若系统极点全部位于单位圆外，则称系统输出是输入的反因果函数，系统为反因果系统。注意，稳定性要求系统的极点不能位于单位圆上。极点既有位于单位圆内，也有位于单位圆外的系统称为非因果系统。

下面考虑系统零点的作用，它决定系统的可逆性。

定义 2.5.2（可逆性）　由差分方程 $A(z)x(n) = B(z)e(n)$ 定义的 ARMA(p, q) 模型称为可逆的，若存在一个常数序列 $\{\pi_i\}$，使得

$$\sum_{i=0}^{\infty} |\pi_i| < \infty \qquad (2.5.16)$$

$$e(n) = \sum_{i=0}^{\infty} \pi_i x(n-i) \qquad (2.5.17)$$

和因果性一样，可逆性也不是 ARMA 模型 $\{x(n)\}$ 单独的性质，而是它与输入激励 $e(n)$ 之间的性质。下面的定理给出了可逆性的充分必要条件。

定理 2.5.2　令 $\{x(n)\}$ 是一个多项式 $A(z)$ 和 $B(z)$ 无公共零点的 ARMA(p, q) 模型。$\{x(n)\}$ 是可逆的，当且仅当对所有 $|z| \geqslant 1$ 的复数 z 恒有 $B(z) \neq 0$。可逆过程式（2.5.17）中的系数 π_i 由式（2.5.18）决定：

$$\pi(z) = \sum_{i=0}^{\infty} \pi_i z^{-i} = \frac{A(z)}{B(z)}, \quad |z| \geqslant 1 \qquad (2.5.18)$$

证明　该定理的证明与定理 2.5.1 的证明类似，留给读者做练习。

定理 2.5.2 表明，当且仅当系统零点全部位于单位圆内时，系统输入 $e(n)$ 才是输出 $x(n)$ 的可逆函数。若一个 ARMA(p, q) 模型可逆，则其逆系统 $A(z)/B(z)$ 的所有极点便全部位于单位圆内，因而是因果系统。一个可逆的系统也称为最小相位系统。若系统零点位于单位圆上和单位圆外，则称系统是最大相位系统；若系统在单位圆内外都有零点，则称系统是非最小相位系统。注意，当一个系统在单位圆上具有零点时，其逆系统将是不稳定的系统；而当一个系统的全部零点位于单位圆外时，其逆系统则是反因果系统。

更一般地说，我们来考虑当 $|z| = 1$ 时，$A(z) \neq 0$ 的情况。此时，由复数分析知，存在一个半径 $r > 1$，使得 Laurent 级数：

$$\frac{B(z)}{A(z)} = \sum_{i=-\infty}^{\infty} h_i z^{-i} = H(z) \qquad (2.5.19)$$

在环形区域 $r^{-1} < |z| < r$ 内是绝对收敛的。Laurent 级数的这一收敛性在下述定理的证明中起着关键的作用。

定理 2.5.3 若对所有 $|z|=1$ 有 $A(z) \neq 0$，则 ARMA 模型 $A(z)x(n)=B(z)e(n)$ 具有唯一的平稳解：

$$x(n) = H(z)e(n) = \sum_{i=-\infty}^{\infty} h_i e(n-i) \qquad (2.5.20)$$

式中，系数 h_i 由式（2.5.19）决定。

证明 先证充分性 $(\Rightarrow)$。若对于所有 $|z|=1$ 均有 $A(z) \neq 0$，则由定理 2.5.1 可知，存在 $\delta > 1$ 使得级数 $\sum_{i=-\infty}^{\infty} \xi_i z^{-i} = 1/A(z) = \xi(z)$ 在环形区域 $\delta^{-1} < |z| < \delta$ 内绝对收敛。因此，可以对 ARMA 模型 $A(z)x(n)=B(z)e(n)$ 两边同乘以算子 $\xi(z)$ 得到

$$\xi(z)A(z)x(n) = \xi(z)B(z)e(n)$$

由于 $\xi(z)A(z)=1$，故上式可以写为

$$x(n) = \xi(z)B(z)e(n) = H(z)e(n) = \sum_{i=-\infty}^{\infty} h_i e(n-i)$$

式中，$H(z) = \xi(z)B(z) = B(z)/A(z)$，即函数 $H(z)$ 的系数 h_i 由式（2.5.19）决定。

再证明必要性 $(\Leftarrow)$。假定一信号具有唯一的平稳解（2.5.20）。对式（2.5.20）两边运用算子 $A(z)$，则有

$$A(z)x(n) = A(z)H(z)e(n) = B(z)e(n)$$

即具有唯一的平稳解的模型是一个 ARMA 模型。由于 ARMA 模型要满足稳定性，所以对所有 $|z|=1$ 应该恒有 $A(z) \neq 0$。

对于 MA(q)模型，其 MA 参数与产生该模型的系统的冲激响应是完全相同的，即有

$$b_i = h_i, \quad i = 0,1,\cdots,q$$

式中，$b_0 = h_0 = 1$，这是因为

$$x(n) = e(n) + b_1 e(n-1) + \cdots + b_q e(n-q)$$

$$= \sum_{i=0}^{\infty} h_i e(n-i) = e(n) + h_1 e(n-1) + \cdots + h_q e(n-q)$$

由于只有 $q+1$ 个冲激响应系数，故这样的系统称为有限冲激响应系统，简称 FIR 系统。因此，MA 模型也称为 FIR 模型。与之相反，ARMA 系统和 AR 系统称为 IIR 系统，因为它们具有无穷多个冲激响应系数。

例 2.5.1 一阶自回归信号模型。设信号 $X(n)$ 按如下一阶自回归差分方程产生：

$$x(n) = ax(n-1) + w(n), \quad 0 < |a| < 1$$

试求信号的自相关函数和功率谱。$w(n)$ 是均值为 0、方差为 σ_w^2 的白噪声。

解 一阶自回归滤波器的冲激响应为

$$h(n) = a^n u(n)$$

首先，根据式（2.4.3），计算系统冲激响应的自相关。

当 $m \geqslant 0$ 时，有

$$r_{hh}(m) = \sum_{n=0}^{+\infty} a^n a^{n+m}$$

$$= a^m \sum_{n=0}^{+\infty} (a^2)^n = \frac{a^m}{1-a^2}$$

当 $m \leqslant 0$ 时，有

$$r_{hh}(m) = \sum_{n=0}^{+\infty} a^n a^{n+m} = \sum_{l=0}^{+\infty} a^{l-m} a^l$$

$$= a^{-m} \sum_{l=0}^{+\infty} (a^2)^l = \frac{a^{-m}}{1-a^2}$$

于是，系统冲激响应的自相关为

$$r_{hh}(m) = \frac{a^{|m|}}{1-a^2}$$

一阶自回归滤波器的系统函数为

$$H(z) = \frac{1}{1-az^{-1}}$$

故有

$$H(z)H(z^{-1}) = \frac{1}{1+a^2-a(z+z^{-1})}$$

$$\left|H(\mathrm{e}^{\mathrm{j}\omega})\right|^2 = H(z)H(z^{-1})\Big|_{z=\mathrm{e}^{\mathrm{j}\omega}} = \frac{1}{1-a^2-2a\cos\omega}$$

从而可得输出信号的自相关和功率谱：

$$r_{xx}(m) = r_{hh}(m)\sigma_w^2\delta(m) = \frac{\sigma_w^2 a^{|m|}}{1-a^2}$$

$$P_{xx}(\omega) = \left|H(\mathrm{e}^{\mathrm{j}\omega})\right|^2 P_{ww}(\omega) = \frac{\sigma_w^2}{1+a^2-2a\cos\omega}$$

例 2.5.2　滑动平均时间序列信号模型。假设信号 W_n 是纯随机的，且在每一时刻都是区间 $[-1,1]$ 均匀分布的随机变量。求出按下列滤波器方程产生的随机信号的自相关函数和功率谱。

（1）$X_n = W_n - W_{n-1}$，为什么当 $|m| \geqslant 2$ 时自相关函数 $r_x(m) = 0$？

（2）$Z_n = W_n + 2W_{n-1} + W_{n-2}$，为什么当 $|m| \geqslant 3$ 时自相关函数 $r_x(m) = 0$？

（3）$Y_n = -\dfrac{1}{2}Y_{n-1} + W_n$。

解　首先求 W_n 的自相关功率谱。

根据题意，W_n 的概率密度函数为

$$p(w,n) = \begin{cases} 1/2, & -1 \leqslant w \leqslant 1 \\ 0, & \text{其他} \end{cases}$$

所以，W_n 的均值 $E[W_n] = \dfrac{1}{2}\displaystyle\int_{-1}^{1} w\mathrm{d}w = 0$，方差 $\sigma_w^2 = E[W_n^2] = \dfrac{1}{2}\displaystyle\int_{-1}^{1} w^2\mathrm{d}w = \dfrac{1}{3}$。

根据自相关的定义，有

$$
\begin{aligned}
r_{ww}(m) &= E[W_n W_{n+m}] \\
&= \begin{cases} E[W_n][W_{n+m}] = 0, & m \neq 0 \\ E[W_n^2] = 1/3, & m = 0 \end{cases} \\
&= \frac{1}{3}\delta(m)
\end{aligned}
$$

可见，W_n 是一个白噪声。其功率谱 $P_{ww}(\omega) = 1/3$。

（1）实际上是一个减法器信号模型。

$$
m_x = E[X_n] = 0，\quad \sigma_x^2 = E[X_n^2] = E[W_n^2] + E[W_{n-1}^2] = 2/3
$$

根据自相关的定义，有

$$
\begin{aligned}
r_{xx}(m) &= E[X_n X_{n+m}] = E[(W_n - W_{n-1})(W_{n+m} - W_{n+m-1})] \\
&= E[W_n W_{n+m} - W_n W_{n+m-1} - W_{n-1}W_{n+m} + W_{n-1}W_{n+m-1}] \\
&= \frac{2}{3}\delta(m) - \frac{1}{3}\delta(m-1) - \frac{1}{3}\delta(m+1) \\
&= \begin{cases} -1/3, & m = -1 \\ 2/3, & m = 0 \\ -1/3, & m = 1 \\ 0, & \text{其他} \end{cases}
\end{aligned}
$$

根据功率谱的定义，有

$$
\begin{aligned}
P_{xx}(\omega) &= \sum_{m=-\infty}^{\infty} r_{xx}(m)\mathrm{e}^{-\mathrm{j}\omega m} = \frac{2}{3} - \frac{1}{3}(\mathrm{e}^{\mathrm{j}\omega} + \mathrm{e}^{-\mathrm{j}\omega}) \\
&= \frac{2}{3} - \frac{2}{3}\cos\omega = \frac{4}{3}\sin^2(\omega/2)
\end{aligned}
$$

（2）实际是一个滑动平均（或加权平均）器信号模型。

滤波器的冲激响应和频率响应分别为

$$
\begin{aligned}
h(n) &= \delta(n) + 2\delta(n-1) + \delta(n-2) \\
&= \begin{cases} 1, & n = 0 \\ 2, & n = 1 \\ 1, & n = 2 \\ 0, & \text{其他} \end{cases}
\end{aligned}
$$

和

$$
\begin{aligned}
H(\mathrm{e}^{\mathrm{j}\omega}) &= \sum_{m=-\infty}^{\infty} h(n)\mathrm{e}^{-\mathrm{j}\omega m} = 1 - 2\mathrm{e}^{-\mathrm{j}\omega} + \mathrm{e}^{-\mathrm{j}2\omega} \\
&= \mathrm{e}^{-\mathrm{j}\omega}(2 + \mathrm{e}^{\mathrm{j}\omega}) = 4\mathrm{e}^{-\mathrm{j}\omega}\cos^2(\omega/2)
\end{aligned}
$$

根据式（2.4.5），可得随机信号的功率谱为

$$P_{zz}(\omega) = \left| H(e^{j\omega}) \right|^2 P_{ww}(\omega) = \frac{16}{3} \cos^4(\omega/2)$$

由于

$$\left| H(e^{j\omega}) \right|^2 = H(e^{j\omega}) H^*(e^{j\omega})$$
$$= (1 + 2e^{-j\omega} + e^{-j2\omega})(1 + 2e^{j\omega} + e^{j2\omega})$$
$$= e^{-j2\omega} + 4e^{-j\omega} + 6 + 4e^{j\omega} + e^{j2\omega}$$

所以，功率谱又可写为

$$P_{zz}(\omega) = \frac{1}{3}(e^{-j2\omega} + 4e^{-j\omega} + 6 + 4e^{j\omega} + e^{j2\omega})$$

从而，根据功率谱的定义可得自相关：

$$r_{zz}(0) = 2 , \quad r_{zz}(-1) = r_{zz}(1) = 4/3 , \quad r_{zz}(-2) = r_{zz}(2) = 1/3$$

当 m 为其他值时， $r_{zz}(m) = 0$ 。

（3）第（3）问是例 2.5.1 已经讨论过的一阶自回归信号模型，直接套用公式可得

$$r_{yy}(m) = \frac{4}{9}\left(-\frac{1}{2}\right)^{|m|} , \quad P_{yy}(\omega) = \frac{1/3}{1.25 + \cos\omega}$$

2.5.2 有理谱信号

由例 2.5.1 和例 2.5.2 可以看到，时间序列信号模型的功率谱是 $\cos\omega$ 的有理函数，实际上这并不是偶然的。若时间序列信号模型的系数全部是实的，则

$$P_{xx}(\omega) = \left| H(e^{j\omega}) \right|^2 \sigma_w^2 = H(z)H(z^{-1})\big|_{z=e^{j\omega}} \sigma_w^2$$

信号自相关的 z 变换可表示为

$$S_{xx}(z) = H(z)H(z^{-1})\sigma_w^2$$

若 $H(z)$ 的分子（分母）多项式有一个根 z_i ，那么 $H(z^{-1})$ 的分子（分母）多项式必然有一个根 z_i^{-1} 。于是 $S_{xx}(z)$ 是由下列因子构成的：

$$(z - z_i)(z^{-1} - z_i) = 1 - z_i(z + z^{-1}) + z_i^2$$

令 $\phi = \frac{1}{2}(z + z^{-1})$ ，那么

$$S_{xx}(z) = V(\phi)\sigma_w^2$$

式中， V 为一个有理函数。从而

$$P_{xx}(\omega) = H(e^{j\omega})H(e^{-j\omega})\sigma_w^2 = V(\cos\omega)\sigma_w^2$$

可见时间序列信号模型的功率谱确实是 $\cos\omega$ 的有理函数，所以这种信号也称为有理谱信号。

下面讨论在已知功率谱的情况下，如何求时间序列信号模型，这就是所谓的有理谱分解。有理谱分解过程如下：

（1）用 ϕ 代替 $\cos\omega$ 得到 $V(\phi)$ ；

（2）求出 $V(\phi)$ 分子分母多项式的 ϕ_i ；

（3）由 $2\phi_i = z_i + z_i^{-1}$ 可求出单位圆内的 z_i；

（4）由单位圆内的 z_i 构造出 $H(z)$。

例 2.5.3　有理谱分解。设一个随机信号功率谱为

$$P_{xx}(\omega) = \frac{5 - 4\cos\omega}{10 - 6\cos\omega}$$

试求其时间序列模型信号。

解　不妨设 $\sigma_w^2 = 1$，因其对分解无影响。

（1）$V(\phi) = \dfrac{5 - 4\phi}{10 - 6\phi}$；

（2）求得零点 $\phi_0 = 5/4$，极点 $\phi_p = 10/6$；

（3）由 $z + z^{-1} = 5/2$ 得单位圆内的零点 $z_0 = 1/2$，由 $z + z^{-1} = 10/3$ 得单位圆内的极点 $z_p = 1/3$；

（4）构造出 $H(z) = C\dfrac{1 - \dfrac{z^{-1}}{2}}{1 - \dfrac{z^{-1}}{3}}$，由题意可得 $P_{xx}(0) = H^2(1) = 1/4$，从而求得待定常数 $C = 2/3$ 信号的时间信号序列模型为

$$x(n) - \frac{1}{3}x(n-1) = \frac{2}{3}w(n) - \frac{1}{3}w(n-1)$$

2.5.3　时间序列信号模型的普遍适应性

时间序列信号模型说明，用白噪声激励一个由线性常系数差分方程描述的系统的输出是平稳随机信号。那么，是不是任意一个平稳随机信号都可以用时间序列信号模型描述呢？

答案是肯定的，综合定理 2.5.1 与定理 2.5.2，可以得到用于描述 ARMA、MA 与 AR 模型之间的 Wold 分解定理。

定理 2.5.4（Wold 分解定理）　任何一个具有有限方差的 ARMA 或 MA 模型都可以表示成唯一的、阶数有可能无穷大的 AR 模型；同样，任何一个 ARMA 或 AR 模型也可以表示成一个阶数可能无穷大的 MA 模型。AR 模型和 MA 模型是 ARMA 模型分别在不同条件下的特例，这三种模型之间还可以相互等价。

下面就以 MA 模型为例，证明一个有限阶的 MA(q)模型可以等价于一个无穷阶的 AR 模型。

对式（2.5.18）两边取 z 变换：

$$Y(z) = H(z)W(z) = \prod_{k=1}^{q}(1 - \beta_k z^{-1})W(z) \tag{2.5.21}$$

式中，$Y(z)$ 和 $W(z)$ 分别为 $y(n)$ 和 $w(n)$ 的 z 变换。若系统 $H(z)$ 具有可逆性，即其零点 $|\beta_k|<1$，序列 $\{w(n)\}$ 可以看成序列 $\{y(n)\}$ 激励其逆系统 H_{inv} 的输出，即

$$W(z) = H_{\mathrm{inv}}Y(z) = \frac{Y(z)}{\prod_{k=1}^{q}(1-\beta_k z^{-1})} \tag{2.5.22}$$

利用系统的稳定性条件和式（2.5.23）：

$$\frac{1}{1-\beta_k z^{-1}} = \sum_{i=0}^{\infty}\beta_k^i z^{-i} = 1 + \sum_{i=1}^{\infty}\beta_k^i z^{-i} \tag{2.5.23}$$

将其代入式（2.5.22）：

$$W(z) = \prod_{k=1}^{q}(1+\sum_{i=1}^{\infty}\beta_k^i z^{-i})Y(z) = (1+\sum_{i=1}^{\infty}\varepsilon_i z^{-i})Y(z) \tag{2.5.24}$$

两边进行 z 反变换：

$$y(n) = w(n) - \sum_{i=1}^{\infty}\varepsilon_i y(n-i) \tag{2.5.25}$$

比较式（2.5.25）与式（2.5.10），两者在形式上完全一致，这就证明，一个可逆的有限阶 MA 模型可以等价于一个无穷阶的 AR 模型。同样，可以用类似的分析方法得到如下结论：一个可逆的有限阶 MA 模型或 ARMA 模型可以等价于一个无穷阶的 AR 模型，一个稳定的有限阶 AR 模型或 ARMA 模型也可以等价于一个无穷阶的 MA 模型。

上述定理说明，三种时间序列模型都具有普适性，而且它们之间可以互相转化：如果在三种模型中选择了一个错误的模型，则仍然可以通过一个很高的阶数获得一个合理的近似。但是对同一时间序列用不同的信号模型表示时，效率却是不同的（效率高意味着模型系数少）。一般而言，AR 模型适合表示功率谱有尖峰而没有深谷的信号，MA 模型适合表示功率谱有深谷而没有尖峰的信号，ARMA 模型适合表示功率谱既有尖峰又有深谷的信号。因此一个 ARMA 模型可以用一个阶数足够大的 AR 模型来近似。相比于 ARMA 模型不仅需要 AR 和 MA 阶数确定，而且需要 AR 和 MA 参数估计（其中 MA 参数估计还必须求解非线性方程），AR 模型系数可以由联立线性方程组求解，这就是下面要讨论的 Yule-Walker 方程，而 MA 模型和 ARMA 模型都是关于滤波器系数的非线性方程，所以 AR 模型是最常用的时间序列信号模型。

设 p 阶 AR 信号模型表示为

$$x(n) + a_1 x(n-1) + \cdots + a_p x(n-p) = w(n) \tag{2.5.26}$$

令 $a_0 = 1$，则式（2.5.26）写为

$$\sum_{k=0}^{p}a_k x(n-k) = w(n)$$

将上式两边乘以 $x^*(n-l)$ 并取数学期望，得

$$\sum_{k=0}^{p}a_k E[x(n-k)x^*(n-l)] = E[w(n)x^*(n-l)] \tag{2.5.27}$$

因为系统是因果的，当 $l > 0$ 时， $x(n-l)$ 与 $w(n)$ 不相关，从而有

$$\sum_{k=0}^{p} a_k r_{xx}(l-k) = 0 , \quad l > 0$$

令 $l = 1, 2, \cdots, p$ ，则上式就是关于 p 个模型参数 $a_1, a_2, \cdots, a_p$ 的联立线性方程组：

$$\sum_{k=1}^{p} a_k r_{xx}(l-k) = -r_{xx}(l) , \quad l = 1, 2, \cdots, p \tag{2.5.28}$$

令式（2.5.27）中 $l = 0$ ，将式（2.5.26）代入等式右边，注意到 $r_{xx}(-m) = r_{xx}^*(m)$ ，得

$$\sigma_w^2 = \sum_{k=0}^{p} a_k r_{xx}^*(k) \tag{2.5.29}$$

式（2.5.28）也可写成如下矩阵形式：

$$\begin{bmatrix} r_{xx}(0) & r_{xx}^*(1) & \cdots & r_{xx}^*(p-1) \\ r_{xx}(1) & r_{xx}(0) & \cdots & r_{xx}^*(p-2) \\ \vdots & \vdots & & \vdots \\ r_{xx}(p-1) & r_{xx}(p-2) & \cdots & r_{xx}(0) \end{bmatrix} \begin{bmatrix} a_1 \\ a_2 \\ \vdots \\ a_p \end{bmatrix} = - \begin{bmatrix} r_{xx}(1) \\ r_{xx}(2) \\ \vdots \\ r_{xx}(p) \end{bmatrix} \tag{2.5.30}$$

这就是所谓的 Yule-Walker 方程。由 AR 模型的 $p+1$ 个自相关值 $r_{xx}(0), r_{xx}(1), \cdots, r_{xx}(p)$ ，可求解 p 个 AR 模型参数 $a_1, a_2, \cdots, a_p$ 。式（2.5.30）左边的 $p \times p$ 维方阵称为随机信号 $x(n)$ 的自相关矩阵，且 $a_0 = 1$ 。由式（2.5.29）可计算驱动 AR 模型的白噪声的平均功率。

将式（2.5.28）和式（2.5.29）相结合，有

$$\sum_{k=0}^{p} a_k r_{xx}(l-k) = \sigma_w^2 \delta(l) , \quad l = 0, 1, 2, \cdots, p \tag{2.5.31}$$

它是关于参数 $a_1, a_2, \cdots, a_p$ 及白噪声方差 σ_w^2 联立线性方程组，其矩阵形式为

$$\begin{bmatrix} r_{xx}(0) & r_{xx}(-1) & r_{xx}(-2) & \cdots & r_{xx}(-p) \\ r_{xx}(1) & r_{xx}(0) & r_{xx}(-1) & \cdots & r_{xx}(-p+1) \\ \vdots & \vdots & \vdots & & \vdots \\ r_{xx}(p) & r_{xx}(p-1) & r_{xx}(p-2) & \cdots & r_{xx}(0) \end{bmatrix} \begin{bmatrix} 1 \\ a_1 \\ a_2 \\ \vdots \\ a_p \end{bmatrix} = \begin{bmatrix} \sigma_w^2 \\ 0 \\ 0 \\ \vdots \\ 0 \end{bmatrix} \tag{2.5.32}$$

式（2.5.32）称为增广 Yule-Walker 方程。

2.5.4 2 阶自回归 AR（2）信号模型

设信号 $X(n)$ 按如下 2 阶自回归差分方程产生：

$$x(n) + a_1 x(n-1) + a_2 x(n-2) = w(n) \tag{2.5.33}$$

式中， a_1 、 a_2 为实数； $w(n)$ 是均值为 0、方差为 σ_w^2 的白噪声。试求信号的自相关函数和功率谱。

解 差分方程所描述系统的传递函数为

$$H(z) = \frac{1}{1 + a_1 z^{-1} + a_2 z^{-2}} = \frac{z^2}{z^2 + a_1 z + a_2} \tag{2.5.34}$$

它的两个极点为

$$p_1, p_2 = \frac{1}{2}\left(-a_1 \pm \sqrt{a_1^2 - 4a_2}\right) \tag{2.5.35}$$

1. 平稳条件

白噪声驱动线性系统产生随机信号时，如果要求随机信号平稳，则系统所有极点必须位于单位圆内。当 $a_2 > 0$，且 $4a_2 > a_1^2$ 时，$p_1, p_2 = \frac{1}{2}\left(-a_1 \pm j\sqrt{4a_2 - a_1^2}\right)$ 为一对共轭复数极点，且 $|p_1|^2 = |p_2|^2 = a_2$。平稳条件要求 $a_2 \leqslant 1$，如图 2.5.1 区域 1（OAB）所示。当 $a_2 < 0$，或 $a_2 > 0$，但 $4a_2 < a_1^2$ 时，$p_1, p_2 = \frac{1}{2}\left(-a_1 \pm \sqrt{a_1^2 - 4a_2}\right)$ 为两个实极点。平稳条件要求

$$|p_1|^2 = |p_2|^2 = \frac{1}{2}\left(a_1^2 \pm a_1\sqrt{a_1^2 - 4a_2}\right) - a_2 \leqslant 1 \tag{2.5.36}$$

从而有

$$\frac{1}{2}\left(a_1^2 \pm a_1\sqrt{a_1^2 - 4a_2}\right) \leqslant 1 + a_2 \tag{2.5.37}$$

考虑到最不利的情况，式（2.5.37）左边为正，要求 $1 + a_2 \geqslant 0$，即 $a_2 \geqslant -1$，若 $a_1 > 0$，由式（2.5.37）有

$$a_1\sqrt{a_1^2 - 4a_2} \leqslant 2 + 2a_2 - a_1^2 \tag{2.5.38}$$

两边取平方得 $a_1^2 \leqslant (1 + a_2)^2$；$a_1 > 0$，有 $a_1 \leqslant 1 + a_2$，从而 $a_2 - a_1 \geqslant -1$；$a_1 < 0$，有 $-a_1 \leqslant 1 + a_2$，从而有 $a_1 + a_2 \geqslant -1$。

归纳起来，平稳条件可表示为：a_1 和 a_2 的取值需位于图 2.5.1 所示 ABC 区域内，即由式（2.5.39）中三个不等式所分别表示区域的交集。

$$-1 \leqslant a_2 \leqslant 1, \quad a_2 - a_1 \geqslant -1, \quad a_1 + a_2 \geqslant -1 \tag{2.5.39}$$

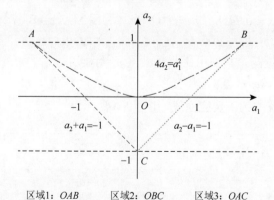

图 2.5.1　AR(2)信号模型参数 a_1、a_2 的变化范围

2. 系统极点及频率响应

情况 1：$a_1 = -0.1$，$a_2 = -0.8$。

情况 1 所对应系统的频率响应曲线如图 2.5.2 所示。

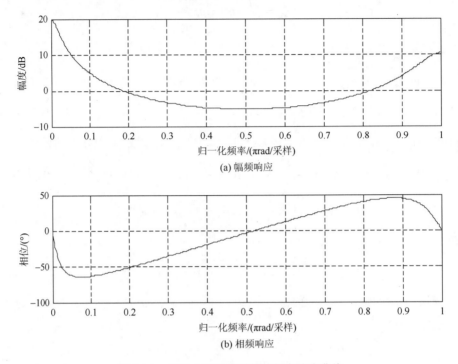

(a) 幅频响应

(b) 相频响应

图 2.5.2 情况 1 所对应系统的频率响应曲线

利用 MATLAB 命令 residue 进行计算, 可得: $[r, p, k]$ = residue（[1, 0], [1, −0.1, −0.8]）, 并做部分分式展开, 得

$$H(z) = \frac{0.5279z}{z - 0.9458} + \frac{0.4721z}{z + 0.8458} \tag{2.5.40}$$

这时系统极点为 $p_1 = 0.9458$, $p_2 = -0.8458$。利用 MATLAB 命令 freqz（[1], [1, −0.1, −0.8]）可画出频率响应, 幅频响应在 $\omega = 0$ 和 $\omega = \pi$ 附近出现峰值, 具有带阻滤波器性质。正数极点 p_1 更靠近单位圆, 其作用比负数极点 p_2 明显。

情况 2: $a_1 = 0.1$, $a_2 = -0.8$。

情况 2 所对应系统的频率响应曲线如图 2.5.3 所示。

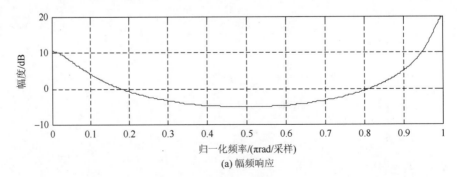

(a) 幅频响应

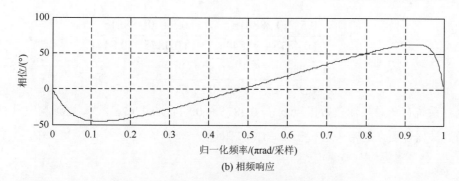

(b) 相频响应

图 2.5.3　情况 2 所对应系统的频率响应曲线

利用 $[r, p, k]$ = residue（$[1, 0]$，$[1, 0.1, -0.8]$）做部分分式展开，得

$$H(z) = \frac{0.5279z}{z + 0.9458} + \frac{0.4721z}{z - 0.8458} \tag{2.5.41}$$

这时系统极点为 $p_1 = -0.9458$，$p_2 = 0.8458$，与情况 1 正好符号相反。

用 freqz（$[1]$，$[1, 0.1, -0.8]$）可画出频率响应，幅频响应在 $\omega = 0$ 和 $\omega = \pi$ 附近出现峰值，具有带阻滤波器性质。但负数极点 p_1 更靠近单位圆，其作用比正数极点 p_2 明显。

情况 3：$a_1 = -0.975$，$a_2 = 0.95$。

情况 3 所对应系统的频率响应曲线如图 2.5.4 所示。

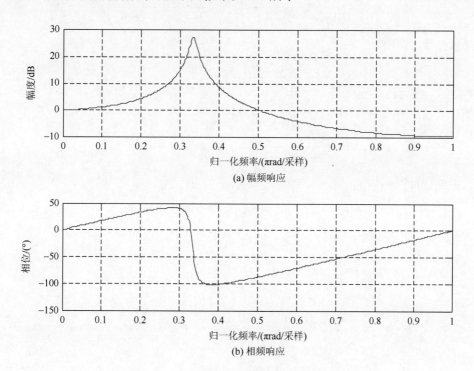

(a) 幅频响应

(b) 相频响应

图 2.5.4　情况 3 所对应系统的频率响应曲线

利用 $[r, p, k]$ = residue（$[1, 0]$，$[1, -0.975, 0.95]$）做部分分式展开，得

$$H(z) = \frac{(0.5 - \mathrm{j}0.2888)z}{z - (0.4875 + \mathrm{j}0.844)} + \frac{(0.5 + \mathrm{j}0.2888)z}{z - (0.4875 - \mathrm{j}0.844)}$$

$$= \frac{0.5774\mathrm{e}^{-\mathrm{j}0.5238}}{z - 0.9747\mathrm{e}^{\mathrm{j}1.047}} + \frac{0.5774\mathrm{e}^{\mathrm{j}0.5238}}{z - 0.9747\mathrm{e}^{-\mathrm{j}1.047}} \qquad (2.5.42)$$

这时系统有一对共轭负数极点 $p_{1,2} = 0.4875 \pm \mathrm{j}0.844 = 0.9747\mathrm{e}^{\pm\mathrm{j}1.047}$，幅频响应具有明显的带通滤波器性质，通带中心位于 $\omega = 1.047$ 附近。

3. 自相关

当传递函数有两个实数极点时，可写成

$$H(z) = \frac{c_1 z}{z - p_1} + \frac{c_2 z}{z - p_2} \qquad (2.5.43)$$

于是，系统冲激响应为

$$h(n) = (c_1 p_1^n + c_2 p_2^n)u(n) \qquad (2.5.44)$$

与 1 阶自回归信号模型类似，当 $m \geq 0$ 时，系统冲激响应的自相关为

$$r_{hh}(m) = \sum_{n=0}^{+\infty} (c_1 p_1^n + c_2 p_2^n)(c_1 p_1^{n+m} + c_2 p_2^{n+m})$$

$$= \left(\frac{c_1^2}{1 - p_1^2} + \frac{c_1 c_2}{1 - p_1 p_2} \right) p_1^m + \left(\frac{c_1^2}{1 - p_2^2} + \frac{c_1 c_2}{1 - p_1 p_2} \right) p_2^m \qquad (2.5.45)$$

m 为任意整数时，有

$$r_{hh}(m) = \left(\frac{c_1^2}{1 - p_1^2} + \frac{c_1 c_2}{1 - p_1 p_2} \right) p_1^{|m|} + \left(\frac{c_1^2}{1 - p_2^2} + \frac{c_1 c_2}{1 - p_1 p_2} \right) p_2^{|m|} \qquad (2.5.46)$$

当传递函数有一对共轭复数极点时，可写为

$$H(z) = \frac{cz}{z - p} + \frac{c^* z}{z - p^*}, \quad p = r\mathrm{e}^{\mathrm{j}\omega_0}, \quad c = A\mathrm{e}^{-\mathrm{j}\alpha} \qquad (2.5.47)$$

于是，系统的冲激响应为

$$h(n) = (c_1 p_1^n + c_2 p_2^n)u(n) = 2Ar^n \cos(\omega_0 n - \alpha) \qquad (2.5.48)$$

当 $m \geq 0$ 时，系统冲激响应的自相关为

$$r_{hh}(m) = \sum_{n=0}^{+\infty} (cp^n + c^* p^{*n})[cp^{n+m} + c^* p^{*(n+m)}]$$

$$= \left(\frac{c^2}{1 - p^2} + \frac{cc^*}{1 - pp^*} \right) p^m + \left(\frac{c^{*2}}{1 - p^{*2}} + \frac{cc^*}{1 - pp^*} \right) p^{*m} \qquad (2.5.49)$$

设 $A = \dfrac{cc^*}{1 - pp^*}, B = \dfrac{c^2}{1 - p^2} \mathrm{e}^{-\mathrm{j}\beta}$，则有

$$r_{hh}(m) = 2Ar^m \cos(\omega_0 m) + 2Br^m \cos(\omega_0 m - \beta) \qquad (2.5.50)$$

当 $m < 0$ 时，有

$$r_{hh}(m) = 2Ar^m\cos(\omega_0 m) + 2Br^{-m}\cos(\omega_0 m + \beta) \tag{2.5.51}$$

综上所述，实数极点对应自相关的指数衰减序列，一对共轭复数极点对应自相关的指数衰减振荡序列，极点的模决定指数衰减，而极点的辐角决定振荡频率。这一结论可以推广到高阶自回归信号模型 $\mathrm{AR}(p)$。

情况 1：$a_1 = -0.1$，$a_2 = -0.8$。

$$r_{hh}(m) = 2.7809(0.9458)^{|m|} + 0.9216(-0.8458)^{|m|} \tag{2.5.52}$$

这时正实数极点 0.9458 是主导极点。

情况 2：$a_1 = 0.1$，$a_2 = -0.8$。

$$r_{hh}(m) = 2.7809(-0.9458)^{|m|} + 0.9216(0.8458)^{|m|} \tag{2.5.53}$$

这时复实数极点 -0.9458 是主导极点。

情况 3：$a_1 = -0.975$，$a_2 = 0.95$。当 $m \geqslant 0$ 时，有

$$\begin{aligned} r_{hh}(m) &= 13.3464(0.9747)^m\cos(1.047m) \\ &\quad + 0.3948(0.9747)^m\cos(1.047m - 0.5386) \end{aligned} \tag{2.5.54}$$

三种情况的极点分布图如图 2.5.5 所示。

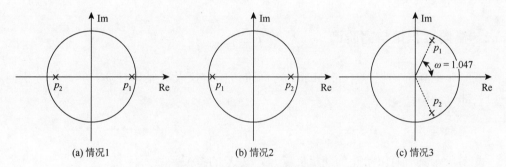

图 2.5.5　三种情况的极点分布图

2.6　随机信号的高阶谱

2.6.1　引言

前面讨论的有关随机信号与系统分析方法是建立在二阶矩理论分析基础上的，主要采用相关函数和功率谱密度函数表示随机信号与系统的各种统计特性及关系，本质上只利用了随机信号的一阶和二阶统计量信息。但是，随着数字信号处理技术的深入发展，需要考虑信号处理中存在的许多问题，如估计质量、算法的复杂性、实现这些算法必须付出的代价、有限字长效应及其他问题。这促使人们寻找其他方法进行信号处理，以期获得更好的处理结果。

高阶统计量在信号处理与系统分析中扮演着极为重要的角色。据统计，随机信号的高阶统计技术已在通信、声呐、雷达、生物医学工程、语音处理、地震信号处理、图像

处理、时延估计、系统辨识、自适应滤波以及阵列信号处理等领域得到广泛的应用。高阶统计量能够提供比功率谱更多的有用信息，能够有效地检测信号幅度之外的其他信息，这在信号及系统分析方面具有明显的优势。采用高阶统计量进行分析时，一般会涉及以下三个问题。

首先，提取随机信号本身偏离高斯性的信息。对于高斯信号，其三阶以上的各阶累积量恒为零。利用这一特性，采用高阶统计量分析随机信号，如果有用信号叠加的背景噪声服从高斯分布，就可以显著提高信号处理的信噪比和参数估计的稳健性。

其次，采用常规方法在对一个时间序列建模和处理时，几乎都采用了最小均方估计，并得到了高斯信号参数的最大似然估计。但是，自相关序列仅提供了信号本身的幅度信息，并不能表示具有非最小相位的参数过程，而利用高阶统计量可估计非高斯参量信号的相位。

最后，可以利用高阶统计量分析具有随机激励系统的非线性特性。有关平稳随机信号通过线性系统的关系建立在相关理论的基础之上，但这些关系并不适用于分析非线性系统的情况。一般只能将每一种非线性变换关系作为一种特例进行讨论。近年来，人们已将研究的注意力集中到高阶谱分析方法上，并希望通过高阶统计量寻找非线性信号处理与系统分析更为有效的方法。

2.6.2　高阶累积量与高阶谱

下面介绍高阶累积量（cumulant）与高阶谱的定义及其基本性质，其系统分析问题在相关部分介绍。

1. 累积量

设 X 表示具有有限阶矩的随机变量，定义 X 的特征函数为

$$\Phi_X(\omega) = E[\exp(\mathrm{j}\omega X)] \tag{2.6.1}$$

考虑到由 n 个随机变量 $(X_1, X_2, \cdots, X_k) = \{X_k\}$ 组成的一个集合 $\boldsymbol{X} = [X_1, X_2, \cdots, X_k]^\mathrm{T}$，设 $\boldsymbol{\omega} = [\omega_1, \omega_2, \cdots, \omega_k]^\mathrm{T}$。定义 $\{X_k\}$ 的联合特征函数为

$$\Phi_X(\omega_1, \omega_2, \cdots, \omega_k) = E[\exp \mathrm{j}(\omega_1 X_1 + \omega_2 X_2 + \cdots + \omega_n X_n)] \tag{2.6.2}$$

或者

$$\Phi_X(\boldsymbol{\omega}) = E[\exp \mathrm{j}(\boldsymbol{\omega}^\mathrm{T} \boldsymbol{X})] \tag{2.6.3}$$

定义序列 $\{X_k\}$ 的 k 阶累积量生产函数为

$$K(\boldsymbol{\omega}) = \ln E[\exp \mathrm{j}(\boldsymbol{\omega}^\mathrm{T} \boldsymbol{X})] = \ln \Phi_X(\boldsymbol{\omega}) \tag{2.6.4}$$

以下考虑各态历经序列的情况，于是，定义 k 个实随机变量 $(X_1, X_2, \cdots, X_k)$ 的 r 阶联合累积量为

$$\mathrm{cum}(X_1^{r_1}, X_2^{r_2}, \cdots, X_k^{r_k}) = (-\mathrm{j})^r \left. \frac{\partial^r \ln \Phi_X(\omega_1, \omega_2, \cdots, \omega_k)}{\partial \omega_1^{r_1} \partial \omega_2^{r_2} \cdots \partial \omega_k^{r_k}} \right|_{\omega_1 = \omega_2 = \cdots = \omega_k = 0} \tag{2.6.5}$$

式中，$r = r_1 + r_2 + \cdots + r_k$。

定义随机变量 $(X_1, X_2, \cdots, X_k)$ 的 r 阶联合矩为

$$m(X_1^{r_1}, X_2^{r_2}, \cdots, X_k^{r_k}) = E[X_1^{r_1}, X_2^{r_2}, \cdots, X_k^{r_k}]$$

$$(-\mathrm{j})^r \left. \frac{\partial^r \Phi_X(\omega_1, \omega_2, \cdots, \omega_k)}{\partial \omega_1^{r_1} \partial \omega_2^{r_2} \cdots \partial \omega_k^{r_k}} \right|_{\omega_1 = \omega_2 = \cdots = \omega_k = 0} \tag{2.6.6}$$

因此，随机变量的联合累积量可以通过它的联合矩来表示，反之亦然。

以下着重考虑 $r_1 = r_2 = \cdots = r_k = 1$ 的情况。对于具有零均值的实随机变量，其二阶、三阶和四阶累积量分别为

$$\mathrm{cum}(X_1, X_2) = E(X_1 X_2) \tag{2.6.7}$$

$$\mathrm{cum}(X_1, X_2, X_3) = E(X_1 X_2 X_3) \tag{2.6.8}$$

$$\mathrm{cum}(X_1, X_2, X_3, X_4) = E(X_1 X_2 X_3 X_4) - E(X_1 X_2)E(X_3 X_4)$$
$$- E(X_1 X_3)E(X_2 X_4) - E(X_1 X_4)E(X_2 X_3) \tag{2.6.9}$$

可见，三阶以下的累积量和矩是等价的。但四阶以上两者是不同的。如果要求得四阶累积量，必须先获得 X_k 的四阶矩和自相关函数等知识。下面给出由累积量确定矩的关系：

$$E(X_1 X_2 X_3) = \mathrm{cum}(X_1, X_2, X_3) + \mathrm{cum}(X_1)\mathrm{cum}(X_3 - X_2)$$
$$- \mathrm{cum}(X_2)\mathrm{cum}(X_3 - X_1) + \mathrm{cum}(X_3)\mathrm{cum}(X_2 - X_1) \tag{2.6.10}$$

$$E(X_1 X_2 X_3 X_4) = \mathrm{cum}(X_1, X_2, X_3, X_4) + \mathrm{cum}(X_1, X_2)\mathrm{cum}(X_3, X_4)$$
$$+ \mathrm{cum}(X_1, X_3)\mathrm{cum}(X_2, X_4) + \mathrm{cum}(X_1, X_4)\mathrm{cum}(X_2, X_3) \tag{2.6.11}$$

设 $X(t)$ 为一个零均值 k 阶平稳实随机信号，满足各态历经性。其 k 阶累积量定义为随机变量 $X(t_1), X(t_1 + \tau_1), \cdots, X(t_1 + \tau_{k-1})$ 的联合 k 阶累积量，表示为

$$C_{k,X}(\tau_1, \tau_2, \cdots, \tau_{k-1}) = \mathrm{cum}[X(t_1), X(t_1 + \tau_1), \cdots, X(t_1 + \tau_{k-1})] \tag{2.6.12}$$

根据平稳性的假设，可知 $X(t)$ 的 k 阶累积量仅是 $k-1$ 个间隔 $\tau_1, \tau_2, \cdots, \tau_{k-1}$ 的函数。可得如下关系：

$$E[X(t)X(t + \tau_1)] = C_{2,x}(\tau_1) \tag{2.6.13}$$

$$E[X(t)X(t + \tau_1)X(t + \tau_2)] = C_{3,x}(\tau_1, \tau_2) \tag{2.6.14}$$

$$E[X(t)X(t + \tau_1)X(t + \tau_2)X(t + \tau_3)] = C_{4,x}(\tau_1, \tau_2, \tau_3) + C_{2,x}(\tau_1)C_{2,x}(\tau_3 - \tau_2)$$
$$+ C_{2,x}(\tau_2)C_{2,x}(\tau_3 - \tau_1) + C_{2,x}(\tau_3)C_{2,x}(\tau_2 - \tau_1) \tag{2.6.15}$$

为了更加明确地说明累积量的物理意义，这里介绍累积量的另一种定义。

设 $X(t)$ 为一零均值 k 阶平稳随机信号，设 $G(t)$ 为一高斯随机信号，若 $X(t)$ 和 $G(t)$ 具有相同的自相关函数，定义 $X(t)$ 的 k 阶累积量为

$$C_{k,X}(\tau_1, \tau_2, \cdots, \tau_{k-1}) = E[X(\tau_1)X(\tau_2)\cdots X(\tau_{k-1})] - E[G(\tau_1)G(\tau_2)\cdots G(\tau_{k-1})] \tag{2.6.16}$$

式（2.6.16）说明，$X(t)$ 的 k 阶累积量描述了随机信号的 k 阶矩偏离高斯信号 k 阶矩的程度。显然，如果随机信号也是一高斯信号，那么它的各阶累积量均等于零。从几何意义上讲，如果将高斯随机信号 $G(t)$ 视为某一超平面，那么，随机信号 $X(t)$ 的 k 阶累积量表示该随机信号在高斯信号这一超平面上投影的误差。

式（2.6.16）表明，具有任意自相关函数的高斯信号，其高斯累积量总是为零的，而

它的高斯矩却不恒为零,这也是在分析非高斯信号时不采用高阶矩而采用高阶累积量的主要原因。

实际应用中,三阶及四阶累积量比较常用。至于什么场合使用三阶累积量,什么场合应使用四阶累积量,完全取决于研究对象本身的特性。例如,如果随机信号服从拉普拉斯分布或均匀分布,那么就必须使用四阶累积量研究该随机信号的有关问题,但若服从指数分布、瑞利分布及 K 分布等,则一般可采用三阶累积量。另外,某些随机信号的三阶和四阶累积量可能均存在,但其四阶累积量远远大于其三阶累积量。对于这类随机信号,在使用高阶统计量进行分析时,最好使用四阶累积量。最后,在某些特殊的应用场合,随机信号的二阶累积量可能为零,但其存在四阶累积量,故此时应使用四阶累积量。

与累积量有关的另一重要概念是 k 阶累积量的一维切片。具体可通过固定 k 阶累积量中 $k-1$ 个下标中的 $k-2$ 个下标确定。累积量的一维切片具有多种形式,包括射线、水平线、垂直线、对角线以及偏对角线切片等。

2. 高阶谱

Wiener-Khinchine 定理建立了随机信号二阶矩的时域与频域关系,随机信号的自相关函数与它的功率谱密度函数构成一对傅里叶变换。同样,随机信号的高阶谱与其相应的累积量也存在类似的关系。下面给出高阶谱的定义:设实随机变量序列 $\{X_k\}$ 的均值为零,k阶平稳,其 k 阶累积量 $C_{k,X}(\tau_1,\tau_2,\cdots,\tau_{k-1})$ 存在。定义 $\{X_k\}$ 的 k 阶谱为

$$
\begin{aligned}
&C_{k,X}(\omega_1,\omega_2,\cdots,\omega_{k-1})\\
&=\sum_{\tau_1}\sum_{\tau_2}\cdots\sum_{\tau_{k-1}}C_{k,X}(\tau_1,\tau_2,\cdots,\tau_{k-1})\exp[-\mathrm{j}(\omega_1\tau_1+\omega_2\tau_2+\cdots+\omega_{k-1}\tau_{k-1})]
\end{aligned}
\tag{2.6.17}
$$

在一般情况下,高阶谱为一个复数,其存在的充分条件之一是 k 阶累积量满足绝对可积。通常,由式(2.6.17)定义的 k 阶谱也称为累量谱或多谱(polyspectra)。

不难看出,当 $k=2$ 时,有

$$
\begin{aligned}
C_{k,X}(\omega_1,\omega_2,\cdots,\omega_{k-1})&=\sum_{\tau_1}C_{2,x}(\tau_1)\exp[-\mathrm{j}(\omega_1\tau_1)]\\
&=\sum_{\tau_1}R_X(\tau_1)\exp[-\mathrm{j}(\omega_1\tau_1)]
\end{aligned}
\tag{2.6.18}
$$

显然,Wiener-Khinchine 定理是式(2.6.17)的特例。

在高阶谱家族中,使用最为广泛的是双谱(bispectrum)。它是高阶谱在 $k=3$ 时的特例:

$$
C_{3,X}(\omega_1,\omega_2)=\sum_{\tau_1}\sum_{\tau_2}C_{3,X}(\omega_1,\omega_2)\exp[-\mathrm{j}(\omega_1\tau_1+\omega_2\tau_2)]
\tag{2.6.19}
$$

通常采用符号 $B_X(\omega_1,\omega_2)$ 表示双谱,它是一个二维复函数。

与双谱有关的另一个概念是三阶自相关函数,定义为

$$
R_X(m,n)=E[X(k)X(k+m)X(k+n)]
\tag{2.6.20}
$$

它的二维傅里叶变换即为随机序列的双谱:

$$B_X(\omega_1,\omega_2) = \sum_m \sum_n R_X(m,n)\exp[-j(\omega_1 m + \omega_2 n)] \tag{2.6.21}$$

因为三阶累积量和三阶矩是相同的，所以双谱也称为三阶累量谱。

此时，可得三谱（trispectrum）：

$$C_{4,X}(\omega_1,\omega_2,\omega_3) = \sum_{\tau_1}\sum_{\tau_2}\sum_{\tau_3} C_{4,X}(\tau_1,\tau_2,\tau_3)\exp[-j(\omega_1\tau_1 + \omega_2\tau_2 + \omega_3\tau_3)] \tag{2.6.22}$$

2.6.3 累积量与双谱的性质

根据累积量及双谱的定义可以推得一些主要性质，在实际分析中非常重要。

1. 累积量的性质

（1）如果 $\lambda_i(i=1,2,\cdots,k)$ 为常数，$\{X_k\}$ 为随机变量，则有以下关系成立：

$$\mathrm{cum}(\lambda_1 X_1,\lambda_2 X_2,\cdots,\lambda_k X_k) = \mathrm{cum}(X_1,X_2,\cdots,X_k)\prod_i \lambda_i \tag{2.6.23}$$

（2）累积量对所有变量对称，即

$$\mathrm{cum}(X_1,X_2,\cdots,X_k) = \mathrm{cum}(X_i,X_j,\cdots,X_q) \tag{2.6.24}$$

式中，$i,j,\cdots,q$ 是 $1,2,\cdots,k$ 的一种排列形式。

（3）累积量的变量是可加的。设 X_0 和 Y_0 为两个不同的变量，则有

$$\begin{aligned}\mathrm{cum}(X_0+Y_0,Z_1,Z_2,\cdots,Z_k) &= \mathrm{cum}(X_0,Z_1,Z_2,\cdots,Z_k)\\&\quad + \mathrm{cum}(Y_0,Z_1,Z_2,\cdots,Z_k)\end{aligned} \tag{2.6.25}$$

式（2.6.25）说明和的累积量等于累积量之和。

（4）如果 λ 为某一常数，则有

$$\mathrm{cum}(\lambda+X_1,X_2,\cdots,X_k) = \mathrm{cum}(X_1,X_2,\cdots,X_k) \tag{2.6.26}$$

证明 设有向量 $\boldsymbol{Y}=(\lambda+X_1,X_2,\cdots,X_k)$ 和 $\boldsymbol{\omega}=(\omega_1,\omega_2,\cdots,\omega_k)$，根据式（2.6.4）有

$$\begin{aligned}K(\boldsymbol{\omega}) &= \ln E[\exp j\boldsymbol{\omega}^{\mathrm{T}}\boldsymbol{Y}]\\&= \ln E\{\exp[j\omega_1(\lambda+X_1),j\omega_2 X_2,\cdots,j\omega_k X_k]\}\\&= \ln E[\exp(j\omega_1\lambda)] + \ln E\{\exp[j(\omega_1 X_1,\omega_2 X_2,\cdots,\omega_k X_k)]\}\end{aligned}$$

而 $\boldsymbol{Y}$ 的 k 阶累积量为

$$\mathrm{cum}(\lambda+X_1,X_2,\cdots,X_k)$$

$$= \frac{1}{k!}\frac{\partial^k K(\boldsymbol{\omega})}{\partial\omega_1\partial\omega_2\cdots\partial\omega_k}\bigg|_{\omega_1=\omega_2=\cdots=\omega_k=0}$$

$$= \frac{1}{k!}\frac{\partial^k\{\ln E[\exp(j\omega_1\lambda)]\}}{\partial\omega_1\partial\omega_2\cdots\partial\omega_k}\bigg|_{\omega_1=\omega_2=\cdots=\omega_k=0}$$

$$\quad + \frac{1}{k!}\frac{\partial^k\{\ln E[\exp(j\omega_1 X_1,j\omega_2 X_2,\cdots,j\omega_k X_k)]\}}{\partial\omega_1\partial\omega_2\cdots\partial\omega_k}\bigg|_{\omega_1=\omega_2=\cdots=\omega_k=0}$$

上式第二个等式中第一项为零，因此

$$\mathrm{cum}(\lambda + X_1, X_2, \cdots, X_k) = \mathrm{cum}(X_1, X_2, \cdots, X_k)$$

（5）如果随机变量 $\{X_i\}$ 与 $\{Y_i\}$ 彼此统计独立，则有

$$\mathrm{cum}(X_1 + Y_1, X_2 + Y_2, \cdots, X_k + Y_k) = \mathrm{cum}(X_1, X_2, \cdots, X_k) + \mathrm{cum}(Y_1, Y_2, \cdots, Y_k) \quad (2.6.27)$$

证明　设 $\boldsymbol{Z} = (X_1 + Y_1, X_2 + Y_2, \cdots, X_k + Y_k)^{\mathrm{T}} = \boldsymbol{X} + \boldsymbol{Y}$ ，其中向量 $\boldsymbol{X} = (X_1, X_2, \cdots, X_k)^{\mathrm{T}}, \boldsymbol{Y} = (Y_1, Y_2, \cdots, Y_k)^{\mathrm{T}}$ 。考虑到 $\{X_k\}$ 和 $\{Y_k\}$ 彼此统计独立，可得

$$\begin{aligned}
K_Z(\boldsymbol{\omega}) &= \ln E\{\exp[\mathrm{j}\omega_1(X_1 + Y_1) \\
&\quad + \mathrm{j}\omega_2(X_2 + Y_2) + \cdots + \mathrm{j}\omega_k(X_k + Y_k)]\} \\
&= \ln E\{\exp[\mathrm{j}(\omega_1 X_1 + \omega_2 X_2 + \cdots + \omega_k X_k)]\} \\
&\quad + \ln E\{\exp[\mathrm{j}(\omega_1 Y_1 + \omega_2 Y_2 + \cdots + \omega_k Y_k)]\} \\
&= K_X(\boldsymbol{\omega}) + K_Y(\boldsymbol{\omega})
\end{aligned}$$

再利用式（2.6.5）的结果，可得式（2.6.27）。

因此，如果非高斯信号加有背景高斯噪声，应用高阶谱处理信号，背景噪声将得到有效的分离和抑制。

（6）如果随机变量 $\{X_i\}(i = 1, 2, \cdots, k)$ 中的一部分与其他部分统计独立，则有

$$\mathrm{cum}(X_1, X_2, \cdots, X_k) = 0 \quad (2.6.28)$$

证明　设 $\boldsymbol{X} = (X_1, X_2, \cdots, X_k)^{\mathrm{T}}$ 和 $\boldsymbol{Y} = (Y_1, Y_2, \cdots, Y_k)^{\mathrm{T}}$ 彼此统计独立，则有

$$\begin{aligned}
K(\boldsymbol{\omega}) &= \ln E\{\exp[\mathrm{j}(\omega_1 X_1 + \omega_2 X_2 + \cdots + \omega_i X_i)]\} \\
&\quad + \ln E\{\exp[\mathrm{j}(\omega_{i+1} Y_{i+1} + \omega_{i+2} Y_{i+2} + \cdots + \omega_k Y_k)]\}
\end{aligned}$$

于是有

$$\begin{aligned}
&\mathrm{cum}(X_1, X_2, \cdots, X_k) \\
&= \frac{1}{k!} \frac{\partial^k K(\boldsymbol{\omega})}{\partial \omega_1 \partial \omega_2 \cdots \partial \omega_k}\bigg|_{\omega_1 = \omega_2 = \cdots = \omega_k = 0} \\
&= \frac{1}{k!} \frac{\partial^k \{\ln E[\exp(\mathrm{j}\omega_1 X_1 + \cdots + \mathrm{j}\omega_i X_i)]\}}{\partial \omega_1 \cdots \partial \omega_i \partial \omega_{i+1} \cdots \partial \omega_k}\bigg|_{\omega_1 = \omega_2 = \cdots = \omega_k = 0} \\
&= \frac{1}{k!} \frac{\partial^k \{\ln E[\exp(\mathrm{j}\omega_{i+1} X_{i+1} + \cdots + \mathrm{j}\omega_k X_k)]\}}{\partial \omega_1 \cdots \partial \omega_i \partial \omega_{i+1} \cdots \partial \omega_k}\bigg|_{\omega_1 = \omega_2 = \cdots = \omega_k = 0} \\
&= 0
\end{aligned}$$

因此，独立同分布非高斯随机信号的累积量是一种冲激函数形式。

2. 双谱的性质

设 $\{X(k)\}$ 是均值为零的实平稳随机序列。根据自相关和双谱的定义，可以推出几个重要的性质。

首先，考察二阶自相关函数的对称性。前面已推出：

$$R(\tau) = R(-\tau) \tag{2.6.29}$$

对于三阶自相关函数，存在以下对称关系：

$$
\begin{aligned}
R_X(m,n) &= R_X(n,m) \\
&= R_X(-m, n-m) = R_X(n-m, -m) \\
&= R_X(-n, m-n) = R_X(m-n, -n)
\end{aligned} \tag{2.6.30}
$$

证明以上关系，只需根据三阶自相关的定义作某些适当的变量替换即可。由累积量性质（2）可知，三阶自相关函数在(m, n)平面上应有六种互换可能。因此，由式（2.6.30）可知，只要知道(m, n)平面上由直线 $n = 0$ 和 $m = n$ 在第一象限上构成的三角形内三阶自相关的知识，便可确定整个(m, n)平面上所有的三阶自相关值。如图 2.6.1 所示，即知道六个扇区中的任一个三阶自相关值，便可确定整个(m, n)平面上的三阶自相关序列。必须注意，这些扇区包含了扇区间的边界线。

根据式（2.6.21）双谱的定义及式（2.6.30）自相关函数的对称性，可得以下双谱性质。

（1）通常双谱为一复数，因此，可得双谱的幅度谱和相位谱：

$$B_X(\omega_1, \omega_2) = |B_X(\omega_1, \omega_2)| \exp[j\varphi_B(\omega_1, \omega_2)] \tag{2.6.31}$$

（2）双谱是以 2π 为周期的双周期函数，即

$$B_X(\omega_1, \omega_2) = B_X(\omega_1 + 2\pi, \omega_2 + 2\pi) \tag{2.6.32}$$

（3）双谱具有以下对称关系：

$$
\begin{aligned}
&B_X(\omega_1, \omega_2) \\
&= B_X(\omega_2, \omega_1) = B_X^*(-\omega_2, -\omega_1) \\
&= B_X^*(-\omega_1, -\omega_2) = B_X(-\omega_1 - \omega_2, \omega_2) \\
&= B_X(\omega_1, -\omega_1 - \omega_2) = B_X(-\omega_1 - \omega_2, \omega_1) \\
&= B_X(\omega_2, -\omega_1 - \omega_2)
\end{aligned} \tag{2.6.33}
$$

由此可知，双谱可由图 2.6.2 双频平面上 $A_1 \sim A_{12}$ 这 12 个小区域中的任何一个区域确定，实际分析双谱时，往往只需分析双频平面上第一象限中以 π 为边界方形的双谱值即可。

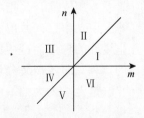

图 2.6.1　$R(m, n)$的对称关系

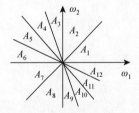

图 2.6.2　双谱的对称关系

（4）对一持续时间有限的随机序列$\{X(k)\}$，如果它的离散时间傅里叶变换 $X(\omega)$ 存在，那么 $\{X(k)\}$ 的双谱可由式（2.6.34）确定：

$$B_X(\omega_1, \omega_2) = X(\omega_1) X(\omega_2) X^*(\omega_1 + \omega_2) = X(\omega_1) X(\omega_2) X(-\omega_1 - \omega_2) \tag{2.6.34}$$

证明　根据式（2.6.21），有

$$B_X(\omega_1, \omega_2) = \sum_{m=-\infty}^{\infty} \sum_{n=-\infty}^{\infty} R_X(m,n) \exp[-j(m\omega_1 + n\omega_2)]$$

$$= \sum_{k=-\infty}^{\infty} \sum_{m=-\infty}^{\infty} \sum_{n=-\infty}^{\infty} X(k)X(k+m)X(k+n) \exp[-j(m\omega_1 + n\omega_2)]$$

$$= \sum_{m=-\infty}^{\infty} X(k+m) \exp[-j\omega_1(k+m)] \sum_{n=-\infty}^{\infty} X(k+n) \exp[-j\omega_1(k+n)]$$

$$\sum_{k=-\infty}^{\infty} X(k) \exp[-j(\omega_1 + \omega_2)]$$

$$= X(\omega_1)X(\omega_2)X(-\omega_1 - \omega_2) = X(\omega_1)X(\omega_2)X^*(\omega_1 + \omega_2)$$

（5）对于三阶平稳的零均值非高斯白噪声序列 $\{W(k)\}$，有

$$E[W(k)W(k+m)] = q\delta(m) \tag{2.6.35}$$

以及

$$E[W(k)W(k+m)W(k+n)] = \beta\delta(m,n) \tag{2.6.36}$$

所以，其功率谱和双谱均为常数：

$$G_\omega(\omega) = Q \tag{2.6.37}$$

$$B_\omega(\omega_1, \omega_2) = \beta \tag{2.6.38}$$

（6）如果 $\{X(k)\}$ 为一零均值高斯平稳随机序列，对于所有的 m 和 n，有

$$R_X(m,n) = E[X(k)X(k+m)X(k+n)] = 0 \tag{2.6.39}$$

因此，高斯信号的双谱恒为零。

（7）随机信号的二阶及三阶矩均不能检测信号的线性相移信息。

设随机序列 $\{X(k)\}$ 的功率谱及双谱分别为 $G_X(\omega)$ 和 $B_X(\omega_1, \omega_2)$，如果

$$Y(k) = X(k - N) \tag{2.6.40}$$

N 为常数，则有

$$G_Y(\omega) = G_X(\omega) \tag{2.6.41}$$

以及

$$B_Y(\omega_1, \omega_2) = B_X(\omega_1, \omega_2) \tag{2.6.42}$$

（8）双谱具有检测信号平方相位耦合信息的能力。所谓平方相位耦合是指由于信号中两个谐波分量的相互作用，在两个谐波分量的和、差频处出现功率谱，并形成一定的相位关系，这种现象称为平方相位耦合。它可能是由平方非线性的作用而产生的，实际应用中需要了解与功率谱分量有关的频率处是否出现明显的谱值，即各谐波分量是否发生平方相位耦合。对于这类问题，如果仅采用功率谱分析方法是无能为力的。而利用双谱分析方法不仅可以获得平方相位耦合信息，还可进行定量分析。

为了说明这一点，考察如下随机相位信号：

$$X(n) = \sum_{i=1}^{6} \cos(nf_i + \varphi_i) \tag{2.6.43}$$

式中，常数 $f_i > 0 (i = 1, 2, \cdots, 6)$，其中 $f_3 = f_1 + f_2$ 以及 $f_6 = f_4 + f_5$，$\varphi_i (i = 1, 2, \cdots, 6)$ 为均匀分布于 $(0, 2\pi)$ 上的独立随机变量，并满足 $\varphi_6 = \varphi_4 + \varphi_5$。显然，$f_6$ 分量是 f_4 分量和 f_5 分量的

相位耦合。如果采用功率谱分析信号 $X(n)$，则无论 $\varphi_6 = \varphi_4 + \varphi_5$ 是否成立，其功率谱均包括六个冲激信号。但是，如果和之间存在相位耦合，信号的三阶累积量为

$$R_X(m,n) = \frac{1}{4}[\cos(f_5 m + f_4 n) + \cos(f_6 m + f_4 n) + \cos(f_4 m + f_5 n) \\ + \cos(f_6 m - f_5 n) + \cos(f_4 m - f_6 n) + \cos(f_5 m - f_6 n)]$$

（2.6.44）

以上结果表明，只要出现平方相位耦合，各频率分量才出现在信号的三阶自相关序列中。这就说明了信号的三阶累积量确实能够检测信号的平方相位耦合信息。因此，双谱可以作为一个重要的工具，用来检测和消除平方相位耦合信息。图 2.6.3 给出了以上信号出现平方相位耦合时的双谱图。

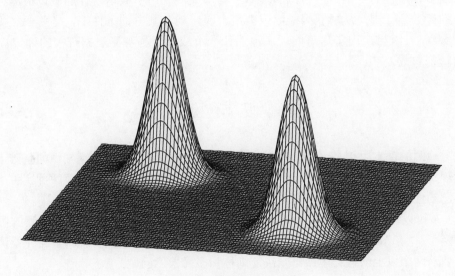

图 2.6.3　谐波信号的双谱

第3章　信号检测与参数估计的基本概念

本章主要介绍噪声中的信号检测和参数估计问题。信号检测的基本问题是从包括噪声的观察值中判断某种信号是否存在，这种判断需要服从某种规则规定的判决准则，并且是在一组给定的假设条件下对包含噪声的观察值进行统计处理后而得出。用于判决的准则可以是多种多样的，但信号检测的基本工具却大多利用了数理统计的假设检测方法。而信号的参数估计则是从所获得一组或多组含噪声观测数据的条件下，定义一个观测数据的函数（估计器），用于尽可能可靠地估计一个或几个与观测数据有关的确定性或随机性的特征参数。

3.1　假　设　检　测

信号检测的基本思想是：对于包含噪声的观察值，在某些先验概率知识的基础上，根据某种规定的判决准则，在假设 $H_0, H_1, \cdots, H_{M-1}$ 中做出观察值到底属于何种假设的判断。根据问题的性质，信号的检测问题可以分为以下几个方面。

（1）从可以选择的假设数目来看，可以分为二元检测和多元检测。二元检测的假设数目只有两个："有"或"无"。例如，判断信号存在与否的检测问题，就属于二元检测。而如果需要从两个以上的假设中做出判决，则称为多元检测问题。

（2）从判断所依据的观察数目来看，可以分为单次观察和多次观察。只对一项特征做一次观察，称为单次观察。有时为使判断更加可靠，需要做多次观察，或对多项特征进行观察后做出判断，此时称为多次观察。

（3）从描述先验知识的有关参数来看，可以分为简单假设检验和复合假设检验。检验中的判断是在一些先验概率知识的基础上进行的，若描述这些先验知识的有关参数已知，则称为简单假设检验。若这些先验知识本身就包含某些未确定的因素，此时称为复合假设检验。

另外，被检测的信号还可以分为：确定性信号和随机信号。确定性信号可以是信号完全已知的，也可以是信号参数未知的。随机信号的概率分布可以是已知的，也可以是含有未确定因素的。

一般而言，信号检测中做出的判断可能是正确的，也可能是错误的。例如，在二元检测中，判断错的情况就有两种：一是将事实"有"的情况判决为"无"，此时通常称为"漏过"；另一种将事实"无"的情况判决为"有"，此时称为"虚警"。我们将把"有"判决为"无"的概率 P_M 称为漏过概率，即漏过概率为属于 H_1 而被判为 H_0 的概率；将把"无"判决为"有"的概率 P_F 称为虚警概率，即虚警概率为属于 H_0 而被判为 H_1 的概率。

若根据经验已知的 H_0 和 H_1 先验概率分别为 $P(H_0)$ 和 $P(H_1)$，则信号检测错误的总概率 P_e 为

$$P_e = P_F P(H_0) + P_M P(H_1) \tag{3.1.1}$$

当然，判断正确的情况也有两种，即属于 H_1 而被判为 H_1 的情况和属于 H_0 而被判为 H_0 的情况。

在信号检测中经常遇到的概率除了漏过概率和虚警概率外，还有条件先验概率和后验概率。在某种假设下得到的观察值 x 的概率，称为条件先验概率。当 x 是离散随机变量时，用概率来表示，即 $P(x|H_0)$ 和 $P(x|H_1)$；当 x 是连续随机变量时，则用概率密度函数来表示，即 $p(x|H_0)$ 和 $p(x|H_1)$。已知观察值后，该观察值属于某种假设的概率，称为后验概率，如 $P(H_0|x)$ 和 $P(H_1|x)$。

下面先简单假设信号是已知的，且只从单次观察的二元检测出发，介绍信号检测的基本原理，然后把该方法推广到更复杂的情形。

3.2 检 测 准 则

考虑一个二元检测的问题，假设观察值 x 是信号 $s = A$ 和噪声 n 的叠加，则存在两种情况：

（1）H_0 假设：观察值 x 中不存在信号 s，即 $x = n$；

（2）H_1 假设：观察值 x 中存在信号 s，即 $x = s + n$。

若已知先验概率 $P(H_0)$、$P(H_1)$ 和噪声的概率密度 $p(n)$，则对于单次观察值 $x = x_1$，如何判别此时出现的是情况 H_0 还是情况 H_1？

为了做出最合理的假设判断，首先应该选择一个合理的判决准则。下面就介绍几种常用的判决准则。

3.2.1 极大后验概率准则

若使用条件概率 $P(H_0|x)$ 和 $P(H_1|x)$ 来分别表示观察值为 x 时情况属于 H_0 和 H_1 的概率，则二元检测的合理判决准则为，如果 $P(H_0|x) > P(H_1|x)$，则情况被判为属于 H_0；反之则被判为属于 H_1。由于这两个条件概率都是后验概率，因此这种判决准则被称为极大后验概率准则。

根据以上描述，极大后验概率准则可以表示为

$$\frac{P(H_1|x)}{P(H_0|x)} \overset{H_1}{\underset{H_0}{\gtrless}} 1 \tag{3.2.1}$$

根据贝叶斯公式，后验概率可以写为

$$P(H_i|x) = \frac{p(x|H_i)p(H_i)}{\sum_{j=0}^{1} p(x|H_j)p(H_j)}, \quad i = 0,1 \tag{3.2.2}$$

式中，$p(x|H_i)(i = 0, 1)$ 为条件概率密度函数。因此，式（3.2.1）可改写为

$$\frac{p(x|H_1)}{p(x|H_0)} \underset{H_0}{\overset{H_1}{\gtrless}} \frac{p(H_0)}{p(H_1)}$$

（3.2.3）

由于条件概率密度函数 $p(x|H_i)(i = 0, 1)$ 又被称为似然函数，因此两者的比值 $l(x) = \dfrac{p(x|H_1)}{p(x|H_0)}$ 又被称为似然比。于是式（3.2.3）又可以等价于

$$l(x) \underset{H_0}{\overset{H_1}{\gtrless}} \frac{p(H_0)}{p(H_1)}$$

（3.2.4）

根据先验概率的关系式 $p(H_1) = 1-p(H_0)$，式（3.2.4）又可写为

$$l(x) \underset{H_0}{\overset{H_1}{\gtrless}} \frac{p(H_0)}{1 - p(H_0)}$$

（3.2.5）

3.2.2　最小错误概率准则

判决中可以选取判决阈值 x_T，$x > x_T$ 的情形判为 H_1，反之判为 H_0，则对于给定的条件概率密度函数 $p(x|H_i)(i = 0, 1)$，判决的漏过概率 P_M 和虚警概率 P_F 分别为

$$P_M = \int_{-\infty}^{x_T} p(x|H_1)\mathrm{d}x$$

（3.2.6）

$$P_F = \int_{x_T}^{\infty} p(x|H_0)\mathrm{d}x$$

（3.2.7）

此时判决错误的总概率 P_e 为

$$P_e = P(H_0)\int_{x_T}^{\infty} p(x|H_1)\mathrm{d}x + P(H_1)\int_{-\infty}^{x_T} p(x|H_1)\mathrm{d}x$$

（3.2.8）

最小错误概率的基本思路就是：选择合适的判决阈值 x_T，使得式（3.2.8）表示的判决错误的总概率 P_e 最小。

由于存在关系 $\int_{-\infty}^{x_T} p(x|H_1)\mathrm{d}x + \int_{x_T}^{\infty} p(x|H_1)\mathrm{d}x = 1$，因此式（3.2.8）可以改写为

$$
\begin{aligned}
P_e &= P(H_1)\left[1 - \int_{x_T}^{\infty} p(x|H_1)\mathrm{d}x\right] + P(H_0)\int_{x_T}^{\infty} p(x|H_0)\mathrm{d}x \\
&= P(H_1) + \int_{x_T}^{\infty}[P(H_0)p(x|H_0) - P(H_1)p(x|H_1)]\mathrm{d}x
\end{aligned}
$$

（3.2.9）

由此可见，要使 P_e 最小，就应该使 $\int_{x_T}^{\infty}[P(H_0)p(x|H_0) - P(H_1)p(x|H_1)]\mathrm{d}x$ 满足最小的条件。由于该项的积分区间 (x_T, ∞) 就是将观察值 x 判为 H_1 的区域，所以只要将 $P(H_0)p(x|H_0)-P(H_1)p(x|H_1) < 0$ 的情形划归到 H_1 的区域，就可以使判决错误的总概率 P_e 达

到最小。这就是最小错误概率准则，即当$[P(H_0)p(x|H_0)-P(H_1)p(x|H_1)]<0$ 时，则判为 H_1，反之判为 H_0。

所以，可将最小错误概率准则写为

$$P(H_0)p(x|H_0) \underset{H_0}{\overset{H_1}{\underset{>}{<}}} P(H_1)p(x|H_1) \qquad (3.2.10)$$

式（3.2.10）还可以转化为式（3.2.3）、式（3.2.4）或式（3.2.5），因此，在目前研究的问题下，以最小错误概率准则做出的判决和以极大后验概率准则做出的判决是一致的。

例 3.2.1　在二元通信中，已知发 0 的概率是发 1 的概率的 3 倍，对于某一观察值 x，条件概率函数分别为 $p(x|H_0) = 0.15$，$p(x|H_1) = 0.35$，试问：此时是发 0，还是发 1？

解　由于发 0 的概率是发 1 的概率的 3 倍，即

$$P(H_0) = 3P(H_1)$$

而 $P(H_0)$ 和 $P(H_1)$ 又满足

$$P(H_0) + P(H_1) = 1$$

因此可以计算出

$$P(H_0) = 0.75, P(H_1) = 0.25$$

此时，有

$$[P(H_0)p(x|H_0) - P(H_1)p(x|H_1)] = 0.75 \times 0.15 - 0.25 \times 0.35 = 0.025 > 0$$

因此根据最小错误概率准则，此时发的应该是 0。

例 3.2.2　在二元检测中，观察值 x 是信号 $s = A$ 和噪声 n 的叠加，其中 A 为常数，n 为 0 均值的高斯噪声，其方差为 σ^2。发生信号 s 的概率为 0.4，问：对于观察值 $x_1 = 0.4A$，此时是发了信号，还是未发信号？这样判决的漏过概率、虚警概率和错误总概率分别是多少？

解　H_0 假设：观察值 x 中不存在信号 s，即 $x = n$。此时观察值 x 的概率密度函数就是噪声 n 的概率密度函数。根据题意有

$$p(x|H_0) = \frac{1}{\sqrt{2\pi}\sigma} \exp[-x^2/(2\sigma^2)]$$

H_1 假设：观察值 x 中存在信号 s，即 $x = A + n$，此时观察值 x 仍为同样方差的高斯随机变量，只是均值从 0 变为 A，因此

$$p(x|H_1) = \frac{1}{\sqrt{2\pi}\sigma} \exp[-(x-A)^2/(2\sigma^2)]$$

此时似然比为

$$\frac{p(x|H_1)}{p(x|H_0)} = \frac{\exp[-(x-A)^2/(2\sigma^2)]}{\exp[-x^2/(2\sigma^2)]} = \exp[(2x-A)A/(2\sigma^2)]$$

将此时的观察值 $x = 0.4A$ 代入，则有

$$\frac{p(x|H_1)}{p(x|H_0)} = \exp(0.1A^2/\sigma^2) < 1$$

根据题意，有 $P(H_1) = 0.4$，则 $P(H_0) = 0.6$。于是，$\dfrac{P(H_0)}{P(H_1)} = 1.5$。因此

$$\frac{p(x|H_1)}{p(x|H_0)} < \frac{P(H_0)}{P(H_1)}$$

所以此时属于不发信号的情形。

通过求解方程：

$$\frac{P(x|H_1)}{P(x|H_0)} = \frac{P(H_0)}{P(H_1)} = \exp[(2x-A)A/(2\sigma^2)]$$

得出判决阈值 x_T 为

$$x_T = \frac{A}{2} + \frac{\sigma^2}{A}\ln\frac{3}{2}$$

因此漏过概率 P_M 为

$$P_M = \int_{-\infty}^{x_T} p(x|H_1)\mathrm{d}x = \int_{-\infty}^{x_T} \frac{1}{\sqrt{2\pi}\sigma}\exp[-(x-A)^2/(2\sigma^2)]\mathrm{d}x$$

虚警概率 P_F 为

$$P_F = \int_{x_T}^{\infty} p(x|H_0)\mathrm{d}x = \int_{x_T}^{\infty} \frac{1}{\sqrt{2\pi}\sigma}\exp[-x^2/(2\sigma^2)]\mathrm{d}x$$

于是判决错误的总概率 P_e 为

$$\begin{aligned}
P_e &= P_M P(H_1) + P_F P(H_0) \\
&= \frac{2}{5}\int_{-\infty}^{x_T} \frac{1}{\sqrt{2\pi}\sigma}\exp[-(x-A)^2/(2\sigma^2)]\mathrm{d}x + \frac{3}{5}\int_{x_T}^{\infty} \frac{1}{\sqrt{2\pi}\sigma}\exp[-x^2/(2\sigma^2)]\mathrm{d}x
\end{aligned}$$

图 3.2.1 给出了例 3.2.2 中的 $p(x|H_0)$ 和 $p(x|H_1)$ 的示意图，图中横线阴影面积表示漏过概率 P_M，纵线阴影面积表示虚警概率 P_F。

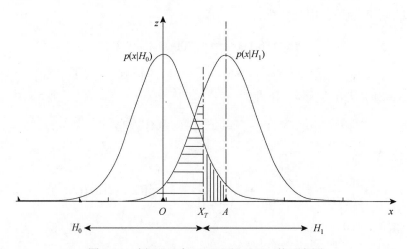

图 3.2.1　例 3.2.2 中 $p(x|H_0)$ 和 $p(x|H_1)$ 的示意图

3.2.3　最小风险贝叶斯准则

贝叶斯准则中提出了判决代价的概念，不同的判决结果对应不同的判决代价，这个代价函数也被称为风险函数。当判决发生错误时，会付出一定的判决代价。如前所述，判决错误的情形可以是漏过，也可以是虚警。这两种情况的判决代价可以是不同的，这里分别用 C_1 和 C_2 表示。当判决正确时，有时也要付出相应的判决代价。这里用 C_3 表示 H_1 被判为 H_1 的代价，用 C_4 表示 H_0 被判为 H_0 的代价。

最小风险贝叶斯准则的基本思路就是：选择合适的判决区域，使得判决的总代价达到最小。

根据二元判决的四种情形，总的判决代价 C 为

$$C = C_1 P_M P(H_1) + C_2 P_F P(H_0) + C_3(1 - P_M)P(H_1) + C_4(1 - P_F)P(H_0) \tag{3.2.11}$$

将式（3.2.11）变形，可以得到

$$C = C_3 P(H_1) + C_4 P(H_0) + (C_1 - C_3)P_M P(H_1) + (C_2 - C_4)P_F P(H_0) \tag{3.2.12}$$

在式（3.2.12）中，由于 $C_3 P(H_1) + C_4 P(H_0)$ 是个常项数，因此要使总的判决代价 C 达到最小，就应该使 $C_L = (C_1 - C_3)P_M P(H_1) + (C_2 - C_4)P_F P(H_0)$ 达到最小。

根据式（3.2.6）和式（3.2.7）所示漏过概率 P_M 和虚警概率 P_F 的表达式，C_L 可以化为

$$C_L = (C_1 - C_3)P(H_1)\int_{-\infty}^{x_T} p(x|H_1)\mathrm{d}x + (C_2 - C_4)P(H_0)\int_{x_T}^{\infty} p(x|H_0)\mathrm{d}x \tag{3.2.13}$$

类似于最小错误概率准则的推导，最小风险贝叶斯准则可以表示为：当 $(C_2 - C_4) \cdot P(H_0)p(x|H_0) - (C_1 - C_3)P(H_1)p(x|H_1) < 0$ 时，判为 H_1，反之则判为 H_0。即

$$(C_2 - C_4)P(H_0)p(x|H_0) \underset{H_0}{\overset{H_1}{\underset{>}{<}}} (C_1 - C_3)P(H_1)p(x|H_1) \tag{3.2.14}$$

进一步推导似然化，可将最小风险贝叶斯准则化为

$$l(x) \underset{H_0}{\overset{H_1}{\underset{>}{<}}} \frac{P(H_0)}{P(H_1)}\frac{C_2 - C_4}{C_1 - C_3} \tag{3.2.15}$$

在最小风险贝叶斯准则中，如果判决正确的代价和判决错误的代价相等，即存在 $C_3 = C_4$，$C_1 = C_2$ 时，式（3.2.15）就变为式（3.2.4），也就是说，此时的最小风险贝叶斯准则将蜕化为最小错误概率准则。

3.2.4　极小极大准则

极大后验概率准则、最小错误概率准则和最小风险贝叶斯准则的前提条件为：已知假设 H_0 和 H_1 的先验概率 $P(H_0)$ 和 $P(H_1)$，并且它们在观察过程中是保持不变的。事实上，

先验概率 $P(H_0)$ 和 $P(H_1)$ 有时是未知的，有时在观察过程中是变化的。此时若用固定的 $P(H_0)$ 和 $P(H_1)$ 做最小风险贝叶斯准则的判决，并不能得到最小意义上的最小风险。此时可以使用极小极大准则推测，这种判决准则的基本思想是使可能出现的最大风险达到最小。

在 $P(H_0)$ 和 $P(H_1)$ 未知的情况下，不妨设 $P(H_0) = P$，则有

$$P(H_1) = 1 - P \tag{3.2.16}$$

对于这样的 $P(H_0)$ 和 $P(H_1)$，可以利用最小风险贝叶斯准则来得到合适的判决区域。显而易见，此时得到的判决阈值 x_T 是和参数 P 有关的。进一步根据式（3.2.6）和式（3.2.7），漏过概率 P_M 和虚警概率 P_F 都可以表示为参数 P 的函数。不妨设

$$P_M = f_1(P) \tag{3.2.17}$$

$$P_F = f_2(P) \tag{3.2.18}$$

因此判决的总代价 C 的表示式（3.2.11）可以改写为

$$C = C_1 f_1(P)(1-P) + C_2 f_2(P)P + C_3[1 - f_1(P)](1-P) + C_4[1 - f_2(P)]P \tag{3.2.19}$$

可见，在最小风险意义下的总代价 C 也是参数 P 的函数。当利用 $dC/dP = 0$ 求出方程的解 P_0 后，以 P_0 为先验概率的最小风险 C 就达到其极大值 C_{max}。

因此，如果以 P_0 为先验概率来设计最小风险贝叶斯准则的判决，无论实际观察中的先验概率 $P(H_0)$ 等于多少，其最小风险 C 均不会超过 C_{max}。也就是说，极大极小准则所得到的风险不一定是最小的，但却是最保险的。

3.2.5　纽曼-皮尔逊准则

对于先验概率 $P(H_0)$ 和 $P(H_1)$ 未知的情况，除了可以使用极大极小准则外，还可以使用纽曼-皮尔逊准则。纽曼-皮尔逊准则的基本思路是：当漏过概率 P_M 和虚警概率 P_F 中的一个被限制为某一个值时，使另一个达到最小。

能够使用纽曼-皮尔逊准则的原因在于，漏过概率 P_M 和虚警概率 P_F 同时尽可能小是一对矛盾的要求。从漏过概率 P_M 和虚警概率 P_F 的表达式（3.2.6）和式（3.2.7）可以看出，要使 P_M 变小，x_T 就应该变小，而 x_T 的变小将带来 P_F 的增大；反之亦然。

一般来说，纽曼-皮尔逊准则可以表述为：在虚警概率 P_F 给定的条件下，使漏过概率 P_M 达到最小。对于一些简单的情况，如上述的利用单一阈值 x_T 进行判决的情况，当虚警概率 P_F 给定时，可以从 P_F 的表达式（3.2.7）中直接解出判决阈值 x_T，而得到 x_T 后，又可以从式（3.2.6）中直接计算出漏过概率 P_M，此时其实并没有最优选择的余地。

而对于条件概率密度函数 $p(x|H_0)$、$p(x|H_1)$ 比较复杂的情况，例如，这两个条件概率有多个焦点时，判决阈值可能不是单一的 x_T，而是多个阈值，如 x_{T_1} 和 x_{T_2}（如图 3.2.2 所示，将 $x < x_{T_1}$ 或 $x > x_{T_2}$ 判为 H_0，而将 $x_{T_1} < x < x_{T_2}$ 判为 H_1）。在这种情况下，对于给定的虚警概率 P_F（图 3.2.2 中纵线阴影面积），单从式（3.2.7）无法解出两个未知数 x_{T_1} 和 x_{T_2}。只有加上使漏过概率 P_M（图 3.2.2 中横线阴影面积）最小的条件，才能确定 H_0 和 H_1 的判决区域。这就是纽曼-皮尔逊准则的一个例子。

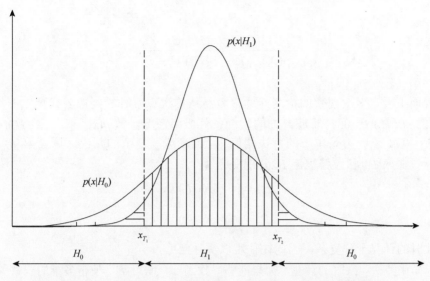

图 3.2.2　某种非单一判决阈值时，$p(x|H_0)$ 与 $p(x|H_1)$ 的示意图

3.3　多　次　观　察

3.2 节讨论了二元检测中的单次观察问题。为使判决更加可靠，有时需要做多次观察，或对多项特征进行观察后做出判决，这两种情况统称为多次观察问题。从一般意义上讲，多次观察结果或多项特征可以构成一个观察矢量，因此检测问题就变为如何根据这一观察矢量进行相应的判决。

在多次观察中，原来单次观察中的观察值 x 变成了一个观察矢量 $\boldsymbol{X}$。这一观察矢量是多个观察值或多项特征的集合，可以写为

$$\boldsymbol{X} = [x_1, x_2, \cdots, x_N]$$

而原来单次观察中的条件概率密度函数 $p(x|H_i)(i = 0, 1)$ 也就变为多维的条件概率密度函数 $p(\boldsymbol{X}|H_i)(i = 0, 1)$。因此，3.2 节中得到的单次观察时二元检测的公式在多次观察时就基本不变，只是将一维的条件概率密度函数替换为多维的联合条件概率密度函数即可。也就是说，极大后验概率准则的公式（3.2.3）可以改写为

$$\frac{p(\boldsymbol{X}|H_1)}{p(\boldsymbol{X}|H_0)} \underset{H_0}{\overset{H_1}{\underset{<}{>}}} \frac{P(H_0)}{P(H_1)} \tag{3.3.1}$$

最小错误概率准则的公式（3.2.10）可以改写为

$$P(H_0)p(\boldsymbol{X}|H_0) \underset{H_0}{\overset{H_1}{\underset{>}{<}}} P(H_1)p(\boldsymbol{X}|H_1) \tag{3.3.2}$$

而最小风险贝叶斯准则的公式（3.2.14）则可以改写为

$$\frac{p(\boldsymbol{X}|H_1)}{p(\boldsymbol{X}|H_0)} \overset{H_1}{\underset{H_0}{\lessgtr}} \frac{P(H_0)}{P(H_1)} \frac{C_2 - C_4}{C_1 - C_3} \qquad (3.3.3)$$

从表面上看，多次观察的检测问题很容易从单次观察时的判决公式推广而得到。但是，此时的 $p(x|H_i)(i=0,1)$ 都是 N 维的联合条件概率密度函数 $p(x_1, x_2, \cdots, x_N|H_i)(i=0,1)$，而划分 H_0 和 H_1 也不再是单一的判决阈值 x_T，而变成了复杂的判决区域 R_0 和 R_1。判决时相应的漏过概率 P_M 和虚警概率 P_F 分别变为

$$P_M = \int_{R_0} p(\boldsymbol{X}|H_1)\mathrm{d}\boldsymbol{X} \qquad (3.3.4)$$

$$P_F = \int_{R_1} p(\boldsymbol{X}|H_0)\mathrm{d}\boldsymbol{X} \qquad (3.3.5)$$

显然，此时的计算十分复杂，因此往往难以实际应用。

为了简化多次观察时的计算，如果能够寻找到一个映射 $\boldsymbol{F}$，使得多维的观察矢量 $\boldsymbol{X}$ 转化为一维的变量（又称为检验统计量）y，即

$$\boldsymbol{y} = \boldsymbol{F}(\boldsymbol{X}) = F(x_1 x_2 \cdots x_N) \qquad (3.3.6)$$

那么，参考单次观察的判决情况，此时的判决就可以变为根据检验统计量 y 的大小来设置阈值 y_T，而 N 维联合条件概率密度函数 $p(x_1, x_2, \cdots, x_N|H_i)(i=0,1)$ 也就变为 y 的条件概率密度函数 $p(y|H_i)(i=0,1)$。这就基本上等同于单次观察时的判决问题。这种转化方法就成为解决多次观察检测问题的常用手段。

问题是这样的映射 $\boldsymbol{F}$ 不是很容易就能找到的，即使能够找到这样的映射，条件概率密度函数 $p(y|H_i)(i=0,1)$ 也可能是比较复杂的。但是，至少在如下的情况中，这种转化方法还是十分有用的。

在多次观察时，假设各次观察 x_i 是相互独立的，则

$$p(\boldsymbol{X}|H_i) = p(x_1|H_i)p(x_2|H_i)\cdots p(x_N|H_i) = \prod_{j=1}^{N} p(x_j|H_i), \quad i=0,1 \qquad (3.3.7)$$

此时的多次检测问题还是能够得到较为简单的解。例如，对极大后验概率准则的式（3.3.1）两边取对数，根据对数的单调性可以得到

$$\sum_{j=1}^{N} \ln \frac{p(x_j|H_1)}{p(x_j|H_0)} \overset{H_1}{\underset{H_0}{\gtrless}} \ln \frac{P(H_0)}{P(H_1)} \qquad (3.3.8)$$

因此此时的检测过程就变成对每个观察值 x_j 求似然比的对数 $\ln \dfrac{p(x_j|H_1)}{p(x_j|H_0)}$，然后将这些对数值相加，接着就可以根据对数相加值和 $\ln \dfrac{P(H_0)}{P(H_1)}$ 的大小判决是属于 H_0 情况还是属于 H_1 情况。

例 3.3.1　观察值 x 是常数幅度信号 A 和零均值、方差为 σ^2 的高斯噪声的叠加。已知发送信号的概率为 0.5，问如何根据 N 此时的观察值 $x_1, x_2, \cdots, x_N$ 做出信号是否存在的判决？

解　根据题意，有

$$p(x_j|H_0) = \frac{1}{\sqrt{2\pi}\sigma} \exp\left(-\frac{x_j^2}{2\sigma^2}\right), \quad j = 1, 2, \cdots, N$$

$$p(x_j|H_1) = \frac{1}{\sqrt{2\pi}\sigma} \exp\left[-\frac{(x_j - A)^2}{2\sigma^2}\right], \quad j = 1, 2, \cdots, N$$

于是有

$$\ln\frac{p(x_j|H_1)}{p(x_j|H_0)} = \frac{(2x_j - A)A}{2\sigma^2}$$

根据式（3.3.8），此时的极大后验概率准则判决变为

$$\frac{\sum_{j=1}^{N}(2x_j - A)A}{2\sigma^2} \underset{H_0}{\overset{H_1}{\underset{<}{>}}} \ln\frac{P(H_0)}{P(H_1)}$$

即

$$\bar{x} = \frac{1}{N}\sum_{j=1}^{N}x_j \underset{H_0}{\overset{H_1}{\underset{<}{>}}} \frac{A}{2} + \frac{\sigma^2}{NA}\ln\frac{P(H_0)}{P(H_1)}$$

由于 $P(H_1) = 0.5$，上式就变成 $\bar{x} \underset{H_0}{\overset{H_1}{\underset{<}{>}}} \dfrac{A}{2}$。也就是说，若 N 次观察值的均值大于 $\dfrac{A}{2}$，则判决

为信号存在，否则就判决为信号不存在。

式（3.3.6）所示的映射 $\boldsymbol{F}$ 实际上就是求多次观察值的均值。

3.4　多元检测

以上讨论的是二元检测的问题。事实上，在信号和图像的模式识别中，有时需要根据观察值从多个假设中做出选择，这就是多元检测问题。

多元检测可以是单次观察的问题，也可以是多次观察的问题。不失一般性，本节研究对于一个观察矢量 $\boldsymbol{X} = [x_1, x_2, \cdots, x_N]$ 如何从 M 个假设（每个假设的先验概率分别为 $P(H_i)$，$i = 1, 2, \cdots, M$）中选择合适的一个。

3.4.1　离散随机量的多元检测

当各个观察值 x_i 都是离散随机变量时，判决所依据的条件先验概率为

$$p(\boldsymbol{X}|H_i), \quad i = 1, 2, \cdots, M$$

按照极大后验概率准则，后验概率可以根据先验概率计算得出，即

$$p(H_i \mid \boldsymbol{X}) = \frac{p(\boldsymbol{X} \mid H_i)P(H_i)}{\sum\limits_{j=1}^{M} p(\boldsymbol{X} \mid H_j)P(H_j)}, \quad i=1,2,\cdots,M \tag{3.4.1}$$

由式（3.4.1）可以看出，对于不同的假设 H_i，计算后验概率的公式的分母是一致的，因此 $p(H_i|\boldsymbol{X})$ 完全由公式的分子决定。也就是说，分别计算 $p(\boldsymbol{X}|H_i)(i=1, 2, \cdots, M)$，取其中最大的一个作为符合假设的判决。

进一步地，如果各次观察值 x_i 是相互独立的，则只需计算 $P(H_i)\prod\limits_{j=1}^{N} p(x_j \mid H_i)$ 的大小。

例 3.4.1　为了衡量一道考题出得太难、一般和太容易，将全班同学按平时学习成绩分为优、良、中、差四档。一般来说，考题出得太难、一般和太容易的概率分别为 0.2、0.6、0.2，而太难的题目在四档同学中被做对的概率分别为 0.70、0.60、0.45、0.30；一般的题目在四档同学中被做对的概率分别为 0.90、0.80、0.70、0.60；太容易的题目在四档同学中被做对的概率分别为 0.95、0.90、0.80、0.75。现有一道题目，分别请优、良、中、差各一个同学做，优、良的同学做对，中、差的同学做错，请问这道题目出得难易程度如何？

解　设太难、一般和太容易为 H_1、H_2、H_3，优、良、中、差用 x_1、x_2、x_3、x_4 表示，做对、做错则记为 x_{i1}、$x_{i2}(i=1,2,3,4)$。因此，此时的观察矢量 $\boldsymbol{X}$ 可以表示为 $\boldsymbol{X}=[x_{11}, x_{21}, x_{32}, x_{42}]$。

对于一道难题，优、良的同学做对的条件概率分别为
$$P(x_{11} \mid H_1)=0.70, \quad P(x_{21} \mid H_1)=0.60$$
中、差的同学做错的条件概率分别为
$$P(x_{32} \mid H_1)=1-0.45=0.55, \quad P(x_{42} \mid H_1)=1-0.30=0.70$$
所以，一道难题被一个优、良的同学做对，被一个中、差的同学做错的条件概率为
$$P(\boldsymbol{X}|H_1)=P(x_{11}|H_1)P(x_{21}|H_1)P(x_{32}|H_1)P(x_{42}|H_1)=0.1617$$

同样，可以得到对于一道难度一般的题和太容易的题，情况分别为
$$P(\boldsymbol{X}|H_2)=P(x_{11}|H_2)P(x_{21}|H_2)P(x_{32}|H_2)P(x_{42}|H_2)=0.90 \times 0.80 \times 0.30 \times 0.40 = 0.0864$$
$$P(\boldsymbol{X}|H_3)=P(x_{11}|H_3)P(x_{21}|H_3)P(x_{32}|H_3)P(x_{42}|H_3)=0.95 \times 0.90 \times 0.20 \times 0.25 = 0.04275$$
进一步计算，得
$$P(\boldsymbol{X}|H_1)P(H_1)=0.1617 \times 0.2 = 0.03234$$
$$P(\boldsymbol{X}|H_2)P(H_2)=0.0864 \times 0.6 = 0.05184$$
$$P(\boldsymbol{X}|H_3)P(H_3)=0.04275 \times 0.2 = 0.00855$$
因为 $P(\boldsymbol{X}|H_2)P(H_2)$ 最大，所以可以将这道题目判为难度一般的题目。

3.4.2　连续随机量的多元检测

当各个观察值 x_i 都是连续型随机变量时，判决所依据的条件先验概率密度为
$$p(\boldsymbol{X} \mid H_i), \quad i=1,2,\cdots,M$$
假设 C_{ij} 为情况属于 H_i 而被判为 H_j 的代价函数，则选择 H_j 要付出的平均代价为
$$C_j = \sum_{i=1}^{M} C_{ij} p(H_i \mid \boldsymbol{X}) \tag{3.4.2}$$

根据最小风险贝叶斯准则，应该选择 C_j 最小的一个假设 H_j 作为判决。

根据式（3.2.2）的推广，式（3.4.2）可以改写为

$$C_j = \frac{\sum_{i=1}^{M} C_{ij} p(\boldsymbol{X}|H_i) P(H_i)}{\sum_{k=1}^{M} p(\boldsymbol{X}|H_k) P(H_k)} \tag{3.4.3}$$

式（3.4.3）的分母与 j 无关，所以只需比较分子 $\sum_{i=1}^{M} C_{ij} p(\boldsymbol{X}|H_i) P(H_i)$ 的大小，取其最小的假设作为判决即可。这就是多元检测的最小风险贝叶斯准则。

例 3.4.2　根据 N 个独立观察值对下列假设进行选择：

$$H_1 : x(t) = -1 + n(t), \quad H_2 : x(t) = n(t), \quad H_3 : x(t) = 1 + n(t)$$

式中，$n(t)$ 是零均值、方差为 σ^2 的高斯噪声。设各假设的先验概率相同，正确判决无代价、错误判决代价相同。当用 N 个观察值的均值 y 作为检验统计量时，试确定判决区域的划分。

解　根据题意，有

$$P(H_1) = P(H_2) = P(H_3)$$

且

$$C_{11} = C_{22} = C_{33} = 0, \quad C_{ij} = C, \quad i \neq j; C \text{ 为常数}$$

因此按式（3.4.3）分子的最小值进行判决，就转化为按 $p(\boldsymbol{X}|H_i)$ 的最大值进行判决。

观察值 x 在三种假设 H_1、H_2 和 H_3 均体现为方差为 σ^2 的高斯随机信号，只是均值分别为 -1、0 和 1。当用 N 个观察值的均值 y 作为检验统计量时，它仍然是高斯信号，且均值不变，只是方差减少为 σ^2/N。

图 3.4.1 给出了相应的条件先验概率密度，根据按 $p(\boldsymbol{X}|H_i)$ 最大值进行判决的原则，$x < -0.5$，选 H_1；$-0.5 < x < 0.5$，选 H_2；$x > 0.5$，选 H_3。

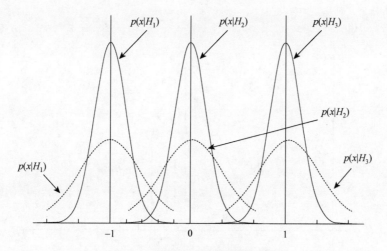

图 3.4.1　条件先验概率密度示意图

实线为均值 y 作为检验统计量的情况，虚线为单次观察 x 的情况

由图 3.4.1 可见，单次观察和多次观察取均值为检测统计量时的判决区域划分是一致的。但是，由于多次观察时条件先验概率密度因方差的减小而变尖变窄，从而使检测的错误率降低，也就是说正确检测率得到了提高。这就是多次观察的好处。

3.5　估计的基本概念

根据前述介绍可以知道，信号检测的基本任务是从包含噪声的观察值中判断某种信号是否存在，或者根据观察值从多种可能的假设中选择出一种最合适的情形。但是在实际的应用中，除了会遇到信号检测的问题，还会经常遇到参数估计的问题。所谓参数的估计，就是要从观察值中估计出信号的参数，如信号的幅度、频率和相位等。下面通过一个简单的例子来说明估计的基本方法。

例 3.5.1　假定要测量某个电压值 θ，电压 θ 的取值范围为 $(-\theta_0, \theta_0)$，由于测量设备的不完善，测量总会存在误差，测量误差可归结为噪声，因此，实际得到的测量值为

$$z = \theta + \omega \tag{3.5.1}$$

式中，ω 一般服从零均值高斯分布，方差为 σ^2。我们的问题是，如何根据 z 来估计 θ 的值。

解　估计 θ 的值有多种方法。如果 θ 为随机变量，可以先计算后验概率密度 $p(\theta|z)$，然后求出使 $p(\theta|z)$ 最大的 θ 作为对 θ 的估计值，即

$$\hat{\theta}_{\mathrm{map}} = \arg\max_{\theta} p(\theta|z) \tag{3.5.2}$$

式中，$\hat{\theta}_{\mathrm{map}}$ 称为最大后验概率估计。这一估计的合理性可以这样来解释：得到观测 z 后，计算后验概率密度，如图 3.5.1 所示。很显然，θ 落在以 $\hat{\theta}_{\mathrm{map}}$ 为中心，以 δ（δ 为很小的正数）为半径的邻域内的概率要大于落在以其他值为中心、相同大小邻域的概率，因此，有理由认为，之所以得到观测值 z，是因为 θ 的取值为 $\hat{\theta}_{\mathrm{map}}$，从后验概率最大这个角度讲是合理的选择。如果假定 $\theta \sim N(0, \sigma_\theta^2)$，那么，按照这一方法可求得

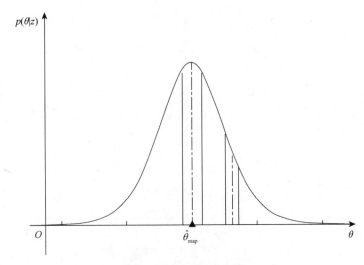

图 3.5.1　后验概率密度

$$\hat{\theta}_{\text{map}} = \frac{\sigma_\theta^2 z}{\sigma^2 + \sigma_\theta^2} \tag{3.5.3}$$

如果 θ 为未知常数，则可以先求出似然函数 $p(z|\theta)$，然后求出使 $p(z|\theta)$ 最大的 θ 作为对 θ 的估计，记为 $\hat{\theta}_{\text{ml}}$，称 $\hat{\theta}_{\text{ml}}$ 为 θ 的最大似然估计，即

$$\hat{\theta}_{\text{ml}} = \arg\max_\theta \ p(z|\theta) \tag{3.5.4}$$

本例中可求得

$$\hat{\theta}_{\text{ml}} = z \tag{3.5.5}$$

从例 3.5.1 可以看出构造一个估计问题的基本要素如下。

（1）参量空间。参量空间是指由估计量的取值所构成的空间。对于单参量，参量空间是一维空间；对于多参量，参量空间是一个多维空间，这时对应的是多参量的同时估计。

（2）概率传递机制。由于噪声的存在，观测数据出现随机性，$p(z|\theta)$ 反映了这种概率传递作用，也就是说，观测数据的产生受概率密度的控制。

（3）观测空间。观测空间是指所有观测值构成的空间。对于单次测量，观测空间是一维的；对于多次测量，观测空间是多维空间。

（4）估计准则。在得到观测数据后，要根据观测数据 z 确定估计，这个估计是观测的函数，记为 $\hat{\theta}(z)$。估计准则是根据观测数据确定估计量的规则。

（5）估计空间。估计不是唯一的，不同的估计方法可以得到不同的估计，所有估计构成的空间称为估计空间。

根据以上要素，可以得出估计问题的统计模型，如图 3.5.2 所示。估计性能对估计问题而言也是很重要的，估计性能的描述将在后面章节介绍。

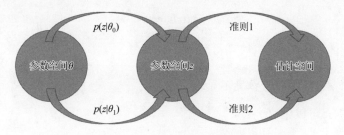

图 3.5.2　参数估计的统计模型

参数估计最简单的情况是根据观察值（随机信号的 N 个样本值 $x_1, x_2, \cdots, x_N$），估计出信号的一些统计特征量，如信号的均值、方差、均方值和相关函数等。一般而言，信号的均值 $\hat{m}_x$、均方值 $\hat{D}_x$、方差 $\hat{\sigma}_x^2$ 可以直接从这 N 个样本值中估计出来，估计公式如下：

$$\hat{m}_x = \frac{1}{N}\sum_{i=1}^{N} x_i \tag{3.5.6}$$

$$\hat{D}_x = \frac{1}{N}\sum_{i=1}^{N} x_i^2 \tag{3.5.7}$$

$$\hat{\sigma}_x^2 = \frac{1}{N}\sum_{i=1}^{N}(x_i - \hat{m}_x)^2 \tag{3.5.8}$$

而一般的参数估计问题不像上述问题那么简单，但是还是可以归纳为这样一种表述：从观察值 $x(t)$ 中得到参数 θ 的估计。

对于观察值 x 是信号 s 和噪声 n 叠加的情况，即

$$x = s(\theta) + n \tag{3.5.9}$$

式中，θ 是信号 s 的参数，若能找到一个函数 $f(x)$，利用 $f(x_1, x_2, \cdots, x_N)$ 可以得到参数 θ 的估计值 $\hat{\theta}$，那么称 $f(x_1, x_2, \cdots, x_N)$ 为参数 θ 的一个估计值。显而易见，参数 θ 的估计值可以不只一个，因此参数估计的任务往往是得到一个能够使估计值 $\hat{\theta}$ 和参数 θ 之间的关系按某种判据达到最优的估计值。

为了评价估计的质量，下面介绍估计值的几种性能指标。

1. 估计的偏差和无偏性

若 $\hat{\theta}$ 是参数 θ 的估计值，则定义 $\hat{\theta}$ 的均值和参数 θ 的差，即 $E(\hat{\theta}) - \theta$ 为估计的偏差 $b_{\hat{\theta}}$，如果估计偏差 $b_{\hat{\theta}}$ 等于零，即

$$E(\hat{\theta}) = \theta \tag{3.5.10}$$

则称 $\hat{\theta}$ 是参数 θ 的无偏估计。反之，如果

$$E(\hat{\theta}) \neq \theta \tag{3.5.11}$$

则称 $\hat{\theta}$ 是参数 θ 的有偏估计。

在有偏估计中，如果随着估计样本数 N 的不断增大，偏差 $b_{\hat{\theta}}$ 趋向于 0，即

$$\lim_{N\to\infty} b_{\hat{\theta}} = 0 \tag{3.5.12}$$

则称 $\hat{\theta}$ 是参数 θ 的渐近无偏估计。

2. 估计的方差和克拉默-拉奥不等式

估计的方差 $\sigma_{\hat{\theta}}^2$ 可以定义为

$$\sigma_{\hat{\theta}}^2 = E\{[\hat{\theta} - E(\hat{\theta})]^2\} \tag{3.5.13}$$

它表示的是估计值 $\hat{\theta}$ 相对于估计平均值 $E(\hat{\theta})$ 的分散程度。也就是说，方差 $\sigma_{\hat{\theta}}^2$ 越大，每次估计值 $\hat{\theta}$ 相对于估计平均值 $E(\hat{\theta})$ 就越发散；反之，则每次估计值 $\hat{\theta}$ 相对于估计平均值 $E(\hat{\theta})$ 越集中。

偏差和方差是估计的两个基本特性。分析估计的均值一般难度不大，但是要精确地分析估计的方差往往是比较困难的。在这种情况下，通常希望找到方差可能达到的一个下界，然后将按实际步骤得到的估计量的方差与这个下界进行比较，从而判别估计的性能优劣。估计方差下界的定义不只一种，克拉默-拉奥下界（Cramer-Rao lower bound, CRLB）是其中的一种，它给出了任一无偏估计方差的下界。

定理 3.5.1　若 $\hat{\theta}$ 是参数 θ 的一个无偏估计，$p(x|\theta)$ 是观察值 x 的条件先验概率密度函数，且其对参数 θ 的偏导数 $\dfrac{\partial p(x|\theta)}{\partial \theta}$ 是存在的，则该估计的方差存在一个下界，即

$$\sigma_{\hat{\theta}}^2 \geqslant \frac{1}{E\left\{\left[\dfrac{\partial \ln p(x|\theta)}{\partial \theta}\right]^2\right\}} \tag{3.5.14}$$

式（3.5.14）就被称为克拉默-拉奥不等式，此下界被称为估计方差的克拉默-拉奥下界。

式（3.5.14）的等号在下述条件下是成立的：

$$\frac{\partial \ln p(x|\theta)}{\partial \theta} = K(\theta)(\hat{\theta} - \theta) \tag{3.5.15}$$

式中，$K(\theta)$ 是与观察值 x 无关的参数 θ 的正函数。

证明　由于 $\hat{\theta}$ 是参数 θ 的一个无偏估计，有

$$E(\hat{\theta}) = \theta \tag{3.5.16}$$

即

$$E(\hat{\theta} - \theta) = 0 \tag{3.5.17}$$

而 $E(\hat{\theta} - \theta) = 0$ 可以写为

$$E(\hat{\theta} - \theta) = \int_{-\infty}^{\infty} (\hat{\theta} - \theta) p(x|\theta) \mathrm{d}x \tag{3.5.18}$$

所以

$$\int_{-\infty}^{\infty} (\hat{\theta} - \theta) p(x|\theta) \mathrm{d}x = 0 \tag{3.5.19}$$

式（3.5.19）的两边同时对参数 θ 求偏微分，可以得到

$$\frac{\partial}{\partial \theta} \int_{-\infty}^{\infty} (\hat{\theta} - \theta) p(x|\theta) \mathrm{d}x = \int_{-\infty}^{\infty} \frac{\partial [(\hat{\theta} - \theta) p(x|\theta)]}{\partial \theta} \mathrm{d}x = 0 \tag{3.5.20}$$

经过化简后，得到

$$-\int_{-\infty}^{\infty} p(x|\theta) \mathrm{d}x + \int_{-\infty}^{\infty} \frac{\partial p(x|\theta)}{\partial \theta} (\hat{\theta} - \theta) \mathrm{d}x = 0 \tag{3.5.21}$$

由于

$$\int_{-\infty}^{\infty} p(x|\theta) \mathrm{d}x = 1 \tag{3.5.22}$$

$$\frac{\partial p(x|\theta)}{\partial \theta} = \frac{\partial \ln p(x|\theta)}{\partial \theta} p(x|\theta) \tag{3.5.23}$$

因此可以得到

$$\int_{-\infty}^{\infty} \frac{\partial \ln p(x|\theta)}{\partial \theta} p(x|\theta)(\hat{\theta} - \theta) \mathrm{d}x = 1 \tag{3.5.24}$$

根据下面的关系式：

$$p(x|\theta) = \sqrt{p(x|\theta)}\sqrt{p(x|\theta)} \tag{3.5.25}$$

有

$$\int_{-\infty}^{\infty} \left[\frac{\partial \ln p(x|\theta)}{\partial \theta} \sqrt{p(x|\theta)} \right] \left[\sqrt{p(x|\theta)} (\hat{\theta} - \theta) \right] dx = 1 \qquad (3.5.26)$$

根据 Schwarz 不等式，可以得到

$$\int_{-\infty}^{\infty} \left[\frac{\partial \ln p(x|\theta)}{\partial \theta} \right]^2 p(x|\theta) dx \int (\hat{\theta} - \theta)^2 p(x|\theta) dx \geqslant 1 \qquad (3.5.27)$$

即

$$\int_{-\infty}^{\infty} (\hat{\theta} - \theta)^2 p(x|\theta) dx \geqslant \frac{1}{\int_{-\infty}^{\infty} \left[\frac{\partial \ln p(x|\theta)}{\partial \theta} \right]^2 p(x|\theta) dx} \qquad (3.5.28)$$

由于

$$E(\hat{\theta} - \theta) = 0 \qquad (3.5.29)$$

因此

$$\sigma_{\hat{\theta}}^2 = E\{[\hat{\theta} - E(\hat{\theta})]^2\} = E[(\hat{\theta} - \theta)^2] = \int_{-\infty}^{\infty} (\hat{\theta} - \theta)^2 p(x|\theta) dx \qquad (3.5.30)$$

而

$$E\left\{ \left[\frac{\partial \ln p(x|\theta)}{\partial \theta} \right]^2 \right\} = \int_{-\infty}^{\infty} \left[\frac{\partial \ln p(x|\theta)}{\partial \theta} \right]^2 p(x|\theta) dx \qquad (3.5.31)$$

所以式（3.5.14）成立。

同时可以得到，当且仅当 $\frac{\partial \ln p(x|\theta)}{\partial \theta} \sqrt{p(x|\theta)} = K(\theta) \sqrt{p(x|\theta)} (\hat{\theta} - \theta)$ 时，式（3.5.14）成立，即满足

$$\frac{\partial \ln p(x|\theta)}{\partial \theta} = K(\theta)(\hat{\theta} - \theta) \qquad (3.5.32)$$

式中，$K(\theta)$ 是与参数 θ 有关而与观察值 x 无关的系数。

证毕。

可见，任何一个无偏估计的方差一定有一个确定的下界，即 CRLB，实际的方差只能大于或等于这个下界。

3. 估计的有效性

方差 $\sigma_{\hat{\theta}}^2$ 越小，估计值 $\hat{\theta}$ 相对于估计平均值 $E(\hat{\theta})$ 就越集中，但是并不能保证这些估计值都在真实值 θ 附近；同样，偏差 $b_{\hat{\theta}}$ 越小，估计的平均值 $E(\hat{\theta})$ 越接近真实值 θ，但是也不能保证每次的估计值都接近于真实值 θ。只有当估计的方差和偏差同时都很小时，做一次估计才能得到较为准确的估计值。

显然，一种合理的估计性能评价方法是同时考虑估计的偏差和方差。这两者的综合量就是估计的均方误差 $T_{\hat{\theta}}$，可以表示为

$$T_{\hat{\theta}} = E[(\hat{\theta} - \theta)^2] \qquad (3.5.33)$$

估计的均方误差和估计的方差、偏差存在如下关系：

$$T_{\hat{\theta}} = \sigma_{\hat{\theta}}^2 + b_{\hat{\theta}}^2 \qquad\qquad (3.5.34)$$

证明　估计的均方误差 $T_{\hat{\theta}}$ 可以写为

$$T_{\hat{\theta}} = E[(\hat{\theta} - \theta)^2] = E\{[\hat{\theta} - E(\hat{\theta}) + E(\hat{\theta}) - \theta]^2\}$$
$$= E\{[\hat{\theta} - E(\hat{\theta})]^2\} + 2E[\hat{\theta} - E(\hat{\theta})]E[E(\hat{\theta}) - \theta] + E\{[E(\hat{\theta}) - \theta]^2\} \qquad (3.5.35)$$

式中

$$E\{[\hat{\theta} - E(\hat{\theta})]^2\} = \sigma_{\hat{\theta}}^2 \qquad\qquad (3.5.36)$$

第三项由于 $E(\hat{\theta})$ 和 θ 都不是随机变量，因此等于 $b_{\hat{\theta}}^2$；中间一项等于 0，原因在于

$$E[\hat{\theta} - E(\hat{\theta})] = E(\hat{\theta}) - E(\hat{\theta}) = 0 \qquad\qquad (3.5.37)$$

所以式（3.5.34）成立。

　　证毕。

　　如果用一种方法得到的估计值的方差小于用其他任何方法得到的估计值的方差，那么称这种估计为有效估计。如果该估计同时又是无偏估计，那么这种估计也被称为均方误差最小的估计。

4. 估计的一致性

当估计的样本数 N 趋向于无穷大时，估计的均方误差 $T_{\hat{\theta}}$ 趋向于零，即

$$\lim_{N \to \infty} E[(\hat{\theta} - \theta)^2] = 0 \qquad\qquad (3.5.38)$$

那么称 $\hat{\theta}$ 是参数 θ 的一致估计。根据估计的均方误差 $T_{\hat{\theta}}$ 和估计的偏差 $b_{\hat{\theta}}$、方差 $\sigma_{\hat{\theta}}^2$ 的关系式（3.5.14），此时也就是要求估计的偏差和方差趋向于零，即

$$\lim_{N \to \infty} b_{\hat{\theta}} = 0, \quad \lim_{N \to \infty} \sigma_{\hat{\theta}}^2 = 0 \qquad\qquad (3.5.39)$$

　　本章将主要介绍参数估计的两类算法：非线性估计和线性估计。非线性估计是在已知参数 θ 的先验概率和条件先验概率的基础上，根据某种最优的判据，通过非线性的算法估计出 $\hat{\theta}$。非线性估计是一种经典的估计方法，具有较好的估计质量，但是计算往往比较复杂，而且需要已知较多的先验知识。而线性估计则是假设参数 θ 是观察值 x 的线性组合，在最小均方误差的条件下求出线性组合的各个系数，从而完成对参数 θ 的估计。线性估计方法计算比较简单，也无须太多的先验知识，但是估计的质量比非线性估计要略微差一点。事实上，线性估计的方法往往还是能够满足实际应用需要的，因此它成为近来应用较多的一类估计方法。

3.6　非线性估计

3.6.1　贝叶斯估计

　　在观察值 x 是信号 s 和噪声 n 叠加的情况下，即 $x = s(\theta) + n$，如果待估计量 θ 是信号 s 本身，则问题变成通过观察值 x 做出信号 s 的估计 $\hat{s}$。由于 s 是随机变量，因此非线性

估计需要在已知信号 s 的先验概率密度函数 $p(s)$ 和条件先验概率密度函数 $p(x|s)$ 的基础上，根据某种估计准则，通过非线性的算法估计出 $\hat{s}$。而贝叶斯准则是其中最常用的一种估计准则。

类似于信号检测中的问题，贝叶斯准则在参数估计中对于不同的估计结果赋予了不同的代价值，然后求解平均代价最小的情况。由于信号 s 和其估计值 $\hat{s}$ 都是连续的随机变量，因此代价函数是双变量的连续函数 $C(s, \hat{s})$。

但是在大多数情况下，我们往往只关心估计误差 $\tilde{s} = s - \hat{s}$ 的代价，于是代价函数也就成为 $\tilde{s} = s - \hat{s}$ 的单变量函数 $C(\tilde{s})$。

典型的代价函数有三种。第一种是平方型的代价函数，即

$$C(\tilde{s}) = \tilde{s}^2 = (s - \hat{s})^2$$

这种代价函数强调了大误差的影响，如图 3.6.1（a）所示。第二种是绝对值型的代价函数，即

$$C(\tilde{s}) = |\tilde{s}| = |s - \hat{s}|$$

这种代价函数给出了代价随估计误差成比例增长的情况，如图 3.6.1（b）所示。第三种是均匀型的代价函数，即

$$C(\tilde{s}) = \begin{cases} 1, & |\tilde{s}| \geqslant \varepsilon \\ 0, & -\varepsilon < \tilde{s} < \varepsilon \end{cases}$$

这种代价函数给出了当估计误差的绝对值大于等于某一值 ε 时，代价等于常数；而当估计误差绝对值小于 ε 时，代价等于 0 的情况，如图 3.6.1（c）所示。

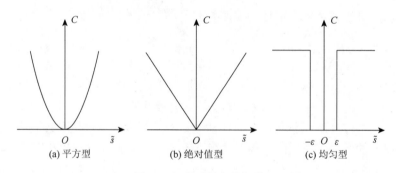

图 3.6.1　典型的代价函数

在贝叶斯估计中，要求估计误差引起的代价的平均值最小。由于 $C(\tilde{s})$ 是估计误差 $s - \hat{s}$ 的函数，而估计量 $\hat{s}$ 又是观察值 x 的函数，因此 $C(\tilde{s})$ 应该是 s 和 x 的联合函数。所以代价的平均值 $\bar{C}$ 为

$$\bar{C} = \int_{-\infty}^{\infty} \int_{-\infty}^{\infty} Cp(x,s)\mathrm{d}s\mathrm{d}x \tag{3.6.1}$$

式中，$p(x, s)$ 是信号 s 和观察值 x 的联合概率密度函数，它可以表示为

$$p(x,s) = p(s|x)p(x) \tag{3.6.2}$$

因此，$\bar{C}$ 可以写为

$$\bar{C} = \int_{-\infty}^{\infty} \left[\int_{-\infty}^{\infty} Cp(s|x)\mathrm{d}s \right] p(x)\mathrm{d}x \tag{3.6.3}$$

式中，$\int_{-\infty}^{\infty} Cp(s|x)\mathrm{d}s$ 和 $p(x)$ 都是非负的，要求 $\bar{C}$ 最小，也就是要求 $\int_{-\infty}^{\infty} Cp(s|x)\mathrm{d}s$ 对每一个 x 都最小。定义条件代价 C_R 为

$$C_R = \int_{-\infty}^{\infty} Cp(s|x)\mathrm{d}s \tag{3.6.4}$$

因此贝叶斯估计就变为要求条件代价 C_R 最小。

下面对图 3.6.1 所示的三种典型的代价函数相应的估计算法进行推导。

1. 平方型代价函数

当代价函数为平方型时，有

$$C = (s - \hat{s})^2$$

则条件代价 C_R 为

$$C_R = \int_{-\infty}^{\infty} (s - \hat{s})^2 p(s|x)\mathrm{d}s$$

要求 C_R 最小，即进行最小均方（mean square，MS）误差估计，使 $\dfrac{\mathrm{d}C_R}{\mathrm{d}\hat{s}} = 0$，于是得到

$$-2\int_{-\infty}^{\infty} (s - \hat{s}) p(s|x)\mathrm{d}s = 0$$

进一步地，有

$$\int_{-\infty}^{\infty} \hat{s}p(s|x)\mathrm{d}s = \int_{-\infty}^{\infty} sp(s|x)\mathrm{d}s$$

而

$$\int_{-\infty}^{\infty} \hat{s}p(s|x)\mathrm{d}s = \hat{s}\int_{-\infty}^{\infty} p(s|x)\mathrm{d}s = \hat{s}$$

因此

$$\hat{s} = \int_{-\infty}^{\infty} sp(s|x)\mathrm{d}s \tag{3.6.5}$$

可见，这种估计就是求取信号 s 在后验概率密度函数意义下的均值，即条件均值 $E(s|x)$。也就是说，最小均方误差估计就是条件均值估计。

由于已知的是先验概率密度函数 $p(s)$ 和条件先验概率密度函数 $p(x|s)$，因此根据贝叶斯公式有

$$p(s|x) = \frac{p(s)p(x|s)}{p(x)}$$

可以将式（3.6.5）化为

$$\hat{s} = \frac{1}{p(x)}\int_{-\infty}^{\infty} sp(s)p(x|s)\mathrm{d}s = \frac{\int_{-\infty}^{\infty} sp(s)p(x|s)\mathrm{d}s}{\int_{-\infty}^{\infty} p(s)p(x|s)\mathrm{d}s} \tag{3.6.6}$$

2. 绝对值型代价函数

当代价函数为绝对值型时，有

$$C = |s - \hat{s}|$$

则条件代价 C_R 为

$$C_R = \int_{-\infty}^{\infty} |s - \hat{s}| p(s|x) \mathrm{d}s$$

进一步推导，可以得到

$$C_R = \int_{-\infty}^{\hat{s}} |\hat{s} - s| p(s|x) \mathrm{d}s + \int_{\hat{s}}^{\infty} |s - \hat{s}| p(s|x) \mathrm{d}s$$

要求 C_R 最小，也就是使 $\dfrac{\mathrm{d}C_R}{\mathrm{d}\hat{s}}$ 等于零，于是得到

$$\int_{-\infty}^{\hat{s}} p(s|x) \mathrm{d}s = \int_{\hat{s}}^{\infty} p(s|x) \mathrm{d}s \tag{3.6.7}$$

可见，这种估计就是求取信号 s 在后验概率密度函数意义下的中值（后验概率密度函数面积的平分线），也就是说，绝对值（absolute，ABS）估计就是条件中值估计。

同样，根据贝叶斯公式，可以将式（3.6.7）化为

$$\int_{-\infty}^{\hat{s}} p(s) p(x|s) \mathrm{d}s = \int_{\hat{s}}^{\infty} p(s) p(x|s) \mathrm{d}s \tag{3.6.8}$$

3. 均匀型代价函数

当代价函数为均匀型时，有

$$C = \begin{cases} 1, & |s - \hat{s}| > \varepsilon \\ 0, & -\varepsilon < s - \hat{s} < \varepsilon \end{cases}$$

此时条件代价 C_R 可以表示为

$$C_R = \int_{-\infty}^{\hat{s}-\varepsilon} p(s|x) \mathrm{d}s + \int_{\hat{s}+\varepsilon}^{\infty} p(s|x) \mathrm{d}s = 1 - \int_{\hat{s}-\varepsilon}^{\hat{s}+\varepsilon} p(s|x) \mathrm{d}s$$

要求 C_R 最小，也就是使得 $\int_{\hat{s}-\varepsilon}^{\hat{s}+\varepsilon} p(s|x) \mathrm{d}s$ 最大。

假设 ε 足够小，$p(s|x)$ 在区间 $[\hat{s}-\varepsilon, \hat{s}+\varepsilon]$ 可被视为一个常数。因此，要使 $\int_{\hat{s}-\varepsilon}^{\hat{s}+\varepsilon} p(s|x) \mathrm{d}s$ 最大，也就是使 $\hat{s}$ 时刻的 $p(s|x)$ 最大。所以，这种估计也被称为极大后验概率（maximum aposteriori probability，MAP）估计。

对贝叶斯公式两边求对数，得

$$\ln p(s|x) = \ln p(s) + \ln p(x|s) - \ln p(x)$$

要使 $\hat{s}$ 时刻的 $p(s|x)$ 最大，也就是使 $\hat{s}$ 时刻的 $\ln p(s|x)$ 最大，即求解 $\ln p(s|x)$ 对 s 的导数等于零时的 s 值，可求解下列方程：

$$\frac{\partial \ln p(s)}{\partial s} + \frac{\partial \ln p(x|s)}{\partial s} = 0 \tag{3.6.9}$$

式（3.6.9）的解就是所要求的估计量 $\hat{s}$。

3.6.2 最大似然估计

最大似然（maximum likelihood，ML）估计是各种估计算法中最早提出的，它是一种有效的常用估计方法。似然函数就是指条件先验概率密度函数 $p(x|s)$，最大似然估计法也就是求取使得似然函数值达到最大时的某个参数值的估计，即估计量 $\hat{s}$ 是如下方程的解：

$$\frac{\partial p(x|s)}{\partial s} = 0 \tag{3.6.10}$$

根据似然函数的性质，最大似然估计法通常选择求解 $p(x|s)$ 的自然对数最大的情况，而不是 $p(x|s)$ 本身最大的情况，即估计量 $\hat{s}$ 可以是如下方程的解：

$$\frac{\partial \ln p(x|s)}{\partial s} = 0 \tag{3.6.11}$$

对比式（3.6.11）和式（3.6.9）可以看出，最大似然估计相当于 s 是均匀分布 $\left(\text{即} p(s) \text{是常数}, \frac{\partial \ln p(s)}{\partial s} = 0\right)$ 时的极大后验概率估计法。在有些估计中，由于先验概率密度函数 $p(s)$ 可能是未知的，因此只能将 s 假设为均匀分布，此时便只能应用最大似然法来进行估计。

一般情况下，极大后验概率估计法由于考虑了 s 的先验概率，因此比最大似然法的估计性能要好。但是，最大似然估计法由于计算简单，且不需要 s 的先验概率，因此在实际中仍有很多应用。

前面的结论均是对单次观察值 x 进行的估计，当单次观察值 x 变成了一个观察矢量 $X = [x_1, x_2, \cdots, x_N]$ 时，最小均方误差估计可以写为

$$\hat{s} = \frac{\int_{-\infty}^{\infty} sp(s)p(X|s)\mathrm{d}s}{\int_{-\infty}^{\infty} p(s)p(X|s)\mathrm{d}s} \tag{3.6.12}$$

绝对值估计的结果 $\hat{s}$ 变为如下方程的解：

$$\int_{-\infty}^{\hat{s}} p(s)p(X|s)\mathrm{d}s = \int_{\hat{s}}^{\infty} p(s)p(X|s)\mathrm{d}s \tag{3.6.13}$$

极大后验概率估计的结果 $\hat{s}$ 变为如下方程的解：

$$\frac{\partial \ln p(s)}{\partial s} + \frac{\partial \ln p(X|s)}{\partial s} = 0 \tag{3.6.14}$$

而最大似然估计法的结果 $\hat{s}$ 也变为如下方程的解：

$$\frac{\partial \ln p(X|s)}{\partial s} = 0 \tag{3.6.15}$$

例 3.6.1 已知观察值 $x = s + n$，n 是零均值、方差为 σ_n^2 的高斯噪声，s 是瑞利分布的随机变量，即

$$p(s) = \begin{cases} \dfrac{s}{\sigma_s^2}\exp\left(-\dfrac{s^2}{2\sigma_s^2}\right), & s \geqslant 0 \\ 0, & s < 0 \end{cases}$$

$p(x|s)$ 是均值为 s、方差为 σ_n^2 的高斯分布，试分别利用极大后验概率估计法和最大似然估计法从单次观察值 x 中估计信号 s。

解　由于 $p(x|s)$ 是均值为 s、方差为 σ_n^2 的高斯分布，因此有

$$p(x|s) = \frac{1}{\sqrt{2\pi}\sigma_n}\exp\left[-\frac{(x-s)^2}{2\sigma_n^2}\right]$$

当利用极大后验概率估计法进行估计时，由 $\dfrac{\partial \ln p(s)}{\partial s} + \dfrac{\partial \ln p(\boldsymbol{X}|s)}{\partial s} = 0$ 得

$$\frac{1}{s} - \frac{s}{\sigma_s^2} + \frac{x-s}{\sigma_n^2} = 0$$

因此，可以得到信号 s 的估计值 $\hat{s}$ 为

$$\hat{s} = \left[1 + \sqrt{1 + \frac{4\sigma_n^2(\sigma_s^2 + \sigma_n^2)}{x^2\sigma_s^2}}\right]\frac{x\sigma_s^2}{2(\sigma_s^2 + \sigma_n^2)}$$

当利用最大似然估计法进行估计时，由 $\dfrac{\partial \ln p(x|s)}{\partial s} = 0$ 得

$$\frac{x-s}{\sigma_n^2} = 0$$

因此，可以得到信号 s 的估计值 $\hat{s}$ 为

$$\hat{s} = x$$

例 3.6.2　设有 N 次独立观测 $z_i = A + \omega_i(i = 0, 1, \cdots, N-1)$，其中 $\omega_i \sim N(0, \sigma^2)$，$A$、$\sigma^2$ 均为未知参数，求 A 和 σ^2 的最大似然估计。

解　令 $\boldsymbol{\theta} = [A, \sigma^2]^{\mathrm{T}}$，则

$$p(\boldsymbol{z}|\boldsymbol{\theta}) = \left(\frac{1}{2\pi\sigma^2}\right)^{N/2}\exp\left[-\frac{1}{2\sigma^2}\sum_{i=0}^{N-1}(z_i - A)^2\right]$$

$$\ln p(\boldsymbol{z}|\boldsymbol{\theta}) = -\frac{N}{2}\ln(2\pi\sigma^2) - \frac{1}{2\sigma^2}\sum_{i=0}^{N-1}(z_i - A)^2$$

$$\frac{\partial \ln p(\boldsymbol{z}|\boldsymbol{\theta})}{\partial \boldsymbol{\theta}} = \begin{bmatrix} \dfrac{N}{\sigma^2}\left(\dfrac{1}{N}\sum_{i=0}^{N-1}z_i - A\right) \\[2mm] -\dfrac{N}{2\sigma^4}\left[\sigma^2 - \dfrac{1}{N}\sum_{i=0}^{N-1}(z_i - A)^2\right] \end{bmatrix}$$

令 $\dfrac{\partial \ln p(\boldsymbol{z}|\boldsymbol{\theta})}{\partial \boldsymbol{\theta}}\bigg|_{\boldsymbol{\theta} = \hat{\boldsymbol{\theta}}_{\mathrm{ml}}} = 0$，可求得最大似然估计为

$$\hat{\boldsymbol{\theta}}_{\mathrm{ml}} = \begin{bmatrix} \hat{A}_{\mathrm{ml}} \\ \hat{\sigma}_{\mathrm{ml}}^2 \end{bmatrix} = \begin{bmatrix} \bar{z} \\ \dfrac{1}{N}\sum_{i=0}^{N-1}(z_i - \bar{z})^2 \end{bmatrix} \tag{3.6.16}$$

例 3.6.3 假定观测序列为

$$z[n] = A\cos(2f_0 n + \phi) + \omega[n], \quad n = 0, 1, \cdots, N-1$$

式中，幅度 A 和频率 f_0 是已知的；$\omega[n]$ 是零均值高斯白噪声序列，方差为 σ^2。求相位 ϕ 的最大似然估计。

解 似然函数为

$$p(z \mid \phi) = \frac{1}{(2\pi\sigma^2)^{N/2}} \exp\left\{ -\frac{1}{2\sigma^2} \sum_{n=0}^{N-1} [z[n] - A\cos(2\pi f_0 n + \phi)]^2 \right\}$$

对数似然函数为

$$\ln p(z \mid \phi) = -\frac{N}{2}\ln(2\pi\sigma^2) - \frac{1}{2\sigma^2} \sum_{n=0}^{N-1} [z[n] - A\cos(2\pi f_0 n + \phi)]^2$$

$$\frac{\partial \ln p(z \mid \phi)}{\partial \phi} = -\frac{1}{\sigma^2} \sum_{n=0}^{N-1} [z[n] - A\cos(2\pi f_0 n + \phi)] A\sin(2\pi f_0 n + \phi)$$

令上式等于零，得

$$\sum_{n=0}^{N-1} z[n]\sin(2\pi f_0 n + \hat{\phi}_{\mathrm{ml}}) = A\sum_{n=0}^{N-1}\cos(2\pi f_0 n + \hat{\phi}_{\mathrm{ml}})\sin(2\pi f_0 n + \hat{\phi}_{\mathrm{ml}})$$

当 f_0 不在 0 或 1/2 附近时，上式右边近似为零。因此最大似然估计近似满足

$$\sum_{n=0}^{N-1} z[n]\sin(2\pi f_0 n + \hat{\phi}_{\mathrm{ml}}) = 0$$

展开上式得

$$\sum_{n=0}^{N-1} z[n]\sin 2\pi f_0 n \cos\hat{\phi}_{\mathrm{ml}} = -\sum_{n=0}^{N-1} z[n]\cos 2\pi f_0 n \sin\hat{\phi}_{\mathrm{ml}}$$

$$\hat{\phi}_{\mathrm{ml}} = -\arctan \frac{\displaystyle\sum_{n=0}^{N-1} z[n]\sin 2\pi f_0 n}{\displaystyle\sum_{n=0}^{N-1} z[n]\cos 2\pi f_0 n}$$

3.7 线 性 估 计

3.7.1 线性最小均方误差估计

贝叶斯估计和最大似然估计均属于非线性估计算法，在这类估计中需要已知待估参数 θ 的先验概率和条件先验概率。但是，在很多情况下，这些概率都是未知的，此时便需要使用一些对先验知识要求比较低的估计算法。然而，这类算法对估计的形式却有一定的限制，往往将待估参数表示为观察值 x 的线性组合，因此这类估计方法通常被称为线性估计算法。线性最小均方误差估计（LMS，简称线性均方估计）就是其中最简单的一种。

在线性均方估计中，可以将待估参数 θ 表示为观察值 x 的线性组合，即

$$\hat{\theta} = \sum_{i=1}^{N} h_i x_i \qquad (3.7.1)$$

式中，h_i 是待定的系数。

LMS 估计的基本思想是使估计量 $\hat{\theta}$ 和带估参数 θ 之间的均方误差最小。可以定义估计的误差 e 为

$$e = \hat{\theta} - \theta \qquad (3.7.2)$$

则 $\hat{\theta}$ 和 θ 的均方误差 $E(e^2)$ 可以表示为

$$E(e^2) = E[(\hat{\theta} - \theta)^2] = E\left[\left(\sum_{i=1}^{N} h_i x_i - \theta\right)^2\right] \qquad (3.7.3)$$

要使 $E(e^2)$ 最小，可以使 $E(e^2)$ 对各待定系数 h_i 求偏导数，然后令各偏导数都等于零，于是得到

$$\frac{\partial E(e^2)}{\partial h_i} = E\left(\frac{\partial e^2}{\partial h_i}\right) = 2E\left(e\frac{\partial e}{\partial h_i}\right) = 2E(ex_i) = 0, \quad i = 1, 2, \cdots, N \qquad (3.7.4)$$

式（3.7.4）表明估计误差 e 和所有观察值 x_i $(i = 1, 2, \cdots, N)$ 是正交的，这一原理通常被称为正交原理，它是线性均方估计中的一个重要特性。

由于估计值 $\hat{\theta}$ 是各观察值 x_i $(i = 1, 2, \cdots, N)$ 的线性组合，根据正交原理，估计误差 e 和估计值 $\hat{\theta}$ 也应该是正交的，即

$$E(e\hat{\theta}) = E[(\hat{\theta} - \theta)\hat{\theta}] = 0 \qquad (3.7.5)$$

此时，最小均方误差为

$$\varepsilon_{\min} = E(e^2)_{\min} = E[e(\hat{\theta} - \theta)]_{\min} = [E(e\hat{\theta}) - E(e\theta)]_{\min} = -E(e\theta) \qquad (3.7.6)$$

由式（3.7.4）和式（3.7.1）可以得到

$$E\left[\left(\sum_{j=1}^{N} h_j x_j - \theta\right)x_i\right] = 0, \quad i = 1, 2, \cdots, N \qquad (3.7.7)$$

即

$$\sum_{j=1}^{N} E(x_i x_j)h_j = E(x_i \theta), \quad i = 1, 2, \cdots, N \qquad (3.7.8)$$

若令

$$r_{ij} = E(x_i x_j), \quad g_i = E(x_i \theta)$$

则有一组线性方程组：

$$\sum_{j=1}^{N} r_{ij} h_j = g_i, \quad i = 1, 2, \cdots, N \qquad (3.7.9)$$

写成矩阵形式为

$$\boldsymbol{RH} = \boldsymbol{G} \qquad (3.7.10)$$

式中，$H = [h_1, h_2, \cdots, h_N]^T$ 是待确定的系数矢量；$G = [g_1, g_2, \cdots, g_N]^T$ 是待估参数 θ 和观察

值 x 间的互相关矢量；$R = \begin{bmatrix} r_{11} & r_{12} & \cdots & r_{1N} \\ r_{21} & r_{22} & \cdots & r_{2N} \\ \vdots & \vdots & & \vdots \\ r_{N1} & r_{N2} & \cdots & r_{NN} \end{bmatrix}$ 是观察值 x 的自相关矩阵。

当观察值 x 的自相关矩阵 R 非奇异时，待定系数矢量 H 可以由式（3.7.11）求得：

$$H = R^{-1}G \tag{3.7.11}$$

可见，这种估计所需要的先验知识只是观察值 x 的自相关及待估参数 θ 和观察值 x 之间的互相关。

作为特殊情况，当需估计的参数 θ 就是 s 本身时，类似地也可以得到

$$\hat{s} = \sum_{i=1}^{N} h_i x_i, \quad e = \hat{s} - s \tag{3.7.12}$$

$$E(e x_i) = 0, \quad i = 1, 2, \cdots, N, \quad E(e\hat{s}) = 0, \quad \varepsilon_{\min} = -E(es) \tag{3.7.13}$$

若令

$$g_i = E(x_i s)$$

则式（3.7.10）和式（3.7.11）仍然成立。

例 3.7.1　取两个数据 $x_1 = s + n_1, x_2 = 2s + n_2$，已知

$$E(s) = E(n) = 0, \quad E(s^2) = 3, \quad E(n_1^2) = E(n_2^2) = 2, \quad E(sn_i) = 0, \quad E(n_1 n_2) = 1$$

求线性均方估计 $\hat{s} = h_1 x_1 + h_2 x_2$ 时的 h_1 和 h_2。

解　根据定义和已知条件，有

$$g_1 = E(x_1 s) = E[(s + n_1)s] = E(s^2) + E(n_1 s) = 3 + 0 = 3$$

$$g_2 = E(x_2 s) = E[(2s + n_2)s] = 2E(s^2) + E(n_2 s) = 2 \times 3 + 0 = 6$$

$$
\begin{aligned}
r_{11} = E(x_1 x_1) &= E[(s + n_1)(s + n_1)] \\
&= E(s^2) + 2E(n_1 s) + E(n_1^2) \\
&= 3 + 2 \\
&= 5
\end{aligned}
$$

$$
\begin{aligned}
r_{12} = E(x_1 x_2) &= E[(s + n_1)(2s + n_2)] \\
&= 2E(s^2) + 2E(n_1 s) + E(sn_2) + E(n_1 n_2) \\
&= 2 \times 3 + 0 + 0 + 1 = 7
\end{aligned}
$$

$$
\begin{aligned}
r_{21} = E(x_2 x_1) &= E(x_1 x_2) \\
&= r_{12} \\
&= 7
\end{aligned}
$$

$$
\begin{aligned}
r_{22} = E(x_2 x_2) &= E[(2s + n_2)(2s + n_2)] \\
&= 4E(s^2) + 4E(n_2 s) + E(n_2^2) \\
&= 4 \times 3 + 0 + 2 \\
&= 14
\end{aligned}
$$

因此有 $\begin{bmatrix} 5 & 7 \\ 7 & 14 \end{bmatrix} \begin{bmatrix} h_1 \\ h_2 \end{bmatrix} = \begin{bmatrix} 3 \\ 6 \end{bmatrix}$ ，从而得到 $h_1 = 0$ ， $h_2 = 3/7$ 。

　　上面的分析表明，在进行线性最小均方估计时，仍然需要相关的先验知识，而且在求取待定系数时，需要对自相关矩阵求逆阵，这在 N 较大时计算量是很大的，因此往往较难满足实际工作中实时应用的需要。

3.7.2　递归的线性最小均方误差估计

　　在线性最小均方误差估计中，观察值 x 的数目 N 是固定的，当 N 值增大时，估计的全部运算必须重新进行。如果能找到一种递归的估计方法，使得本次的估计值总能从上一次的估计结果和本次递归值的线性最小均方误差估计得到，则可减少大量运算。

　　对于各次观察值 x 均为信号 s 和噪声 n 叠加的情况，即

$$x_i = s + n_i$$

若已知先验知识为

$$E(n_i) = 0, \quad E(sn_i) = 0, \quad E(s^2) = \sigma_s^2, \quad E(n_i n_j) = \begin{cases} \sigma_n^2, & i = j \\ 0, & i \neq j \end{cases}$$

则第 $k+1$ 次的估计值可以从第 k 次估计值递归产生，即

$$\hat{s}_{k+1} = a_{k+1}\hat{s}_k + b_{k+1}x_{k+1} \tag{3.7.14}$$

式中， a_{k+1} 、 b_{k+1} 是待确定的系数。

　　递归估计的判据仍然是线性最小均方误差，即

$$\varepsilon_{k+1} = E[(\hat{s}_{k+1} - s)^2]_{\min} \tag{3.7.15}$$

　　根据线性最小均方误差估计的正交原理，有

$$E[(\hat{s}_{k+1} - s)x_{k+1}] = 0$$

将 $x_{k+1} = s + n_{k+1}$ 代入上式得

$$-E[(\hat{s}_{k+1} - s)s] = E[(\hat{s}_{k+1} - s)n_{k+1}] = E(\hat{s}_{k+1}n_{k+1}) - E(sn_{k+1})$$

由于

$$E(sn_{k+1}) = 0, \quad \varepsilon_{k+1} = -E[(\hat{s}_{k+1} - s)s]$$

则

$$\varepsilon_{k+1} = E(\hat{s}_{k+1}n_{k+1}) = a_{k+1}E(\hat{s}_k n_{k+1}) + b_{k+1}E(x_{k+1}n_{k+1})$$

由于第 k 次估计值与第 $k+1$ 次白噪声是无关的，即

$$E(\hat{s}_k n_{k+1}) = 0$$

因此

$$\varepsilon_{k+1} = b_{k+1}E(x_{k+1}n_{k+1}) = b_{k+1}E(sn_{k+1}) + b_{k+1}E(n_{k+1}^2)$$

而

$$E(sn_{k+1}) = 0, \quad E(n_{k+1}^2) = \sigma_n^2$$

所以得到

$$\varepsilon_{k+1} = b_{k+1}\sigma_n^2 \tag{3.7.16}$$

　　由于线性最小均方误差估计是无偏估计，即

$$E(\hat{s}) = E(s) \tag{3.7.17}$$

由式（3.7.14）得

$$E(\hat{s}_{k+1}) = a_{k+1}E(\hat{s}_k) + b_{k+1}E(x_{k+1}) = a_{k+1}E(\hat{s}_k) + b_{k+1}[E(s) + E(n_{k+1})]$$

而

$$E(n_{k+1}) = 0, \quad E(\hat{s}_{k+1}) = E(\hat{s}_k) = E(s)$$

因此有

$$a_{k+1} + b_{k+1} = 1 \tag{3.7.18}$$

将 $a_{k+1} = 1 - b_{k+1}$ 代入式（3.7.14）得

$$\hat{s}_{k+1} = \hat{s}_k + b_{k+1}(x_{k+1} - \hat{s}_k) \tag{3.7.19}$$

　　可见，在递归的线性最小均方误差估计中，本次的估计值可以看作上次的估计值加上一个修正量，这个修正量跟本次观察值和上次估计值的差成正比。

　　由式（3.7.16）得

$$b_{k+1}\sigma_n^2 = -E[(\hat{s}_{k+1} - s)s] = -E(\hat{s}_{k+1}s) + E(s^2) = -E(\hat{s}_{k+1}s) + \sigma_s^2$$

因此

$$E(\hat{s}_{k+1}s) = \sigma_s^2 - b_{k+1}\sigma_n^2$$

根据递归性质，同样有

$$E(\hat{s}_k s) = \sigma_s^2 - b_k\sigma_n^2$$

而

$$E(\hat{s}_{k+1}s) = E[(a_{k+1}\hat{s}_k + b_{k+1}x_{k+1})s] = a_{k+1}E(\hat{s}_k s) + b_{k+1}[E(s^2) + E(sn_{k+1})]$$

又因为

$$E(sn_{k+1}) = 0, \quad E(s^2) = \sigma_s^2$$

所以得到

$$\sigma_s^2 - b_{k+1}\sigma_n^2 = a_{k+1}(\sigma_s^2 - b_k\sigma_n^2) + b_{k+1}\sigma_s^2$$

将 $a_{k+1} = 1 - b_{k+1}$ 代入上式，化简后可以得到

$$b_{k+1} = \frac{b_k}{1 + b_k} \tag{3.7.20}$$

因此

$$a_{k+1} = \frac{1}{1 + b_k} \tag{3.7.21}$$

　　根据式（3.7.14）、式（3.7.20）、式（3.7.21），就可以进行递归的线性最小均方误差估计。下面确定第一次的估计值 $\hat{s}_k$ 和系数 b_1。

　　根据 $\hat{s}_0 = E(s)$ 和 $\hat{s}_k = a_1\hat{s}_0 + b_1x_1 = (1 - b_1)E(s) + b_1x_1$，由正交原理可以得到

$$\begin{aligned} 0 = E[(\hat{s}_1 - s)x_1] &= (1 - b_1)E(s)E(x_1) + b_1E(x_1^2) - E(sx_1) \\ &= (1 - b_1)[E(s)]^2 + b_1[E(s^2) + E(n_1^2)] - E(s^2) \\ &= (1 - b_1)[E(s)]^2 + b_1[\sigma_s^2 + \sigma_n^2] - \sigma_s^2 \end{aligned}$$

因此得到

$$b_1 = \frac{\sigma_s^2 - [E(s)]^2}{\sigma_s^2 + \sigma_n^2 - [E(s)]^2} \tag{3.7.22}$$

当 $E(s) = 0$ 时，有

$$b_1 = \frac{1}{1 + \sigma_n^2 / \sigma_s^2} \tag{3.7.23}$$

3.7.3　最小二乘估计

最小均方误差估计仍然需要观察值 x 自相关、带估参数 θ 和观察值 x 互相关的先验知识，为了进一步减少估计对先验知识的依赖，可以使用最小二乘估计的方法。

如果各次观察值 $x_i(i=1,2,\cdots,N)$ 反映了待估参数 $\theta_i(i=1,2,\cdots,M$，通常 $M<N)$ 的线性组合，即

$$X = A\boldsymbol{\Theta} + \boldsymbol{\Psi} \tag{3.7.24}$$

式中，$X = [x_1\ x_2 \cdots x_N]^T$ 是 N 维观察值矢量；$\boldsymbol{\Theta} = [\theta_1\ \theta_2 \cdots \theta_M]^T$ 是 M 维待估参数矢量；

$\boldsymbol{\Psi} = [\varepsilon_1\ \varepsilon_2 \cdots \varepsilon_N]^T$ 是 N 维误差矢量；$A = \begin{bmatrix} a_{11} & \cdots & a_{1M} \\ \vdots & & \vdots \\ a_{N1} & \cdots & a_{NM} \end{bmatrix}$ 是 $N \times M$ 维已知的系数矩阵。现

在的问题是如何利用已知的 X 和 A 求出 $\boldsymbol{\Theta}$。

为了确定 $\boldsymbol{\Theta}$，选择使误差的平方和最小，即

$$\varepsilon = \sum_{i=1}^{N} \varepsilon_i^2 = \boldsymbol{\Psi}^T \boldsymbol{\Psi} = [X - A\hat{\boldsymbol{\Theta}}]^T [X - A\hat{\boldsymbol{\Theta}}] = \min \tag{3.7.25}$$

这种估计方法通常被称为最小二乘法。

由式（3.7.25）得

$$\varepsilon = [X^T - \hat{\boldsymbol{\Theta}}^T A^T]^T [X - A\hat{\boldsymbol{\Theta}}] = X^T X + \hat{\boldsymbol{\Theta}}^T A^T A\hat{\boldsymbol{\Theta}} - \hat{\boldsymbol{\Theta}}^T A^T X - X^T A\hat{\boldsymbol{\Theta}}$$

令 ε 对 $\hat{\boldsymbol{\Theta}}$ 的偏导数等于零，得到

$$2A^T A\hat{\boldsymbol{\Theta}} - 2A^T X = 0$$

因此有

$$\hat{\boldsymbol{\Theta}} = [A^T A]^{-1} A^T X \tag{3.7.26}$$

式中，$[A^T A]^{-1} A^T$ 称为矩阵 A 的伪逆。

在最小二乘估计中，由于待估参数仍然是观察值的线性组合，因此这种估计方法仍然属于线性估计方法的范围。

更为一般地，如果考虑给各次估计的误差 ε_i 进行加权，即

$$\varepsilon = \boldsymbol{\Psi}^T W \boldsymbol{\Psi} \tag{3.7.27}$$

式中，W 是设定的 $N \times M$ 维权重矩阵，则应该考虑式（3.7.27）对 $\hat{\boldsymbol{\Theta}}$ 的偏导数等于零，此时可以得到

$$2A^T WA\hat{\boldsymbol{\Theta}} - 2A^T WX = 0 \tag{3.7.28}$$

因此有

$$\hat{\boldsymbol{\Theta}} = [\boldsymbol{A}^{\mathrm{T}}\boldsymbol{W}\boldsymbol{A}]^{-1}\boldsymbol{A}^{\mathrm{T}}\boldsymbol{W}\boldsymbol{X} \tag{3.7.29}$$

这种方法被称为加权的最小二乘法估计。

由于有

$$\boldsymbol{\Theta} = [\boldsymbol{A}^{\mathrm{T}}\boldsymbol{W}\boldsymbol{A}]^{-1}\boldsymbol{A}^{\mathrm{T}}\boldsymbol{W}\boldsymbol{X}\boldsymbol{\Theta} \tag{3.7.30}$$

可以推出

$$\hat{\boldsymbol{\Theta}} - \boldsymbol{\Theta} = [\boldsymbol{A}^{\mathrm{T}}\boldsymbol{W}\boldsymbol{A}]^{-1}\boldsymbol{A}^{\mathrm{T}}\boldsymbol{W}(\boldsymbol{X} - \boldsymbol{A}\boldsymbol{\Theta}) = [\boldsymbol{A}^{\mathrm{T}}\boldsymbol{W}\boldsymbol{A}]^{-1}\boldsymbol{A}^{\mathrm{T}}\boldsymbol{W}\boldsymbol{\Psi} \tag{3.7.31}$$

因此

$$E(\hat{\boldsymbol{\Theta}} - \boldsymbol{\Theta}) = [\boldsymbol{A}^{\mathrm{T}}\boldsymbol{W}\boldsymbol{A}]^{-1}\boldsymbol{A}^{\mathrm{T}}\boldsymbol{W}E(\boldsymbol{\Psi}) \tag{3.7.32}$$

如果估计的误差是均值为零的随机变量，即

$$E(\boldsymbol{\Psi}) = 0 \tag{3.7.33}$$

则有

$$E(\hat{\boldsymbol{\Theta}} - \boldsymbol{\Theta}) = 0 \tag{3.7.34}$$

也就是说，在这种情况下，最小二乘估计是无偏估计。

另外由式（3.7.26）可以推出

$$\boldsymbol{A}^{\mathrm{T}}(\boldsymbol{X} - \boldsymbol{A}\hat{\boldsymbol{\Theta}}) = 0 \tag{3.7.35}$$

即

$$\boldsymbol{A}^{\mathrm{T}}\boldsymbol{\Psi} = 0 \tag{3.7.36}$$

展开后得到

$$\sum_{j=1}^{N} a_{ij}\varepsilon_j = 0, \quad i = 1, 2, \cdots, M \tag{3.7.37}$$

所以在最小二乘估计中，估计的误差和各系数列矢量正交。

3.8　参数估计的应用

3.8.1　距离估计

在雷达、声呐系统中，通常，发射一个信号，从目标返回信号的延迟时间 τ_0 与发射机和目标之间的距离 R 有关，它们之间的关系可表示为

$$\tau_0 = \frac{2R}{c} \tag{3.8.1}$$

式中，c 为波的传播速度。可见，距离的估计问题等价于时延估计问题。如果发射信号为 $s(t)$，噪声信号为 $\omega(t)$，那么接收信号 $z(t)$ 为

$$z(t) = s(t - \tau_0) + \omega(t), \quad 0 \leqslant t \leqslant T \tag{3.8.2}$$

假定以恒定的间隔 $\varDelta$（满足奈奎斯特条件）对连续的观测波形进行抽样，得到观测数据为

$$z(n\varDelta) = s(n\varDelta - \tau_0) + \omega(n\varDelta), \quad n = 0, 1, 2, \cdots, N-1 \tag{3.8.3}$$

令 $z(n) = z(n\Delta)$ ， $\omega(n) = \omega(n\Delta)$ ， $s(n - n_0) = s(n\Delta - \tau_0)$ ，其中 $n_0 = \text{INT}(\tau_0/\Delta)$ ， $\text{INT}(\cdot)$ 表示取整数函数，当 Δ 很小时，这种近似是可以的，那么得到的离散数据模型为

$$z(n) = s(n - n_0) + \omega(n) \tag{3.8.4}$$

发射信号通常是脉冲式的，只在时间间隔 $(0, T_s)$ 上非零，因此，回波信号只在 $\tau_0 \leq t \leq \tau_0 + T_s$ 时非零，式（3.8.4）可化为如下形式：

$$z(n) = \begin{cases} \omega(n), & 0 \leq n \leq n_0 - 1 \\ s(n - n_0) + \omega(n), & n_0 \leq n \leq n_0 + M - 1 \\ \omega(n), & n_0 + M \leq n \leq N - 1 \end{cases} \tag{3.8.5}$$

式中， $M = \text{INT}(T_s/\Delta)$ 为信号的数据长度。信号 $s(n - n_0)$ 如图 3.8.1 所示。

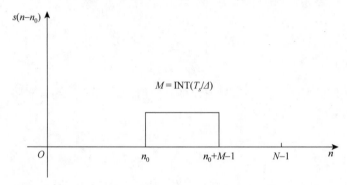

图 3.8.1　回波信号示意图

由式（3.8.5）可得似然函数为

$$p(z \mid n_0) = \prod_{n=0}^{N-1} p(z(n) \mid n_0)$$

$$= \prod_{n=0}^{n_0-1} \frac{1}{\sqrt{2\pi\sigma^2}} \exp\left\{ -\frac{z^2(n)}{2\sigma^2} \right\} \prod_{n=n_0}^{n_0+M-1} \frac{1}{\sqrt{2\pi\sigma^2}} \exp\left\{ -\frac{(z(n) - s(n - n_0))^2}{2\sigma^2} \right\}$$

$$\cdot \prod_{n=n_0+M}^{N-1} \frac{1}{\sqrt{2\pi\sigma^2}} \exp\left\{ -\frac{z^2(n)}{2\sigma^2} \right\} \tag{3.8.6}$$

$$= \frac{1}{(2\pi\sigma^2)^{N/2}} \exp\left\{ -\frac{1}{2\sigma^2} \sum_{n=0}^{N-1} z^2(n) \right\}$$

$$\cdot \prod_{n=n_0}^{n_0+M-1} \exp\left\{ -\frac{1}{2\sigma^2} (-2z(n)s(n - n_0) + s^2(n - n_0)) \right\}$$

通过使下式最大可求得 n_0 的最大似然估计：

$$\exp\left\{ -\frac{1}{2\sigma^2} \sum_{n=n_0}^{n_0+M-1} (-2z(n)s(n - n_0) + s^2(n - n_0)) \right\}$$

或者等价于使下式最小：

$$\sum_{n=n_0}^{n_0+M-1} (-2z(n)s(n - n_0) + s^2(n - n_0))$$

而 $\displaystyle\sum_{n=n_0}^{n_0+M-1} s^2(n-n_0) = \sum_{n=0}^{N-1} s^2(n)$ 与 n_0 无关，所以 n_0 的最大似然估计 $\hat{n}_0$ 可通过使下式最大

求得：

$$\sum_{n=n_0}^{n_0+M-1} z(n)s(n-n_0) \tag{3.8.7}$$

根据最大似然估计的不变性原理，因为 $R = c\tau_0/2 = cn_0\Delta/2$，所以

$$\hat{R} = c\hat{n}_0\Delta/2 \tag{3.8.8}$$

由式（3.8.7）可以看出，n_0 的最大似然估计值的求解，首先应使观测数据与接收信号相关，然后选择使相关达到最大的 n_0。

3.8.2　AR 模型参数的估计

在 2.5 节中介绍了时间序列信号模型，对于 AR 模型，只要选择合适的系数就可以产生多种形式的功率谱，因此可以用来模拟许多实际中的随机信号，如模拟声带产生的语音信号、雷达的地物和海浪杂波等。基于 AR 模型可以获得高分辨率的谱估计，在信号处理中获得了广泛的应用。

AR 模型可表示为

$$z(n) + a_1 z(n-1) + \cdots + a_p z(n-p) = \omega(n) \tag{3.8.9}$$

式中，$\omega(n)$ 为零均值高斯白噪声；$z(n)$ 的功率谱密度为

$$G_z(f) = \frac{\sigma^2}{|A(f)|^2} \tag{3.8.10}$$

其中

$$A(f) = 1 + a_1 e^{-j2\pi f} + \cdots + a_p e^{-j2\pi pf} \tag{3.8.11}$$

设 $\boldsymbol{a} = [a_1, a_2, \cdots, a_p]^{\mathrm{T}}$，对数似然函数的渐近形式为

$$\ln p(\boldsymbol{z} \mid \boldsymbol{a}, \sigma^2) = -\frac{N}{2}\ln 2\pi - \frac{N}{2}\int_{-1/2}^{1/2}\left[\ln \frac{\sigma^2}{|A(f)|^2} + \frac{I(f)}{\dfrac{\sigma^2}{|A(f)|^2}}\right]\mathrm{d}f$$

式中

$$I(f) = \frac{1}{N}\left|\sum_{n=0}^{\infty} z(n)\exp(-j2\pi fn)\right|^2 \tag{3.8.12}$$

由于 $A(z)$ 是最小相位系统，因此

$$\int_{-1/2}^{1/2}\ln|A(f)|^2\,\mathrm{d}f = 0 \tag{3.8.13}$$

于是有

$$\ln p(\boldsymbol{z} \mid \boldsymbol{a}, \sigma^2) = -\frac{N}{2}\ln 2\pi - \frac{\pi}{2}\ln \sigma^2 - \frac{N}{2\sigma^2}\int_{-1/2}^{1/2} I(f)|A(f)|^2\,\mathrm{d}f \tag{3.8.14}$$

式（3.8.14）对 σ^2 求导，并令导数等于零，得

$$-\frac{N}{2\sigma^2}+\frac{N}{2\sigma^4}\int_{-1/2}^{1/2}I(f)\left|A(f)\right|^2\mathrm{d}f=0$$

对上式求解可得方差的最大似然估计为

$$\hat{\sigma}^2=\int_{-1/2}^{1/2}I(f)\left|A(f)\right|^2\mathrm{d}f \tag{3.8.15}$$

将式（3.8.15）代入式（3.8.14）得

$$\ln p(\boldsymbol{z}\,|\,\boldsymbol{a},\hat{\sigma}^2)=-\frac{N}{2}\ln 2\pi-\frac{N}{2}\ln\hat{\sigma}^2-\frac{N}{2} \tag{3.8.16}$$

为了求得 $\boldsymbol{a}$ 的最大似然估计，必须使 $\hat{\sigma}^2$ 最小，也就是使式（3.8.17）最小：

$$J(\boldsymbol{a})=\int_{-1/2}^{1/2}I(f)\left|A(f)\right|^2\mathrm{d}f \tag{3.8.17}$$

式（3.8.17）对系数 a_k 求导，得

$$\frac{\partial J(\boldsymbol{a})}{\partial a_k}=\int_{-1/2}^{1/2}\left\{I(f)\left[A(f)\frac{\partial A^*(f)}{\partial a_k}+\frac{\partial A(f)}{\partial a_k}A^*(f)\right]\right\}\mathrm{d}f$$

$$=\int_{-1/2}^{1/2}I(f)[A(f)\exp(\mathrm{j}2\pi fk)+A^*(f)\exp(-\mathrm{j}2\pi fk)]\mathrm{d}f \tag{3.8.18}$$

由于 $I(-f)=I(f)$ ，　 $A(-f)=A^*(f)$ ，所以

$$\frac{\partial J(\boldsymbol{a})}{\partial a_k}=2\int_{-1/2}^{1/2}I(f)A(f)\exp(\mathrm{j}2\pi fk)\mathrm{d}f \tag{3.8.19}$$

令式（3.8.19）等于零，得

$$\int_{-1/2}^{1/2}A(f)I(f)\exp(\mathrm{j}2\pi fk)\mathrm{d}f=\int_{-1/2}^{1/2}\left(1+\sum_{l=1}^{p}a_l\mathrm{e}^{-\mathrm{j}2\pi fl}\right)I(f)\exp(\mathrm{j}2\pi fk)\mathrm{d}f=0 \tag{3.8.20}$$
$$k=1,2,\cdots,p$$

或者写为

$$\sum_{l=1}^{p}a_l\int_{-1/2}^{1/2}I(f)\exp[\mathrm{j}2\pi f(k-l)]\mathrm{d}f=-\int_{-1/2}^{1/2}I(f)\exp(\mathrm{j}2\pi fk)\mathrm{d}f \tag{3.8.21}$$

因为

$$R_z(k)=\int_{-1/2}^{1/2}I(f)\exp(\mathrm{j}2\pi fk)\mathrm{d}f \tag{3.8.22}$$

所以

$$\sum_{l=1}^{p}a_lR_z(k-l)=-R_z(k),\quad k=1,2,\cdots,p \tag{3.8.23}$$

相关函数 $R_z(k)$ 可以通过观测数据进行估计：

$$\hat{R}_z(k)=\begin{bmatrix}\dfrac{1}{N}\sum_{n=0}^{N-1-|k|}z(n)z(n+k),&|k|\leqslant N-1\\0,&|k|\geqslant N\end{bmatrix} \tag{3.8.24}$$

将式（3.8.24）代入式（3.8.23）得

$$\sum_{l=0}^{p}\hat{a}_l\hat{R}_z(k-l)=-\hat{R}_z(k),\quad k=1,2,\cdots,p \tag{3.8.25}$$

或者用矩阵形式表示为

$$
\begin{bmatrix}
\hat{R}_z(0) & \hat{R}_z(1) & \cdots & \hat{R}_z(p-1) \\
\hat{R}_z(1) & \hat{R}_z(0) & \cdots & \hat{R}_z(p-2) \\
\vdots & \vdots & & \vdots \\
\hat{R}_z(p-1) & \hat{R}_z(p-2) & \cdots & \hat{R}_z(0)
\end{bmatrix}
\begin{bmatrix}
\hat{a}_1 \\ \hat{a}_2 \\ \vdots \\ \hat{a}_p
\end{bmatrix}
=
\begin{bmatrix}
\hat{R}_z(1) \\ \hat{R}_z(2) \\ \vdots \\ \hat{R}_z(p)
\end{bmatrix}
\tag{3.8.26}
$$

式（3.8.26）称为估计的 Yule-Walker 方程。利用此方程求解出 AR 模型的系数，再代入式（3.8.15）得

$$
\hat{\sigma}^2 = \int_{-1/2}^{1/2} I(f)\left|\hat{A}(f)\right|^2 \mathrm{d}f = \int_{-1/2}^{1/2} I(f)\hat{A}(f)\hat{A}^*(f)\mathrm{d}f
$$

$$
= \sum_{k=0}^{p} \hat{a}_k \int_{-1/2}^{1/2} I(f)\hat{A}(f)\exp(\mathrm{j}2\pi fk)\mathrm{d}f
\tag{3.8.27}
$$

由式（3.8.20）可知

$$
\int_{-1/2}^{1/2} I(f)\hat{A}(f)\exp(\mathrm{j}2\pi fk)\mathrm{d}f = 0, \quad k = 1,2,\cdots,p
\tag{3.8.28}
$$

所以式（3.8.27）的和式中只有 $k=0$ 的项，令 $\hat{a}_0 = 1$，那么

$$
\hat{\sigma}^2 = \int_{-1/2}^{1/2} I(f)\hat{A}(f)\mathrm{d}f = \sum_{k=0}^{p} \hat{a}_k \int_{-1/2}^{1/2} I(f)\exp(-\mathrm{j}2\pi fk)\mathrm{d}f
$$

$$
= \sum_{k=0}^{p} \hat{a}_k \hat{R}_z(-k) = \sum_{k=0}^{p} \hat{a}_k \hat{R}_z(k)
\tag{3.8.29}
$$

最终得到的方差的最大似然估计为

$$
\hat{\sigma}^2 = \hat{R}_z(0) + \sum_{k=1}^{p} \hat{a}_k \hat{R}_z(k)
\tag{3.8.30}
$$

将由式（3.8.26）和式（3.8.30）得到的 AR 模型系数的估计 $\hat{\boldsymbol{a}}$ 和方差的估计 $\hat{\sigma}^2$ 代入式（3.8.10），就可以得到功率谱的估计：

$$
\hat{G}_z(f) = \frac{\hat{\sigma}^2}{\left|1 + \hat{a}_1 \mathrm{e}^{-\mathrm{j}2\pi f} + \cdots + \hat{a}_p \mathrm{e}^{-\mathrm{j}2\pi pf}\right|^2}
\tag{3.8.31}
$$

假定 $\boldsymbol{\theta} = [a_1, a_2, \cdots, a_p \sigma^2]^{\mathrm{T}}$，可以证明，模型参数估计的费希尔信息矩阵近似为

$$
\boldsymbol{I}(\boldsymbol{\theta}) =
\begin{bmatrix}
\dfrac{N}{\sigma^2}\boldsymbol{R}_z & \boldsymbol{0} \\
\boldsymbol{0}^{\mathrm{T}} & \dfrac{N}{2\sigma^4}
\end{bmatrix}
\tag{3.8.32}
$$

式中，$(\boldsymbol{R}_z)_{ij} = R_z(i-j)$ 为 $p \times p$ 维的观测的相关矩阵；$\boldsymbol{0}$ 是 $p \times 1$ 维的零矢量。那么，参数估计的 CRLB 为

$$
\mathrm{var}(\hat{a}_k) \geqslant \frac{\sigma^2}{N}(\boldsymbol{R}_z^{-1})_{kk}, \quad k = 1,2,\cdots,p
\tag{3.8.33}
$$

$$
\mathrm{var}(\sigma^2) \geqslant \frac{2\sigma^4}{N}
\tag{3.8.34}
$$

其中，$\mathrm{var}(\cdot)$ 表示计算估计量的方差。

3.8.3　辐射源定位

辐射源的位置可以通过多个站点测量的电磁波到达时间、到达方向和多普勒频移来估计。常用的定位方法有双曲线定位法和方位测量定位法。

双曲线定位法也称为到达时差（TDOA）定位法，该方法通过处理 3 个以上站点的信号到达时间测量来定位辐射源的位置。不同站点的测量数据发送到一个指定的主站点来进行处理。在没有噪声和干扰的情况下，在二维平面上，辐射源信号到两个站点的到达时间差规定了一对以两个站点为焦点的双曲线。两个站点的连线称为基线。如果利用 3 个或 4 个站点形成两条基线，则得到两对双曲线的两个交点，导致的定位模糊可以通过多个站点测得的位置、方位等先验信息来消除。图 3.8.2 描述了由 3 个站点确定的两个双曲线。

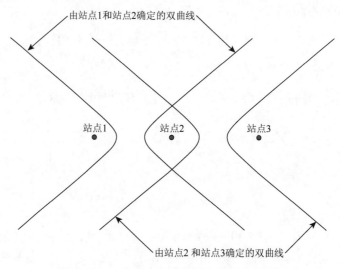

图 3.8.2　由 3 个站点确定的双曲线相交定位

图 3.8.3 描述了一架具有方位测量定位系统的飞机，飞机在它的飞行航线上从 3 个不同点获得方位的测量数据，两个方位线的交点提供了辐射源位置的估计。在存在测量噪声的情况下，两个以上的方位线并不相交于一个点上，通过统计处理可以得到辐射源位置的估计。

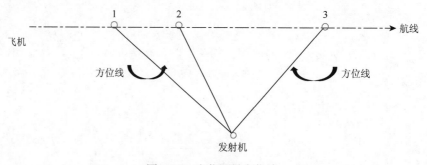

图 3.8.3　方位测量定位法

设 x 是一个 p 维的矢量,它的分量是在二维或三维空间上的位置坐标以及其他一些参数,如辐射源信号发射的时间,通过 N 个观测站独立地观测到 N 个观测值:

$$z_i = f_i(x) + \omega, \quad i = 0, 1, \cdots, N-1 \tag{3.8.35}$$

或者用矢量表示为

$$z = f(x) + \omega \tag{3.8.36}$$

测量误差 ω 为 N 维的零均值高斯随机矢量,协方差矩阵为 C_ω,那么

$$p(z \mid x) = \frac{1}{(2\pi)^{N/2} \det^{1/2}(C_\omega)} \exp\left\{ -\frac{1}{2}[z - f(x)]^{\mathrm{T}} C_\omega^{-1}[z - f(x)] \right\} \tag{3.8.37}$$

x 的最大似然估计就是求得使式 (3.8.37) 达到最大值时的 x 的值,也等价于使下面的二次型最小:

$$Q(x) = [z - f(x)]^{\mathrm{T}} C_\omega^{-1}[z - f(x)] \tag{3.8.38}$$

一般来说,$f(x)$ 是非线性矢量函数,为了获得简单的估计,可以对 $f(x)$ 进行线性化处理,将 $f(x)$ 在某个参考点 x_0 处用泰勒级数展开,并保留前两项,即

$$f(x) \approx f(x_0) + G(x - x_0) \tag{3.8.39}$$

式中

$$G = \begin{bmatrix} \left.\dfrac{\partial f_0(x)}{\partial x_0}\right|_{x=x_0} & \cdots & \left.\dfrac{\partial f_0(x)}{\partial x_{p-1}}\right|_{x=x_0} \\ \vdots & & \vdots \\ \left.\dfrac{\partial f_{N-1}(x)}{\partial x_0}\right|_{x=x_0} & \cdots & \left.\dfrac{\partial f_{N-1}(x)}{\partial x_{p-1}}\right|_{x=x_0} \end{bmatrix} \tag{3.8.40}$$

参考点 x_0 可以是对 x 的前一次估计,在目标跟踪中正是这样一种情形。在下面的分析中假定 x_0 靠近 x,这样式 (3.8.39) 是比较好的近似。将式 (3.8.39) 代入式 (3.8.38),经整理后得

$$Q(x) = (z_1 - Gx)^{\mathrm{T}} C_\omega^{-1}(z_1 - Gx) \tag{3.8.41}$$

式中

$$z_1 = z - f(x_0) + Gx_0 \tag{3.8.42}$$

式 (3.8.41) 对 x 求导,并令导数在 $x = \hat{x}$ 等于零,得

$$2G^{\mathrm{T}} C_\omega^{-1} C\hat{x} - 2G^{\mathrm{T}} C_\omega^{-1} z_1 = 0 \tag{3.8.43}$$

假定矩阵 $G^{\mathrm{T}} C_\omega^{-1} G$ 为非奇异矩阵,那么,由式 (3.8.43) 可求得最佳估计为

$$\hat{x} = (G^{\mathrm{T}} C_\omega^{-1} G)^{-1} G^{\mathrm{T}} C_\omega^{-1} z_1 = x_0 + (G^{\mathrm{T}} C_\omega^{-1} G)^{-1} G^{\mathrm{T}} C_\omega^{-1}[z - f(x_0)] \tag{3.8.44}$$

将式 (3.8.44) 代入式 (3.8.41),经整理后得

$$Q(x) = (x - \hat{x})^{\mathrm{T}} G^{\mathrm{T}} C_\omega^{-1} G(x - \hat{x}) - z_1^{\mathrm{T}} C_\omega^{-1} G(G^{\mathrm{T}} C_\omega^{-1} G)^{-1} G^{\mathrm{T}} C_\omega^{-1} z_1 + z_1^{\mathrm{T}} C_\omega^{-1} z_1 \tag{3.8.45}$$

式 (3.8.45) 中最后两项与 x 无关,可见使 $(x - \hat{x})^{\mathrm{T}} G^{\mathrm{T}} C_\omega^{-1} G(x - \hat{x})$ 最小,等价于使 $Q(x)$ 最小,这时的估计是加权最小二乘估计,式 (3.8.44) 也称为线性化的最小二乘估计。

估计的方差阵为

$$C_{\hat{x}} = E\{[\hat{x} - E(\hat{x})][\hat{x} - E(\hat{x})]^{\mathrm{T}}\} = (G^{\mathrm{T}} C_\omega^{-1} G)^{-1} \tag{3.8.46}$$

下面再回到 TDOA 定位分析，考虑到发射站点与接收站点之间的几何关系，如图 3.8.4 所示。

假定在 T_0 发射的信号被 N 个站点测量到到达时间 $t_0, t_1, \cdots, t_{N-1}$，$N$ 个站点的位置用列矢量 $s_0, s_1, \cdots, s_{N-1}$ 表示，如果信号的传播速度为 c，d_i 为辐射源与站点之间传播路径长度，那么

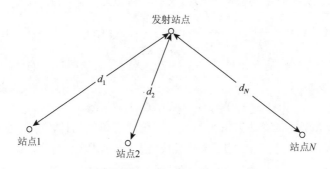

图 3.8.4　发射站点与接收站点的几何关系

$$t_i = T_0 + d_i / c + \omega_i, \quad i = 0, 1, \cdots, N-1 \tag{3.8.47}$$

或者用矢量形式表示为

$$\boldsymbol{t} = T_0 \boldsymbol{1} + \boldsymbol{d} / c + \boldsymbol{w} \tag{3.8.48}$$

式中，$\boldsymbol{t}$、$\boldsymbol{d}$、$\boldsymbol{w}$ 均为 N 维的列矢量；$\boldsymbol{1}$ 为 N 维的全 1 列矢量。令 $\boldsymbol{r} = [x, y, z]^{\mathrm{T}}$ 表示辐射源的位置矢量，那么需要估计的是信号发射时刻 T_0 和辐射源位置矢量 $\boldsymbol{r}$。式（3.8.48）具有与式（3.8.44）类似的形式，其中，$\boldsymbol{z} = \boldsymbol{t}$，$\boldsymbol{f}(\boldsymbol{x}) = T_0 \boldsymbol{1} + \boldsymbol{d} / c$，$\boldsymbol{x} = [T_0, x, y, z]^{\mathrm{T}}$。由图 3.8.4 可以看出，$d_i = \|\boldsymbol{r} - \boldsymbol{s}_i\|$，其中，$\|\cdot\|$ 表示欧几里得（Euclidean）范数，令 $\boldsymbol{r}_0 = [x_0, y_0, z_0]^{\mathrm{T}}$ 表示参考点的位置矢量，$d_{0i} = \|\boldsymbol{r}_0 - \boldsymbol{s}_i\|$ 表示从第 i 站点到参考点的距离。将 $\boldsymbol{f}(\boldsymbol{x})$ 在 $\boldsymbol{x}_0 = [T_0, x_0, y_0, z_0]^{\mathrm{T}}$ 处用泰勒级数展开，由式（3.8.40）得

$$\boldsymbol{G} = [\boldsymbol{1}, \boldsymbol{F} / c] \tag{3.8.49}$$

式中

$$\boldsymbol{F} = \begin{bmatrix} (\boldsymbol{r}_0 - \boldsymbol{s}_0)^{\mathrm{T}} / d_{00} \\ \vdots \\ (\boldsymbol{r}_0 - \boldsymbol{s}_{N-1})^{\mathrm{T}} / d_{0(N-1)} \end{bmatrix} \tag{3.8.50}$$

其中，$\boldsymbol{F}$ 的每一行都是从某个接收站点指向参考点的单位矢量。式（3.8.44）和式（3.8.46）分别给出了 $\boldsymbol{x}$ 的估计及估计的方差阵。

在双曲线定位系统中，并不需要估计 T_0，这可以通过测量相对到达时间来消除 T_0，即

$$t_i - t_{i+1} = (d_i - d_{i+1}) / c + n_i, \quad i = 0, 1, \cdots, N-2 \tag{3.8.51}$$

式中

$$n_i = \omega_i - \omega_{i+1}, \quad i = 0, 1, \cdots, N-2 \tag{3.8.52}$$

式（3.8.51）用矢量和矩阵形式表示为

$$Ht = Hd / c + n \qquad (3.8.53)$$

式中

$$H = \begin{bmatrix} 1 & -1 & 0 & \cdots & 0 & 0 \\ 0 & 1 & -1 & \cdots & 0 & 0 \\ \vdots & \vdots & \vdots & & \vdots & \vdots \\ 0 & 0 & 0 & \cdots & 1 & -1 \end{bmatrix} \qquad (3.8.54)$$

H 是 $(N-1) \times N$ 维的，$n = Hw$，它的协方差矩阵为 $C_n = HC_\omega H^{\mathrm{T}}$。对照式（3.8.36），观测 $z = Ht$，$f(r) = Hd / c$，直接计算 G，得

$$G = HF / c \qquad (3.8.55)$$

式中，F 参见式（3.8.50）。由式（3.8.44）可得

$$\hat{r} = r_0 + (F^{\mathrm{T}} H^{\mathrm{T}} C_n^{-1} HF)^{-1} F^{\mathrm{T}} H^{\mathrm{T}} C_n^{-1} (Ht - Hd_0 / c) \qquad (3.8.56)$$

估计的协方差矩阵为

$$C_{\hat{r}} = c^2 (F^{\mathrm{T}} H^{\mathrm{T}} C_n^{-1} HF)^{-1} \qquad (3.8.57)$$

第4章 相干检测与取样积分

相干检测作为参数检测的一种,其利用参考信号与待测信号之间的相干性,能够对未知信号、系统的关键参数进行高精度测量,在工程应用和科学测量领域得到广泛应用。相干检测的典型代表——锁相放大器(lock-in amplifier,LIA)几乎成为微弱信号检测领域必不可少的检测工具。但对于恢复湮没在噪声中的脉冲波形,相干检测则无法满足要求,原因在于脉冲波形或脉动波形的快速上升沿和快速下降沿包含丰富的高次谐波分量,相干检测中的低通滤波器会滤除这些高频分量,导致脉冲波形的畸变。对于这类信号的测量,取样积分是一个很好的选择。

4.1 相 干 检 测

对于幅度较小的直流信号或慢变信号,为了防止$1/f$噪声和直流放大器的直流漂移(如运算放大器输入失调电压的温度漂移)的不利影响,一般多使用调制器或斩波器将其变换成交流信号后,再进行放大和处理,用带通滤波器抑制宽带噪声,提高信噪比,之后再进行解调和低通滤波,以得到放大的被测信号。

设混有噪声的正弦调制信号为

$$x(t) = s(t) + n(t) = V_s \cos(\omega_0 t + \theta) + n(t) \tag{4.1.1}$$

式中,$s(t)$是正弦调制信号;V_s是被测信号;$n(t)$是污染噪声。对于微弱的直流或慢变信号,调制后的正弦信号也必然微弱。要达到足够的信噪比,则带通滤波器的带宽必须非常窄,Q($Q = \omega_0/B$,B为带宽)必须非常大,这在实际中往往难以实现。而且Q太大的带通滤波器往往不稳定,温度、电源电压等参数的波动均会使滤波器的中心频率发生变化,从而导致其通频带不能覆盖信号频率,系统无法稳定可靠地进行测量。在这种情况下,基于相干检测的原理,利用锁相放大器可以较好地解决上述问题。而锁相放大器抑制噪声主要从以下三个方面考虑。

(1)用调制器将直流或慢变信号的频谱迁移至调制频率处,再进行放大,以避开$1/f$噪声的影响。

(2)利用相敏检波器(phase sensitive detector,PSD)实现调制信号的解调过程,同时利用频率和相位进行检测,噪声与信号同频同相的概率极低,提高检测精度。

(3)利用低通滤波器(low-pass filter,LPF)而不是带通滤波器(band-pass filter,BPF)来抑制宽带噪声。低通滤波器的频带可以做得很窄,且频带宽度不受调制频率的影响,稳定性也远超过带通滤波器。

锁相放大器对信号频谱进行迁移的过程如图4.1.1所示。调制过程将低频信号V_s乘以频率为ω_0的正弦载波,从而将其频谱迁移到调制频率ω_0两边,之后进行选频放大,这样就不会把$1/f$噪声和低频漂移也放大，如图 4.1.1(a)所示，图中的虚线表示$1/f$噪声和白噪声的功率谱密度。经交流放大后，再用相敏检波器将其频谱迁移到直流（$\omega=0$）的两边，用窄带低通滤波器滤除噪声，就得到高信噪比的放大信号，如图 4.1.1(b)所示，图中的虚线表示低通滤波器的频率响应曲线。只要低通滤波器的带宽足够窄，就能有效地改善信噪比。

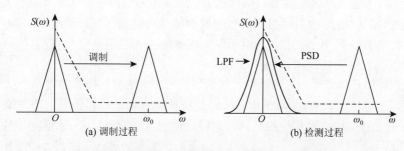

图 4.1.1　锁相放大器处理信号时的频谱迁移示意图

可见，锁相放大器继承了调制放大器使用交流放大，而不使用直流放大的原理，从而避开了幅度较大的$1/f$噪声；同时使用相敏检波器实现解调，用稳定性更高的低通滤波器取代带通滤波器实现窄带化过程，从而使检测系统的性能大为改善。

锁相放大器的等效噪声带宽可以达到 0.004Hz，整体增益可以高达10^{11}以上，所以0.1nV 的微弱信号可以放大到 10V 以上。此外，锁相放大器可以实现正交的矢量测量，这有助于对被测信号进行矢量分析，以确定被测系统的动态特性。

4.1.1　锁相放大器

典型锁相放大器的基本结构如图 4.1.2 所示。它包括信号通道、参考通道、PSD 和LPF 等。

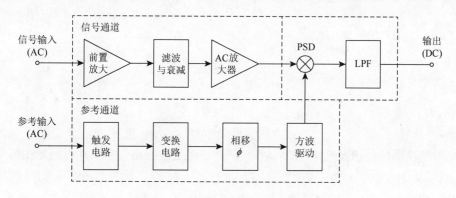

图 4.1.2　典型锁相放大器的基本结构

信号通道对调制正弦信号输入进行交流放大，将微弱信号放大到足以推动相敏检波器的电平，并且要滤除部分干扰和噪声，以提高相敏检测的动态范围。因为对不同的测量对象要采用不同的传感器，传感器的输出阻抗各不相同。为了得到最佳的噪声特性，信号通道的输入阻抗要能与相应的传感器输出阻抗相匹配。

参考输入一般是等幅正弦信号或方波开关信号，它可以是从外部输入的某种周期信号，也可以是系统内原先用于调制的载波信号或用于斩波的信号。参考通道对参考输入进行放大或衰减，以适应相敏检波器对幅度的要求。参考通道的另一个重要功能是对参考输入进行移相处理，以使各种不同相移信号的检测结果达到最佳。所谓锁相，实质上是将输出锁定为与参考信号同相的正弦波。由于不同频率的正弦波不可能具有相同的相位，所以锁相在本质上仍然是同频同相。

相敏检波器以参考信号 $r(t)$ 为基准，对有用信号 $x(t)$ 进行相敏检测，从而实现图 4.1.1 所示的频谱迁移过程。将 $x(t)$ 的频谱由 $\omega = \omega_0$ 处迁移到 $\omega = 0$ 处，再经低通滤波器滤除噪声，其输出 $u_o(t)$ 对 $x(t)$ 的幅度和相位都敏感，这样就达到了既检测幅度又检测相位的目的。因为低通滤波器的频带可以做得很窄，所以可使锁相放大器达到较大的信噪改善比（SNIR）。

4.1.2　相敏检波器

相敏检波器是锁相放大器的核心部件，在自动控制和相关检测中得到了广泛的应用。相敏检波器既检测幅度又检测相位，它的输出不但取决于输入信号的幅度，而且取决于输入信号与参考信号的相位差。常用的相敏检波器有模拟乘法器式和电子开关式，实际上电子开关式相敏检波器相当于参考信号为方波情况下的模拟乘法器。本书主要介绍模拟乘法器型检波器。

模拟乘法器型检波器的输出 $u_p(t)$ 是它的两路输入信号（被测信号 $x(t)$ 和参考信号 $r(t)$）的乘积，即

$$u_p(t) = x(t)r(t) \tag{4.1.2}$$

实现式（4.1.2）运算的集成电路在市场上有很多种，如 MC1496、MC1596 等。下面分别就各种情况说明相敏检波器的输出 $u_p(t)$ 和 LPF 输出 $u_o(t)$ 的特性。

1. $x(t)$ 与 $r(t)$ 均为正弦波

设被测信号为

$$x(t) = V_s \cos(\omega_0 t + \theta) \tag{4.1.3}$$

参考输入为

$$r(t) = V_r \cos(\omega_0 t) \tag{4.1.4}$$

式中，ω_0 是被测信号和参考信号的频率；θ 是它们之间的相位差，θ 可能是由信号频率的变化量造成的。

将式（4.1.3）和式（4.1.4）代入式（4.1.2）得

$$
\begin{aligned}
u_p(t) &= x(t)r(t) = V_s \cos(\omega_0 t + \theta) V_r \cos(\omega_0 t) \\
&= 0.5 V_s V_r \cos\theta + 0.5 V_s V_r \cos(2\omega_0 t + \theta)
\end{aligned} \tag{4.1.5}
$$

式（4.1.5）的第一项为乘积的差频分量，第二项为和频分量。式（4.1.5）说明，经过相敏检波器以后，原来频率为 ω_0 的信号的频谱迁移到了 $\omega = 0$ 和 $\omega = 2\omega_0$ 处，如图 4.1.3 所示。频谱迁移后保持原谱形状，幅度取决于被测信号的幅度 V_s 和参考信号的幅度 V_r。

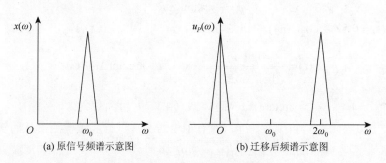

图 4.1.3　相敏检波器的频谱迁移

相敏检波器的输出 $u_p(t)$ 经过图 4.1.2 中的低通滤波器后，式（4.1.5）中的和频分量被滤除，低通滤波器通带之外的噪声也被滤除，得到的输出为

$$u_o(t) = 0.5V_s V_r \cos\theta \qquad (4.1.6)$$

式（4.1.6）说明，低通滤波器的输出正比于被测信号的幅度 V_s，同时正比于被测信号与参考信号的相位差 θ 的余弦函数。当 $\theta = 0$ 时，即参考信号与有用信号同频同相时，相敏检波器输出的直流分量 $u_o(t)$ 最大，且它与有用信号的幅度成正比，从而达到了既检测幅度又检测相位的目的。实际工作中，相敏检波器参考信号的频率和相位都是可调的，它的输出也应以一定的方式（如直流表头）显示出来。当相敏检波器的参考信号调到与有用信号同频同相时，直流表头偏转最大。对相敏检波器的参考信号频率和直流输出进行标定之后，就实现了对正弦信号频率和幅度的检测。在光的干涉现象中，两列频率相同的光波在它们相位相同的空间位置上会出现亮的干涉条纹。相干检测和光的干涉，其物理本质是一样的。

1）幅频特性

如果被测信号的中心频率 ω_s 偏离参考信号频率 ω_0，即 $\Delta\omega = \omega_s - \omega_0 \neq 0$ 在相位差 $\theta = 0$ 的情况下，被测信号为 $x(t) = V_s \cos(\omega_s t)$，参考输入为 $r(t) = V_r \cos(\omega_0 t)$，则模拟乘法器的输出为

$$u_p(t) = x(t)r(t) = 0.5V_s V_r \cos(\Delta\omega t) + 0.5V_s V_r \cos(\omega_s + \omega_0)t$$

式中，第二项为和频分量，它不能通过低通滤波器到达输出，所以只考虑低通滤波器对频率为 $\Delta\omega$ 的正弦信号的响应。

如果采用一阶 RC 低通滤波器，其频率响应为

$$H(\mathrm{j}\omega) = \frac{1}{1 + \mathrm{j}\omega RC}$$

幅频响应为

$$|H(\mathrm{j}\omega)| = \frac{1}{\sqrt{1+(\omega RC)^2}}$$

其相角为

$$\phi = -\arctan(\omega RC)$$

对于 $u_p(t) = 0.5V_sV_r\cos(\Delta\omega t)$ 的正弦输入信号，低通滤波器的输出为

$$u_o(t) = \frac{0.5V_sV_r}{\sqrt{1+(\Delta\omega RC)^2}}\cos(\Delta\omega t - \arctan(\Delta\omega RC)) \tag{4.1.7}$$

在稳态情况下，$\Delta\omega \gg \arctan(\Delta\omega RC)$，式（4.1.7）可简化为

$$u_o(t) = \frac{0.5V_sV_r}{\sqrt{1+(\Delta\omega RC)^2}}\cos(\Delta\omega t) \tag{4.1.8}$$

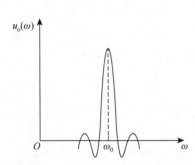

图 4.1.4　相敏检波器的幅频特性

式（4.1.8）说明，当 $\Delta\omega = \omega_s - \omega_0 = 0$ 时，输出 $u_o(t)$ 的幅度最大（$0.5V_sV_r$）；当 $\Delta\omega = \omega_s - \omega_0 \neq 0$ 时，输出幅度要减小，不但按式（4.1.8）中分式所表示的一阶低通滤波器的幅频响应减小，而且要乘以小于 1 的系数 $\cos(\Delta\omega t)$。综合起来的幅频特性如图 4.1.4 所示。由式（4.1.8）可知，低通滤波器的时间常数 RC 越大，$u_o(t)$ 随 $|\Delta\omega|$ 减少得越快，图 4.1.4 中的通频带宽度越窄。

由此可见，相敏检波器实际上是用低通滤波器实现了带通滤波器的功能，而且只要低通滤波器的时间常数足够大，带通滤波器的带宽就可以足够窄，从而可大大提高相敏检波器抑制噪声的能力。

根据等效噪声带宽的定义，一阶 RC 低通滤波器的等效噪声带宽为 $1/(4RC)$，考虑到对于 $\Delta\omega > 0$ 和 $\Delta\omega < 0$ 滤波器都有输出，相敏检波器的等效噪声带宽为其两倍，即

$$B_e = 2\frac{1}{4RC} = \frac{1}{2RC} \tag{4.1.9}$$

或

$$B_e = \frac{\pi}{RC}(\mathrm{rad/s}) \tag{4.1.10}$$

可见，低通滤波器的时间常数 RC 越大，等效噪声带宽越窄，相敏检波器的 SNIR 越大，抑制噪声的能力越强。但是，当被测信号 V_s 为调幅波时，为了保证对 V_s 的测量不失真，低通滤波器的带宽应该大于 V_s 的带宽。

2）相频特性

当被测输入 $x(t)$ 和参考输入 $r(t)$ 同频率时，根据式（4.1.6），可以画出图 4.1.5 所示的相敏特性曲线，该曲线表示被测输入 $x(t)$ 与参考输入 $r(t)$ 之间的相位差 θ 同输出电压 $u_o(t)$ 之间的关系。

2. 信号输入 $x(t)$ 为正弦波，参考输入 $r(t)$ 为方波

设信号输入为

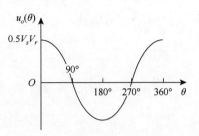

$$x(t) = V_s \cos(\omega_0 t + \theta)$$

参考输入 $r(t)$ 是幅度为 $\pm V_r$ 的方波，其周期为 T，角频率为 $\omega_0 = 2\pi / T$，波形如图 4.1.6 所示。根据傅里叶分析方法，这种周期性函数可以展开为傅里叶级数：

图 4.1.5　$x(t)$ 与 $r(t)$ 均为正弦波时的相敏特性

$$r(t) = a_0 + \sum_{m=1}^{\infty} a_m \cos(m\omega_0 t) + \sum_{m=1}^{\infty} b_m \sin(m\omega_0 t) \tag{4.1.11}$$

式中，a_0 为其直流分量；a_m 为其余弦分量的傅里叶系数；b_m 为其正弦分量的傅里叶系数。各种系数的计算方法为

$$a_0 = \frac{1}{T} \int_{-T/2}^{T/2} r(t)\mathrm{d}t$$

$$a_m = \frac{2}{T} \int_{-T/2}^{T/2} r(t)\cos(m\omega_0 t)\mathrm{d}t$$

$$b_m = \frac{2}{T} \int_{-T/2}^{T/2} r(t)\sin(m\omega_0 t)\mathrm{d}t$$

上述各式只是为了方便将积分区间定为 $-T/2 \sim T/2$，实际上在起始于任何时间点，长度为一个信号周期 T 的积分区间都将得出同样的结果。

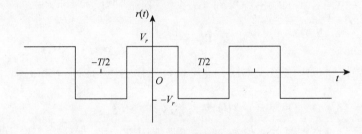

图 4.1.6　参考方波 $r(t)$

图 4.1.6 所示，周期 $T = 2\pi$ 的波形为零均值的偶函数，可知其直流分量 a_0 为零，正弦分量的傅里叶系数 b_m 为零，其余弦分量的傅里叶系数 a_m 为

$$
\begin{aligned}
a_m &= \frac{1}{\pi} \int_{-\pi}^{\pi} r(t)\cos(m\omega_0 t)\mathrm{d}t \\
&= \frac{V_r}{\pi}\left[\int_{-\pi/2}^{\pi/2} \cos(m\omega_0 t)\mathrm{d}(\omega_0 t) + \int_{-\pi}^{-\pi/2} -\cos(m\omega_0 t)\mathrm{d}(\omega_0 t) + \int_{\pi/2}^{\pi} -\cos(m\omega_0 t)\mathrm{d}(\omega_0 t) \right] \quad (4.1.12) \\
&= \frac{4V_r}{m\pi} \sin\left(\frac{m\pi}{2}\right)
\end{aligned}
$$

式中，m 为谐波次数，取值为 $1\sim\infty$ 的正整数。

注意到，m 为偶数时，$\sin(m\pi/2) = 0$；m 为奇数时，$\sin(m\pi/2)$ 为 -1 或 1。令奇数

$m = 2n-1$，n 为 $1\sim\infty$ 的正整数，则 a_m 可以表示为

$$a_m = \frac{4V_r}{\pi} \frac{(-1)^{n-1}}{2n-1} \tag{4.1.13}$$

由此可得 $r(t)$ 的傅里叶级数表示式为

$$r(t) = \frac{4V_r}{\pi} \sum_{n=1}^{\infty} \frac{(-1)^{n-1}}{2n-1} \cos[(2n-1)\omega_0 t] \tag{4.1.14}$$

$r(t)$ 与 $x(t)$ 相乘的结果为

$$
\begin{aligned}
u_p(t) &= x(t)r(t) \\
&= V_s \cos(\omega_0 t + \theta) \frac{4V_r}{\pi} \sum_{n=1}^{\infty} \frac{(-1)^{n-1}}{2n-1} \cos[(2n-1)\omega_0 t] \\
&= \frac{2V_s V_r}{\pi} \sum_{n=1}^{\infty} \frac{(-1)^{n+1}}{2n-1} \cos[(2n-2)\omega_0 t - \theta] + \frac{2V_s V_r}{\pi} \sum_{n=1}^{\infty} \frac{(-1)^{n+1}}{2n-1} \cos(2n\omega_0 t + \theta)
\end{aligned}
\tag{4.1.15}
$$

式（4.1.15）等号右边的第 1 项为差频项，第 2 项为和频项。经过低通滤波器的滤波作用，$n>1$ 的差频项及所有的和频项均被滤除，只剩 $n=1$ 的差频项为

$$u_o(t) = \frac{2V_s V_r}{\pi} \cos\theta \tag{4.1.16}$$

将式（4.1.16）与式（4.1.6）进行对比可知，利用方波作为参考可以得到与正弦波参考完全类似的结果，而且 $u_o(t)$ 的幅度要更大一些。当方波幅度 $V_r = 1$ 时，可以利用电子开关实现方波信号与被测信号的相乘过程，即当 $r(t)$ 为 1 时，电子开关的输出连接到 $x(t)$；当 $r(t)$ 为 –1 时，电子开关的输出连接到 $-x(t)$。这时低通滤波器的输出为

$$u_o(t) = \frac{2V_s}{\pi} \cos\theta \tag{4.1.17}$$

电子开关要比模拟乘法器成本低、速度快，工作也更为稳定可靠。

3. $x(t)$ 为正弦波含单频噪声，$r(t)$ 为正弦波

设被测信号与参考信号的相位差为 θ，单频噪声的频率为 ω_0，幅度为 V_n，噪声的初始相位为 a。为简单起见令参考的幅度 $V_r = 1$，即

$$x(t) = V_s \cos(\omega_0 t + \theta) + V_n(\omega_n t + \alpha) \tag{4.1.18}$$

$$r(t) = \cos(\omega_0 t) \tag{4.1.19}$$

$x(t)$ 与 $r(t)$ 相乘的结果为

$$
\begin{aligned}
u_p(t) = x(t)r(t) &= 0.5V_s \cos\theta + 0.5V_s \cos(2\omega_0 t + \theta) \\
&+ 0.5V_n \cos[(\omega_n + \omega_0)t + \alpha] + 0.5V_n \cos[(\omega_n - \omega_0)t + \alpha]
\end{aligned}
\tag{4.1.20}
$$

式中，等号右边第 1 项为信号与参考的差频项；第 2 项为信号与参考的和频项；第 3 项为噪声与参考的和频项；第 4 项为噪声与参考的差频项。经低通滤波器之后两个和频项都被滤除，输出 $u_o(t)$ 为第 1 项 $0.5V_s \cos\theta$ 和第 4 项中 $|\omega_n - \omega_0| <$ LPF 的等效噪声带宽的噪声。只要低通滤波器的等效噪声带宽足够窄，就可以得到满意的信噪比。

4. $x(t)$ 为正弦波含窄带噪声，$r(t)$ 为正弦波

如果输入到相敏检波器的正弦信号叠加了零均值高斯分布窄带噪声 $n(t)$，即

$$x(t) = V_s \cos(\omega_0 t + \theta) + n(t) \tag{4.1.21}$$

则 $n(t)$ 的功率谱密度 $S_n(\omega)$ 在频带 $\omega_n - B/2 \sim \omega_n + B/2$ 范围内恒为 $N_0/2$。参考输入为

$$r(t) = V_r \cos(\omega_0 t) \tag{4.1.22}$$

已知，中心频率为 ω_n 的窄带噪声 $n(t)$ 可分解为

$$n(t) = n_c(t)\cos(\omega_n t) - n_s(t)\sin(\omega_n t) \tag{4.1.23}$$

式中，$n_c(t)$ 和 $n_s(t)$ 是两个相互独立的低频平稳随机信号，它们的均值都为零，幅度分布为高斯型，功率谱密度在 $-B/2 \sim B/2$ 内恒为 $N_0/2$。而且 $n_c(t)$ 和 $n_s(t)$ 的功率相同，都等于 $n(t)$ 的功率。图 4.1.7 所示为 $n(t)$、$n_c(t)$ 和 $n_s(t)$ 的功率谱密度函数的形状。

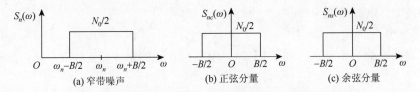

图 4.1.7　窄带噪声及其正交分量的功率谱密度函数

将式（4.1.21）～式（4.1.23）代入式（4.1.2）可得模拟乘法器的输出为

$$
\begin{aligned}
u_p(t) &= x(t)r(t) \\
&= [V_s \cos(\omega_0 t + \theta) + n_c(t)\cos(\omega_n t) - n_s(t)\sin(\omega_n t)]V_r \cos(\omega_0 t) \\
&= 0.5V_s V_r \cos\theta + 0.5V_s V_r \cos(2\omega_0 t + \theta) \\
&\quad + 0.5V_r n_c(t)\cos[(\omega_n + \omega_0)t] + 0.5V_r n_c(t)\cos[(\omega_n - \omega_0)t] \\
&\quad - 0.5V_r n_s(t)\sin[(\omega_n + \omega_0)t] - 0.5V_r n_s(t)\sin[(\omega_n - \omega_0)t]
\end{aligned}
\tag{4.1.24}
$$

式中，后 4 项是中心频率分别为 $\omega_n + \omega_0$ 和 $\omega_n - \omega_0$，幅度包络分别为 $n_c(t)$ 和 $n_s(t)$ 的窄带噪声。

经过低通滤波器，式（4.1.24）中的 3 个和频项（第 2、3、5 项）被滤除，低通滤波器的输出 $u_o(t)$ 为第 1 项 $0.5V_s V_r \cos\theta$、第 4 项以及第 6 项所表示的中心频率为 $\omega_n - \omega_0$ 的窄带噪声落入低通滤波器等效噪声带宽内的噪声。只要 ω_n 与 ω_0 不是十分靠近，低通滤波器的等放噪声带宽足够窄，就可以使这两项的功率也大为衰减，得到满意的信噪比。当 $\omega_n - \omega_0 \approx 0$ 时，式中的第 6 项为正弦项，幅度很小；输出端的噪声主要表现为第 4 项 $0.5V_r n_c(t)\cos[(\omega_n - \omega_0)t]$，因为这时 $\cos[(\omega_n - \omega_0)t] \approx 1$。

在锁相放大器中，调制信号 $x(t)$ 一般都是利用交流选频放大器进行放大，电路中的各器件所产生的白噪声经过选频放大器的滤波作用就变成了中心频率为选频放大器中心频率的窄带噪声。为了使有用信号能顺利通过，选频放大器的中心频率一般设定为调制频率 ω_0。也就是说，式（4.1.24）中的 ω_n 与 ω_0 大致相同。所以锁相放大器主要利用低通滤波器的窄带化作用来提高信噪比。

下面分析 $x(t)$ 为正弦波含窄带噪声情况下的信噪改善比。

　　设相敏检波器之前的选频放大器的带宽为 B_i，这就是输入到相敏检波器的窄带噪声的带宽。设窄带噪声的功率谱密度为 $N_0/2$，其自相关函数为

$$R_n(\tau) = B_i N_0 \frac{\sin(\pi B\tau)}{\pi B\tau} \cos(\omega_0 \tau)$$

由此可得窄带噪声的功率为

$$P_{ni} = R_n(0) = B_i N_0$$

输入信号为 $V_s \cos(\omega_0 t + \theta)$ 时，其功率为

$$P_{si} = V_s^2 / 2 \tag{4.1.25}$$

所以输入信噪比为

$$\text{SNR}_i = \frac{P_{si}}{P_{ni}} = \frac{V_s^2}{2N_0 B_i} \tag{4.1.26}$$

　　通过对式（4.1.24）的分析，乘法器输出中的信号成分为 $0.5V_s V_r \cos\theta$，当 $\theta = 0$ 时，输出信号最大，其功率为

$$P_{so} = (V_s V_r)^2 / 8 \tag{4.1.27}$$

　　乘法器输出的窄带噪声为式（4.1.24）中等号右边的第 4 项 $0.5V_r n_c(t) \cos[(\omega_n - \omega_0)t]$，其功率为

$$P_{no} = \frac{V_r^2 \overline{n_c^2(t)}}{8} \tag{4.1.28}$$

式中，$\overline{n_c^2(t)}$ 是 $n_c(t)$ 的均方值，也就是 $n_c(t)$ 的功率。同相分量 $n_c(t)$ 的功率等于窄带噪声 $n(t)$ 的功率，即

$$\overline{n_c^2(t)} = R_{nc}(0) = R_n(0) = N_0 B_e \tag{4.1.29}$$

式中，$R_{nc}(0)$ 为 $\tau = 0$ 时 $n_c(t)$ 的自相关函数；B_e 为相敏检波器的等效噪声带宽。将式（4.1.29）代入式（4.1.28）得

$$P_{no} = \frac{V_r^2 N_0 B_e}{8} \tag{4.1.30}$$

所以输出信噪比为

$$\text{SNR}_o = \frac{P_{so}}{P_{no}} = \frac{V_s^2}{N_0 B_e} \tag{4.1.31}$$

　　由式（4.1.26）和式（4.1.31）可得，相敏检波器的信噪改善比为

$$\text{SNIR}_o = \frac{\text{SNR}_o}{\text{SNR}_i} = \frac{2B_i}{B_e} \tag{4.1.32}$$

对于式（4.1.32）所表示的信噪改善比，需要说明以下几点。

　　（1）相敏检波器的等效噪声带宽 B_e 取决于低通滤波器的带宽，它可以做到很窄；而相敏检波器之前的带通滤波器的带宽要受到谐振回路 Q 值的限制，所以 B_i 不可能太窄，从而使得相敏检波器的信噪改善比较大，具有很好的抑制噪声作用。

　　（2）即使在 $B_i = B_e$ 的情况下，相敏检波器的相敏特性（图 4.1.4）也对不同相位的噪声有一定的抑制作用，噪声和信号同频又同相的概率很低。

（3）式（4.1.32）给人的感觉是，只要 $B_e \ll B_i$，就可以得到很大的信噪改善比。但是在实际应用中，当输入噪声幅度太大时，模拟乘法器有可能进入其非线性区，称为相敏检波器过载，这时输出的信噪比会迅速恶化。所以用相敏检测方法改善信噪比也是有限度的。

当低通滤波器为一阶 RC 低通滤波器时，由式（4.1.9）可知 $B_e = 1/(2RC)$，式（4.1.32）可以表示为

$$\text{SNIR}_p = 4RCB_i \tag{4.1.33}$$

可见低通滤波器的时间常数越大，信噪改善比越大。但是太大的时间常数必然使系统的响应速度变慢，而且对被测信号的高频成分衰减较大。因此要根据各方面的检测要求综合确定电路参数。

5. $x(t)$ 为正弦波含噪声，$r(t)$ 为方波

这时的被测信号 $x(t)$ 可以表示为

$$x(t) = V_s \cos(\omega_0 t + \theta) + n(t) \tag{4.1.34}$$

式中，$n(t)$ 为噪声。根据式（4.1.14），参考信号 $r(t)$ 可以表示为

$$r(t) = \frac{4V_r}{\pi} \sum_{n=1}^{\infty} \frac{(-1)^{n+1}}{2n-1} \cos[(2n-1)\omega_0 t] \tag{4.1.35}$$

将式（4.1.34）与式（4.1.35）相乘可得相敏检波器的输出为

$$
\begin{aligned}
u_p(t) &= x(t)r(t) \\
&= \frac{2V_s V_r}{\pi} \sum_{n=1}^{\infty} \frac{(-1)^{n+1}}{2n-1} \cos[(2n-2)\omega_0 t - \theta] \\
&\quad + \frac{2V_s V_r}{\pi} \sum_{n=1}^{\infty} \frac{(-1)^{n+1}}{2n-1} \cos(2n\omega_0 t + \theta) + n(t)\frac{4V_r}{\pi} \sum_{n=1}^{\infty} \frac{(-1)^{n+1}}{2n-1} \cos[(2n-1)\omega_0 t]
\end{aligned} \tag{4.1.36}
$$

经过低通滤波器，式（4.1.36）的第 2 项所表示的信号与参考的和频项被滤除，但是第 3 项是比较复杂的一种情况，下面加以分析。

如果 $n(t)$ 为单频噪声，设其频率为 ω_0，那么只有 $|\omega_n - \omega_0| <$ LPF 的等效噪声带宽的噪声能通过低通滤波器，出现在低通滤波器的输出 $u_o(t)$ 中。

如果 $n(t)$ 为宽带噪声或 $x(t)$ 的高次谐波，则对于噪声中频率为 ω_n 的分量 $V_n \cos(\omega_n t + \varphi)$，它与方波相乘的结果为

$$
\begin{aligned}
u_{an}(t) &= V_n \cos(\omega_n t + \varphi)\frac{4V_r}{\pi} \sum_{n=1}^{\infty} \frac{(-1)^{n+1}}{2n-1} \cos[(2n-1)\omega_0 t] \\
&= \frac{2V_r V_n}{\pi} \sum_{n=1}^{\infty} \frac{(-1)^{n+1}}{2n-1} \cos[(\omega_n - (2n-1)\omega_0)t + \varphi]
\end{aligned} \tag{4.1.37}
$$

式中，第 1 项为和频分量；第 2 项为差频分量。经过低通滤波器，和频分量被滤除，但是差频分量会呈现在输出中。也就是说，$u_{an}(t)$ 中能通过低通滤波器所输出噪声的分量为

$$u'_{an}(t) = \frac{2V_r V_n}{\pi} \sum_{n=1}^{\infty} \frac{(-1)^{n+1}}{2n-1} \cos[(\omega_n - (2n-1)\omega_0)t + \varphi] \tag{4.1.38}$$

由式（4.1.38）可见，噪声输出不仅出现在 $\omega_n = \omega_0$ 处，而且出现在 $\omega_n = (2n-1)\omega_0$

$(n=1,2,3,\cdots)$ 附近，幅度按 $1/(2n-1)$ 下降。这相当于一个梳状滤波器，称为相敏检波器的谐波响应，其幅频响应曲线如图 4.1.8 所示。凡是频率 ω_n 等于 $(2n-1)\omega_0$ 的噪声与参考方波的相应谐波相乘的差频分量都会产生一个相敏的直流输出，经过低通滤波器呈现在 $u_o(t)$ 中。这样不仅使输出噪声增加，而且对信号中的谐波分量也有输出。例如，100Hz 的参考方波在 100Hz～100kHz 产生 499 个传输窗口，即使在 99.9kHz 处，谐波窗口的相对幅度仍有 1/1000，这会使相敏检波器抑制噪声的能力下降。

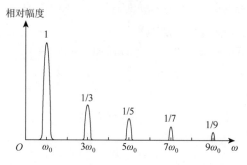

图 4.1.8   以方波为参考信号的相敏检波器的谐波响应

根据式（4.1.9），各梳齿的带宽等于低通滤波器的带宽 $1/(2RC)$，所以总的等效噪声带宽为

$$B_e = \sum_{n=1}^{\infty}\left(\frac{1}{2n-1}\right)^2 \frac{1}{2RC} = \frac{\pi^2}{8}\frac{1}{2RC} \quad (\text{Hz}) \tag{4.1.39}$$

可见，与参考输入为正弦波时的等效噪声带宽相比（式（4.1.9）），由于存在谐波响应带宽增加了 23%。输出噪声电压和等效噪声带宽的平方根成正比，所以当输入白噪声时，总的输出噪声电压将会增加 11%，输出信噪比略有下降。

消除谐波响应不利影响的最常用方法，是在信号通道中加入中心频率为 ω_0 的带通滤波器，利用其窄带滤波作用滤除各高次谐波处的噪声。另一种有效抑制三次谐波危害的有效方法是采用脉冲编码调制（pulse code modulation，PCM）技术。

6. $x(t)$ 为方波，$r(t)$ 为方波

使用斩波器对直流或慢变的被测信号进行斩波，可以得到幅度与被测信号成正比的方波信号。将此信号与参考方波相乘再进行低通滤波，就可以得到幅度与被测信号成正比的方波信号。将此信号与参考方波相乘再进行低通滤波，就可以得到幅度与被测信号成正比的相敏检测输出 $u_o(t)$。

设被测信号方波的幅度为 $\pm V_s$，基频为 ω_0，则其傅里叶级数表示式为

$$x(t) = \frac{4V_s}{\pi}\sum_{n=1}^{\infty}\frac{(-1)^{n+1}}{2n-1}\cos[(2n-1)\omega_0 t + \theta] \tag{4.1.40}$$

参考信号方波的幅度为 $\pm V_r$，其傅里叶级数表示式为

$$r(t) = \frac{4V_r}{\pi}\sum_{n=1}^{\infty}\frac{(-1)^{n+1}}{2n-1}\cos(2n-1)\omega_0 t \tag{4.1.41}$$

上面两个多项式相乘的结果比较复杂，因为乘积中还包括各次谐波两两相乘的项，所以用数学方法进行分析比较困难。下面利用图解的方式进行分析。

若用积分器作为低通滤波器，则被测信号方波 $x(t)$ 与参考信号方波 $r(t)$ 相乘再积分的结果为

$$u_o(t) = \frac{1}{T_0}\int_0^{T_0} x(t)r(t)\mathrm{d}t \tag{4.1.42}$$

当积分时间 T_0 足够大时，式（4.1.42）的积分结果为 $x(t)r(t)$ 的平均值。图 4.1.9 所示为 $x(t)$、$r(t)$ 和 $u_p(t) = x(t)r(t)$ 的波形，图中的横虚线表示积分结果 $u_o(t)$。

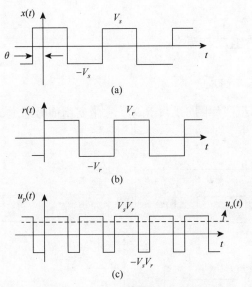

图 4.1.9　$x(t)$、$r(t)$ 和 $u_p(t)$ 的波形图

由图 4.1.9 可见，随着 θ 的变化，$u_p(t)$ 波形的占空比随之发生线性变化，而 $u_p(t)$ 的平均值正比于其占空比，所以 $u_o(t)$ 与 θ 也是线性关系。当 $\theta = 0$ 时，相敏检波器的输出 $u_o(t)$ 为其最大值 $V_s V_r$；随着 θ 逐渐增大，$u_o(t)$ 线性减少，当 $\theta = \pi / 2$ 时 $u_o(t) = 0$；θ 继续增大，$u_o(t)$ 继续线性减少，直至 $\theta = \pi$ 时，$u_o(t)$ 达到最小值 $-V_s V_r$。

当 θ 从 π 继续增大时，$u_o(t)$ 会随 θ 线性增大，直到 $\theta = 2\pi$ 时，$u_o(t)$ 达到最大值 $V_s V_r$。

所以，相敏检波器的鉴相特性可以表示为

$$u_o(\theta) = \begin{cases} V_s V_r (1 - 2\theta / \pi), & 0 < \theta \leqslant \pi \\ V_s V_r (2\theta / \pi - 3), & \pi < \theta \leqslant 2\pi \end{cases} \qquad (4.1.43)$$

由式（4.1.43）可知，对于被测信号和参考信号均为方波的情况，相敏检波器的输出正比于被测信号幅度 V_s，而且与相位差 θ 有关。所以相敏检波器既能鉴幅，又能鉴相，而且输出与相位的关系是线性的。式（4.1.43）所示的 $u_o(\theta)$ 与 θ 的函数关系如图 4.1.10 所示。与被测信号和参考信号均为正弦波的鉴相特性（图 4.1.5）相比，图 4.1.10 所示的

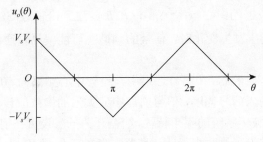

图 4.1.10　$x(t)$ 与 $r(t)$ 均为方波时的鉴相特性

鉴相特性为线性关系,这会给某些应用场合带来方便。此外,对于参考信号为方波的情况,相敏检测中的模拟相乘过程可以用电子开关来实现,这可以提高系统的工作速度,简化硬件设计和降低成本。

4.1.3 锁相放大器的组成与部件

1. 锁相放大器的基本组成

锁相放大器的基本组成如图 4.1.11 所示,它主要由信号通道、参考通道以及相敏检测电路(PSD + LPF)组成。

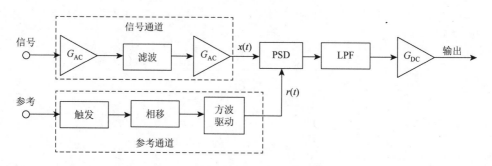

图 4.1.11 锁相放大器的基本组成

1)信号通道

信号通道对于输入的幅度调制正弦信号进行交流放大、滤波等处理。因为被测信号微弱(如 nV 数量级),而伴随的噪声相对较大,这就要求信号通道的前置放大器必须具备低噪声、高增益的特点,而且动态范围要大。此外,前置放大器的等效噪声阻抗要与信号源的输出阻抗相匹配,共模抑制比(CMRR)要高,以达到最佳的噪声性能。

对于不同的测量对象要采用不同的传感器,如热电偶、热电阻、压敏电阻、光电倍增管、应变片等,它们的输出阻抗各不相同,为了使前置放大器与传感器实现噪声匹配,以达到最小的噪声系数,需要设计和制作针对不同传感器的前置放大器。

信号通道中常用的滤波器是中心频率为载波频率 ω_0 的带通滤波器,在锁相放大器中,常采用低通滤波器和高通滤波器(HPF)组合而成的带通滤波器,如图 4.1.12 所示。低通滤波器的拐点频率 f_{cl} 和高通滤波器的拐点频率 f_{ch} 都可调,这样就可以根据被测信号的情况来选择设定带通滤波器的中心频率 f_0 和带宽 B。注意,带通滤波器的带宽不能太窄,否则,当温度和电源电压发生变化时,信号的频谱有可能偏离带通滤波器的通频带,导致很大的测量误差。

为了抑制 50Hz 工频干扰,在信号通道中常设置中心频率为 50Hz 的陷波器。

为了适应不同的输入信号幅度,信号通道中放大器的增益应该可调,或者增设系数可变的衰减电路。为了不破坏系统的噪声特性,增益开关一般设置在前置放大器后的某级中。此外,在信号通道中常设置过载指示,以监视电路的工作状况。

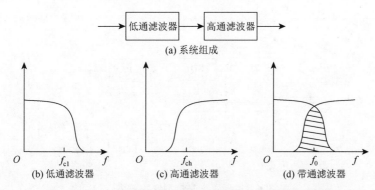

图 4.1.12　由高通滤波器、低通滤波器合成的带通滤波器

2）参考通道

参考通道的功能是为相敏检波器提供与被测信号相干的控制信号。参考输入可以是正弦波、方波、三角波、脉冲波或其他不规则形状的周期信号，其频率也是载波频率 ω_0，由触发电路将其变换为规则的同步脉冲波。参考通道输入端一般都包括放大或衰减电路，以适应各种幅度的参考输入。

参考通道的输出 $r(t)$ 可以是正弦波，也可以是方波。根据前面的分析和介绍，为了防止 $r(t)$ 的幅度漂移影响锁相放大器的输出精度，$r(t)$ 最好采用方波开关信号，用电子开关实现相敏检测。在这种情况下，要求 $r(t)$ 方波的正负半周之比为 $1:1$，也就是占空比为50%。在高频情况下，方波的上升时间和下降时间有可能影响方波的对称性，成为限制整个锁相放大器频率特性的主要因素。

相移电路是参考通道中的主要部件，它可以实现按级跳变的相移（如 90°、180°、270°等）和连续可调的相移（如 0°～100°），这样可以得到 0°～360°范围内的任何相移值。相移电路可以是模拟门积分比较器，也可以用锁相环（PLL）实现，或由集成化的数字式鉴相器、环路滤波和压控振荡器（VCO）组成。

3）低通滤波器

锁相放大器信噪改善比的作用主要由低通滤波器实现。由图 4.1.4 和式（4.1.9）可知，低通滤波器的时间常数 RC 越大，锁相放大器的通频带宽度越窄，抑制噪声的能力越强。即使低通滤波器的拐点频率很低，其频率特性仍然能够保持相当稳定，这是利用低通滤波器实现窄带化的优点。

为了使低通滤波器的输出能够驱动合适的指示或显示设备，常常使用直流放大器对其输出进行放大，直流放大器的输入失调电压要小，温度漂移和时间漂移也要小。低通滤波器的拐点频率常做成可调的，以适应不同的被测信号频率特性的需要。

锁相放大器的各部分电路必须采取必要的屏蔽和接地措施，目的是抑制外部干扰的影响，这对信号通道的输入级尤为重要。为了防止各部分电路互相耦合以及地电位差耦合到信号电路，对各部分的信号和电源电路还应采取必要的隔离措施。

2. 正交矢量型锁相放大器

正交矢量型锁相放大器如图 4.1.13 所示，它可以同时输出同相分量和正交分量，在某些场合具有特殊的用途，如对被测信号进行矢量分析。

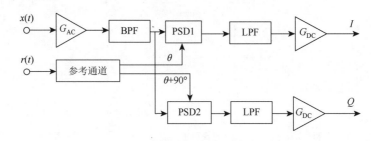

图 4.1.13　正交矢量型锁相放大器

正交矢量型锁相放大器需要两个相敏检测系统，它们的信号输入是相同的，但两个参考输入在相位上相差 90°，在同相通道中 PSD1 参考输入的相移为 $\theta(0° \sim 360°)$，正交通道中 PSD2 参考输入的相移为 $\theta + 90°$。

正交矢量型锁相放大器的同相输入为

$$I = V_s \cos \theta \tag{4.1.44}$$

而其正交输出为

$$Q = V_s \sin \theta \tag{4.1.45}$$

由这两路输出可以计算出被测信号的幅度 V_s 和相位 θ：

$$V_s = \sqrt{I^2 + Q^2} \tag{4.1.46}$$

$$\theta = \arctan(Q / I) \tag{4.1.47}$$

如果利用模数转换器将 I 和 Q 转换为数字量，并输入计算机中，就可以实现式（4.1.46）和式（4.1.47）的运算。

正交矢量型锁相放大器应用得比较普遍，它是利用两个正交的分量计算出幅度 V_s 和相位 θ，这可以避免对参考信号进行可变移相，也可以避免移相对测量准确性的影响。由式（4.1.6）和式（4.1.16）可知，单路相敏检波器的输出 $u_o(t)$ 正比于 $\cos \theta$，因此 θ 的测量误差会直接传递为被测信号幅度 V_s 的测量误差，这种误差对单路相敏检波器往往是个很难解决的问题，而正交矢量型锁相放大器可以避免这个问题。

3. 外差式锁相放大器

1）外差式锁相放大器结构和原理

如果信号通道中采用图 4.1.12 所示的由高、低通滤波器组成的带通滤波器，则当被测信号的频率特性改变时，必须调整高、低通滤波器的参数，这在使用中会有很多不便。利用其他形式的带通滤波器也会有类似的问题，当调制频率或斩波频率发生变化时，如果带通滤波器的中心频率不随之做调整，那么信号的频率就有可能位于滤波器通频带的边沿，从而导致输出不稳定。采用类似于收音机的同步外差技术，可以避免这种调整的不便。

外差式锁相放大器是将被测信号首先变频到一个固定的中频 f_i，然后进行带通滤波和相敏检测，这样就可以避免通过带通滤波器的信号频率的漂移和变化。如图 4.1.14 所示，外差式锁相放大器是把频率为 f_0 的参考信号 $r(t)$ 输入频率合成器，由频率合成器产生高稳定度的 f_i 和 $f_i + f_0$ 两种频率输出。其中，f_i 作为相敏检波器的参考信号；$f_i + f_0$ 送给混频器，与频率为 f_0 的信号进行混频。混频器实际上也是一个乘法器，它产生两路输入的差频项（频率为 f_i）及和频项（频率为 $f_i + 2f_0$），再经中心频率为 f_i 的带通滤波器滤波后，输出为频率 f_i 的中频信号，其幅度正比于被测信号的幅度。之后经过相敏检波器的相敏检测和低通滤波器，实现对信号幅度的测量。

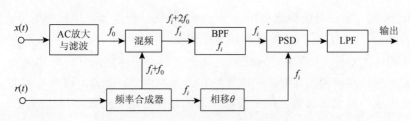

图 4.1.14　外差式锁相放大器组成框图

由上述分析可知，即使在测量过程中 f_0 发生了变化，混频器输出的频率 f_i 仍然保持不变。这样混频器之后的各级可以针对固定的频率 f_i 进行最佳设计，包括采用专门设计的固定中心频率的带通滤波器，这既提高了系统抑制噪声和谐波响应的能力，又避免了调整带通滤波器的不便。对于不同的被测信号频率 f_0，只要它与输入的频率保持一致（这一般容易做到，实际应用中的参考输入信号 $r(t)$ 往往就是来自生成被测信号 $x(t)$ 的调制正弦波或斩波所用的方波），则外差式锁相放大器都能适应。

2）频率合成器工作原理

图 4.1.14 所示的外差式锁相放大器中的一个关键部件是频率合成器，它的功能是产生高稳定度的中频 f_i 和混频所需要的频率 $f_i + f_0$。频率合成器内部有一个频率为 f_i 的晶体振荡器，其频率稳定性很高，再利用锁相环合成出 $f_i + f_0'$，当锁相环处于锁定状态时，$f_0' = f_0$，其结构如图 4.1.15 所示，图中左边的闭环回路组成锁相环。

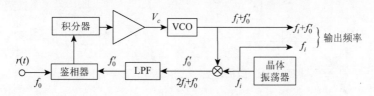

图 4.1.15　频率合成器组成框图

频率合成器各部分电路的工作原理如下。

（1）振荡与混频。频率合成器中有两个振荡器：一个是晶体振荡器，它产生频率为 f_i 的正弦波，f_i 高度稳定；另一个是压控振荡器，其输出频率为 $f_i + f_0'$，此频率受压控振荡器输入电压 V_c 的控制。这两种频率相乘而混频，产生差频项频率 f_0' 及和频项频率 $2f_i + f_0'$。经低通滤波器滤除和频项，输出 f_0' 给鉴相器。

（2）鉴相。将由参考通道输入的频率为 f_0 的信号与低通滤波器输出的频率为 f'_0 的正弦波在鉴相器中进行鉴相，当 $f'_0 = f_0$，且两者反相（或正交，取决于鉴相器）时，鉴相器的输出电压为零，积分器的输出电压也为零，压控振荡器振荡频率不变，锁相环处于锁定状态。

当 $f'_0 < f_0$ 时，鉴相器的输出电压为负，经积分和放大施加给压控振荡器控制输入端，这会使压控振荡器输出频率上升，从而使 f'_0 趋近于 f_0，直到 $f'_0 = f_0$，此时环路达到新的平衡。

当 $f'_0 > f_0$ 时，鉴相器的输出电压为正，这会使压控振荡器输出频率下降，也会使 f'_0 趋近于 f_0，直到 $f'_0 = f_0$ 时，环路重新锁定在 f_0 处。

锁相环的动态特性，如捕捉范围、响应速度等取决于环路的闭环传递函数，尤其是积分器和放大器的传递函数。有关锁相环分析和设计的内容，读者可以参考相关文献。目前市场上还有集成的频率合成器，附加数量不多的元件就可以实现所需功能。

4. 微机化数字式相敏检波器

1）系统组成及特点

微机化数字式相敏检波器（DPSD）的核心部件是计算机，锁相放大所必需的各种滤波、相敏检测等功能都由计算机软件来实现。

微机化数字式相敏检波器结构框图如图 4.1.16 所示，图中的采样保持器 S/H 对模拟信号 $x(t)$ 和 $r(t)$ 进行采样，再经 A/D 转换器将其数字化，然后通过软件程序对信号进行处理，实现对 $x(t)$ 的滤波、$x(t)$ 和 $r(t)$ 的相乘、积分式低通滤波等过程，处理的结果可以显示或打印，也可以经 D/A 转换器转换成模拟量驱动电压表或记录仪给出指示。

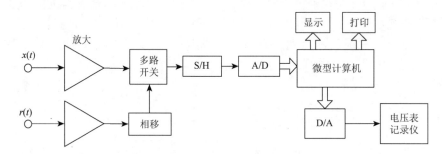

图 4.1.16　微机化数字式相敏检波器结构框图

微机化数字式相敏检波器具有如下特点。

（1）在计算机中用存储器或寄存器来保持信息，不会因时间长而丢失信息，而且存储器或寄存器有足够大的空间来存放数据。所以，滤波器的时间常数具有很大的变化范围，数字式滤波器的等效噪声带宽可以做到非常窄，为检测更微弱的信号提供了可能。

（2）微机化数字式相敏检波器为测量低频信号提供了可能。在模拟式相敏检波器中，当参考频率 f_r 很低时，相敏检波器的 Q 值会严重下降，而微机化数字式相敏检波器不受影响。

（3）微机化数字式相敏检波器具有很高的线性度，它首先把输入的模拟信号经 A/D 转换器变换为数字信号，然后用软件程序对存储的数据进行处理。在数字式信号处理中，除了舍入误差计算机不会引入其他误差，通过加长字长可以把舍入误差限制在所要求的范围内。

（4）微机化数字式相敏检波器具有很好的灵活性。锁相放大器的灵敏度、积分时间常数、相位、工作频率、动态储备、显示方式等都可以由计算机进行灵活控制。对信号的各种滤波可以制作成不同的软件模块，选择、连接和组态这些模块灵活方便。

实验表明，微机化数字式相敏检波器的动态范围可大于 120dB，信噪改善比可达 70dB，最低工作频率可到毫赫兹量级。随着集成电路技术和计算机技术的发展，计算机的工作速度越来越快，成本越来越低，为实现微机化数字式相敏检波器提供了很好的硬件条件。所以，计算机必将在微弱信号检测领域发挥越来越重要的作用。

2）微机化数字式相敏检波器的采样方式

在研制微机化数学式相敏检波器的早期阶段，计算机的运行速度和采样速度都较低，而相敏检测过程要求较高的工作速度。为了解决这个矛盾，科研工作者研究开发出一些特殊的采样方法，这些方法根据被测信号的特点，在每个周期内只采样少数的几个特殊点，由多个周期的这些特定点的采样值可以恢复出被测量，例如，反相采样法和正交采样法就是这样的特殊采样法。随着计算机和集成电路工作速度的不断提高，一般情况下采样速度不会造成困难，人们更多地采用多次采样法。但是，当被测信号频率很高时，反相采样法和正交采样法仍然具有一定的应用价值。

多次采样法在被测信号的每个周期内都采样很多点，之后利用数值计算的方式实现模拟式相敏检测的功能。

设被测信号的周期为 T，每周期内均匀采样 M 点，采样控制信号 $p(t)$ 是一连串的 δ 函数，即

$$p(t) = \sum_{k=0}^{\infty} \delta\left(t - \frac{kT}{M}\right) \tag{4.1.48}$$

参考信号 $r(t)$ 的采样值 $r(k)$ 为

$$r(k) = r(t)p(t) = \sum_{k=0}^{\infty} r\left(\frac{kT}{M}\right)\delta\left(t - \frac{kT}{M}\right) \tag{4.1.49}$$

被测信号 $x(t)$ 的采样值 $x(k)$ 为

$$x(k) = x(t)p(t) = \sum_{k=0}^{\infty} x\left(\frac{kT}{M}\right)\delta\left(t - \frac{kT}{M}\right) \tag{4.1.50}$$

在模拟式相敏检测过程中，如果利用积分器实现低通滤波器的功能，其输出为

$$u_o = \frac{1}{T}\int_0^{T_0} x(t)r(t)\mathrm{d}t \tag{4.1.51}$$

式中，T_0 为积分测量时间。用采样值的矩形数值积分代替式（4.1.51）的模拟积分，得

$$u_o = \frac{1}{N}\sum_{k=1}^{N} x(k)r(k) \tag{4.1.52}$$

实际运算中应注意，N 的取值正好是 M 的整数倍，也就是说，积分时间正好覆盖被测信号的整数个周期，这在算法实现时可能不太方便。

如果参考信号 $r(t)$ 是幅值为 ±1 的方波，那么相隔半个被测信号周期的 $r(k)$ 的符号必然相反，式（4.1.52）可用式（4.1.53）实现：

$$u_o = \frac{1}{NM} \sum_{n=1}^{N} \sum_{k=1}^{M/2} \left[x\left(nT + \frac{kT}{M}\right) - x\left(nT + \frac{T}{2} + \frac{kT}{M}\right) \right] \tag{4.1.53}$$

式中，M 为偶数；N 为所测周期数。多次采样数字式相敏检测中各信号情况如图 4.1.17 所示。图中，$x(k)r(k)$ 的数字平均值即为 u_o。

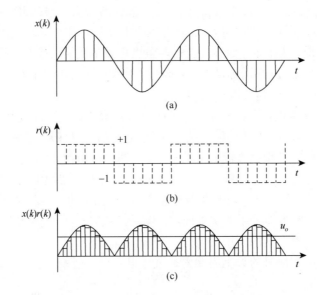

图 4.1.17　多次采样数字式相敏检波器原理

4.2　取样积分

对于湮没在噪声中的正弦信号的幅度和相位，可以利用 4.1 节介绍的锁相放大器进行检测。但是如果需要恢复湮没在噪声中的脉冲波形，则锁相放大器是无能为力的。脉冲波形或脉动波形的快速上升沿和快速下降沿包含丰富的高次谐波分量，锁相放大器输出级的低通滤波器会滤除这些高频分量，导致脉冲波形的畸变。对于这类信号的测量，必须使用其他有效的方法，取样积分与数字式平均就是这样的方法。

设待检测信号为 $s(t)$，它是一个确定性的时间信号，且是周期性的，或者在检测过程中可以重复产生的。由于受到可加性噪声的干扰，输入检测装置的信号为

$$x(t) = s(t) + v(t) \tag{4.2.1}$$

在时刻 t，信噪比等于 $s^2(t)/\sigma_n^2$（假定噪声是零均值的平稳随机信号）。

对它进行 N 个周期重复测量，将各次测试结果相加之后再进行算术平均。由于信号是周期重复的，而噪声是随机的，算术平均后输出的信号 $y(t)$ 为

$$y(t) = \frac{1}{N} \sum_{i=0}^{N-1} x(t+iT) = s(t) + \frac{1}{N} \sum_{i=0}^{N-1} v(t+iT) \tag{4.2.2}$$

式中，i 表示周期序号；T 表示周期。由式（4.2.2）可见，算术平均器输出的信号功率仍

为 $s^2(t)$。但噪声是随机的，可以认为对波形的每一点，各周期测量时噪声是互不相关的，算术平均器输出的噪声功率为

$$E\left\{\left[\frac{1}{N}\sum_{i=0}^{N-1}v(t+iT)^2\right]\right\}=\frac{\sigma_n^2}{N}$$

即噪声功率却减小为 σ_n^2/N。

在实验数据处理中，算术平均是一种历史悠久而有效的方法。如对某一固定物理量的测量，常常以 N 次测量的平均值作为该物理量真值的估计量。这相当于信号为常数（直流信号）的情况，在统计学中，σ^2 称为方差，σ 称为标准偏差（用来衡量测量误差）。也就是说，经 N 次算术平均之后，测量误差减小为 $1/\sqrt{N}$ 倍。

基于上述原理，早在 20 世纪 50 年代，国外的科学家就提出了利用取样积分实现算术平均的概念和原理。积分过程常用模拟电路实现，称为取样积分；平均过程常通过计算机以数字处理的方式实现，称为数字式平均。1962 年，加利福尼亚大学劳伦斯实验室的 Klein 用电子技术实现了取样积分，并命名为 BOXCAR 积分器。为了恢复湮没于噪声中的快速变化的微弱信号，必须把每个信号周期分成若干个时间间隔，间隔的大小取决于恢复信号所要求的精度。然后对这些时间间隔的信号进行取样，并将各周期中处于相同位置（对于信号周期起点具有相同的延时）的取样进行积分或平均。因此，取样积分必须具备如下使用条件。

（1）所要提取部分必须是重复的周期性信号，所要抑制的噪声部分应该是随机的。

（2）必须有一个同步的触发信号，使得每次测量能够精确地重复。

多年来，取样积分在物理、化学、生物医学、核磁共振等领域得到了广泛的应用，对于恢复湮没在噪声中的周期或似周期脉冲波形卓有成效，例如，生物医学中的血流、脑电或心电信号的波形测量，发光物质受激后所发出的荧光波形测量、核磁共振信号测量等，并研制出多种测量仪器。对于非周期的慢变信号，常用调制或斩波的方式人为赋予其一定的周期性，之后再进行取样积分或数字式平均处理。随着集成电路技术和计算机技术的发展，以计算机为核心的数字式信号平均器应用得越来越广泛。

4.2.1　取样积分的基本原理

取样积分包括取样和积分两个连续的过程，其基本原理如图 4.2.1 所示。周期为 T 的被测信号 $s(t)$ 叠加了干扰噪声 $n(t)$，可测信号 $x(t)=s(t)+n(t)$ 经过放大输入取样开关。$r(t)$ 是与被测信号同频的参考信号，也可以是被测信号本身。触发电路根据参考信号波形的情况（如幅度或上升速率）形成触发脉冲信号，触发脉冲信号再经过延时后，生成一定宽度 T_g 的取样脉冲，控制取样开关 K 的开闭，完成对输入信号 $x(t)$ 的取样。

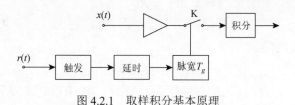

图 4.2.1　取样积分基本原理

取样积分的工作方式可分为单点式和多点式两大类。单点式取样在每个信号周期内只取样和积分一次，而多点式取样在每个信号周期内对信号取样多次，并利用多个积分器对各点取样分别进行积分。单点式电路相对简单一些，但是对被测信号的利用率低，需要经过很多信号周期才能得到测量结果；与此相反，多点式电路相对复杂一些，对被测信号的利用率高，经过不太多的信号周期就可以得到测量结果。

单点式取样又可以分为定点式和扫描式两种工作方式。定点式工作方式是反复取样被测信号波形上某个特定时刻点的幅度，例如，被测波形的最大点或距离过零点某个固定延时点的幅度，检测功能与锁相放大器有些类似。扫描式工作方式虽然也是每个周期取样一次，但是取样点沿着被测波形周期从前向后逐次移动，这可以用于恢复和记录被测信号的波形。

门积分器是取样积分器的核心，它的特性对于系统的整体特性具有决定性的作用。门积分器不同于一般的积分器，由于取样门的作用，在开关 K 的控制下，积分仪在取样时间内进行，其余时间积分结果处于保持状态。根据实现电路的不同，图 4.2.1 中的积分器可以分为线性门积分器和指数式门积分器。

1. 线性门积分器

线性门积分器是由线性积分电路附加电子开关组合而成的。为了理解线性门积分器的工作原理，首先分析图 4.2.2 所示的普通线性积分电路的工作过程。

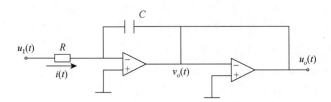

图 4.2.2　线性积分电路

因为放大器的负输入端为虚地，而且放大器输入端的输入阻抗可近似为无穷大，当输入电压为 $u_1(t)$ 时，流过输入电阻 R 的电流为

$$i(t) = -\frac{C\mathrm{d}v_o(t)}{\mathrm{d}t} = \frac{u_1(t)}{R} \tag{4.2.3}$$

由式（4.2.3）可得

$$v_o(t) = -\frac{1}{RC}\int_0^t u_1(t')\mathrm{d}t' + v_\infty \tag{4.2.4}$$

式中，v_∞ 为初始电压，积分时间常数为 $T_c = RC$。

当输入电压 $u_1(t)$ 是幅度为 V_1 的阶跃电压，而且初始电压 $v_\infty = 0$ 时，由式（4.2.4）可得积分器阶跃响应输出为

$$u_o(t) = -v_o(t) = V_1 t/(RC) \tag{4.2.5}$$

式（4.2.5）所表示的 $u_o(t)$ 与 t 之间的线性关系如图 4.2.3 中点划线所示。

线性门积分器电路如图 4.2.4 所示。图中，$x(t)$ 为被测信号，它包含有用信号 $s(t)$ 和噪声 $n(t)$，$s(t)$ 为周期或似周期信号，$r(t)$ 为参考信号，由它触发取样脉冲产生电路，在被测信号周期中的指定部位产生宽度为 T_g 的取样脉冲，在 T_g 期间使电子开关 K 闭合，以对被测信号取样。

设 $r(t)$ 的周期为 T，取样门闭合时间宽度为 T_g，在取样门 K 的控制下，在 $r(t)$ 的每个周期内开关 K 只在 T_g 时段内闭合，这时输入电压 $x(t)$ 经电阻 R 对 C 进行积分；其余时段开关断开，相当于输入电阻 $R=\infty$，电容 C 两端的电压保持不变。这时的阶跃响应如图 4.2.3 中的折线所示，该折线可以用一条斜率取决于 T_g/T 的虚线来近似。可以看出，由于取样开关 K 的作用，积分的有效时间常数 $T_e > T_c$。

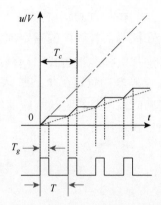

图 4.2.3　线性门积分器的阶跃响应

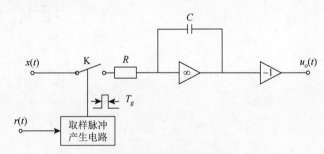

图 4.2.4　线性门积分器电路

由于开关 K 的开闭作用，门积分器的等效积分电阻为

$$R(t)=\begin{cases} R, & \text{门接通时} \\ \infty, & \text{门断开时} \end{cases} \qquad (4.2.6)$$

设开关闭合的占空因子为 $\Delta = T_g/T$，则平均积分电阻可以近似为 R/Δ，幅度为 V_1 的阶跃响应近似为

$$u_o(t) \approx V_1 t\Delta/(RC)=V_1 t T_g/(TRC) \qquad (4.2.7)$$

门积分器的等效时间常数为

$$T_e \approx T_c/\Delta = RC/\Delta = RCT/T_g \qquad (4.2.8)$$

可见 T_g 越窄，等效时间常数 T_e 越大。

因为线性门积分器电路的输出幅度受到运算放大器线性工作范围的限制，所以它比较适用于信号幅度较小的场合。如果信号幅度较大，为数不多的若干次取样积分就有可能使运算放大器进入非线性区，导致测量误差，在这种情况下只能使用指数式门积分器。

2. 指数式门积分器

指数式门积分器电路由普通的 RC 指数式积分器和采样电子开关 K 串联而成，如图 4.2.5（a）所示。

图 4.2.5（a）中的 $x(t)$ 为被测信号，$r(t)$ 为参考输入。由 $r(t)$ 触发取样脉冲产生电路，以在被测信号周期的指定部位产生宽度为 T_g 的取样脉冲，控制电子开关闭合，对被测信号进行取样。指数式门积分器电路的阶跃响应如图 4.2.5（b）所示。图中的点划线是开关 K 始终闭合情况下的阶跃响应曲线；当开关 K 以周期 T、闭合时间宽度 T_g 周期性地通断时，电路的阶跃响应曲线如图中的折线所示，这是一种台阶式的指数曲线，其包络用虚线示出。

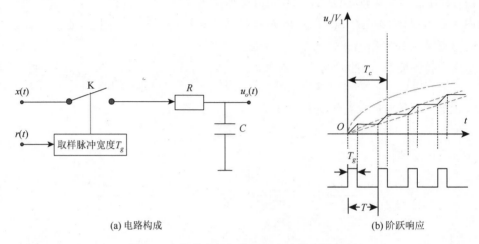

(a) 电路构成　　　　　　　　　　　　　(b) 阶跃响应

图 4.2.5　指数式门积分器电路及其阶跃响应

（1）在开关 K 始终闭合的情况下，图 4.2.5（a）就是一个普通的 RC 积分电路，其输入输出电压关系可以表示为

$$x(t) = RC\frac{\mathrm{d}u_o(t)}{\mathrm{d}t} + u_o(t) \tag{4.2.9}$$

如果 $x(t)$ 是幅度为 V_1 的阶跃电压，而且 $u_o(t)$ 的初始电压为 0，则由式（4.2.9）可得阶跃响应输出电压为

$$u_o(t) = V_1\left(1 - \mathrm{e}^{\frac{t}{RC}}\right) \tag{4.2.10}$$

$u_o(t)$ 与 t 之间的关系曲线如图 4.2.5（b）中的点划线所示，这是一种指数曲线。由式（4.2.10）可以计算出，$u_o(t)$ 由 0 上升到 $0.632V_1$ 所需要的时间为 $T_c = RC$，这就是 RC 积分电路的时间常数。当 $t = 3RC$ 时，$u_o(t) = 0.95V_1$，当 $t = 5RC$ 时，$u_o(t)$ 可以达到 V_1 的 99% 以上。

（2）如果 $r(t)$ 的周期为 T，取样门闭合时间宽度为 T_g，在取样门 K 的控制下，只有 T_g 时段内输入电压 $x(t)$ 经电阻 R 对 C 进行积分；其余时段开关断开，输出电压 $u_o(t)$ 保持不变。当 $x(t)$ 是一个幅度为 V_1 的阶跃电压时，如果初始条件为零，则阶跃响应曲线变成图 4.2.5（b）中的折线。所以，由于取样门 K 的开关作用，当开关闭合时积分电阻为 R，开关断开时积分电阻为 ∞，设开关闭合的占空因子为 $\Delta = T_g / T$，则平均积分电阻为 R/Δ。阶跃响应可近似表示为

$$u_o(t) - V_1\left(1 - e^{-\frac{t\Delta}{RC}}\right) \tag{4.2.11}$$

式（4.2.11）表示的 $u_o(t)$ 与 t 之间的关系如图 4.2.5（b）中的虚线所示，该虚线可以看成图中折线的包络值。在这种情况下，令 $u_o(t)$ 由 0 上升到 $0.632V_1$ 所需的等效时间常数为 T_e，则

$$T_e = T_c/\Delta = T_cT/T_g = RCT/T_g \tag{4.2.12}$$

可见，取样门开关的作用使得积分的时间常数加长了很多。

与线性门积分器相比，指数式门积分器有利有弊。由图 4.2.5（b）可以看出，随着取样次数的增加，每个取样使积分输出上升的值逐渐减少。经过 5 倍的 T_c 后接近稳定值，此后的取样对积分输出影响很小，因此不会因为积分时间太长而过载。另外，当积分时间大于 $2T_c$ 后，每次取样使得积分结果变化很小，而且会越来越小，即积分作用降低。这意味着无须一味增加测量时间。因为在 $2T_c$ 之后，继续采样积分对提高信噪比作用不大。

相比之下，对于线性门积分器，信噪改善比会随着积分时间的增加而增加，它不受电路等效时间常数的限制，只受电路工作线性范围的制约。所以在信号幅度较小的情况下，采用线性门积分器更为有利。而在信号幅度较大时，为了防止电路进入非线性区导致测量误差，必须采用指数式门积分器。所以，在具体的门积分器应用中，要根据实际检测情况和要求选择合适的门积分器方式。

4.2.2　指数式门积分器分析

取样积分的关键部件是门积分器，取样积分抑制噪声的能力及其他一些重要的性能指标也主要取决于门积分器的性能。在 4.2.1 节介绍的两种门积分器中，指数式门积分器不易因输入 $x(t)$ 幅度过大而过载，抵御大幅度噪声的能力较好，所以得到了广泛的应用。

图 4.2.5（a）所示的指数式门积分器可以分解为两级电路串联：前一级是取样门电路，它以周期 T、脉冲宽度 T_g 对输入信号进行取样；后一级是 RC 积分电路。下面分别分析它们的传输特性。

1. 取样过程频域分析

取样过程就是利用取样脉冲序列 $p(t)$ 从被测连续信号 $x(t)$ 中"抽取"一系列的离散样值，如图 4.2.6 所示，取样电路输出 $x_s(t)$ 可以看作取样脉冲序列 $p(t)$ 与连续信号 $x(t)$ 的乘积，即

$$x_s(t) = p(t)x(t) \tag{4.2.13}$$

设取样脉冲序列 $p(t)$ 的幅度为 A，周期为 T，脉冲宽度为 T_g，这样的周期性脉冲序列可以展开为傅里叶级数的形式：

$$p(t) = \sum_{n=-\infty}^{\infty} c_n \exp(jn\omega_s t) \tag{4.2.14}$$

式中，$\omega_s = 2\pi/T$ 为取样脉冲 $p(t)$ 的基波角频率；复数集 c_n 为 $p(t)$ 的频谱。

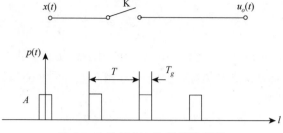

图 4.2.6　取样门与取样脉冲序列

$$c_n = \frac{1}{T} \int_{-T/2}^{T/2} p(t) \exp(-jn\omega_s t) dt = \frac{AT_g}{T} \frac{\sin(n\omega_s T_g/2)}{n\omega_s T_g/2} \qquad (4.2.15)$$

令 $\Delta = T_g/T$，Δ 为 $p(t)$ 的占空系数，考虑到用 $p(t)$ 控制取样开关的情况相当于 $p(t)$ 的幅度 $A=1$，而且 $\omega_s = 2\pi/T$，则

$$c_n = \Delta \frac{\sin(n\pi\Delta)}{n\pi\Delta} \qquad (4.2.16)$$

将式（4.2.16）代入式（4.2.14）得

$$p(t) = \sum_{n=-\infty}^{\infty} \Delta \frac{\sin(n\pi\Delta)}{n\pi\Delta} \exp(jn\omega_s t) \qquad (4.2.17)$$

对式（4.2.17）进行傅里叶变换得 $p(t)$ 的频谱为

$$P(\omega) = \sum_{n=-\infty}^{\infty} \Delta \frac{\sin(n\pi\Delta)}{n\pi\Delta} \delta(\omega - n\omega_s) \qquad (4.2.18)$$

式中，$\omega_s = 1/(2\pi T)$ 为取样脉冲的角频率。可见，$P(\omega)$ 的图形是包络线为取样函数（sample function）$\sin(n\pi\Delta)/(n\pi\Delta)$ 一系列的冲激函数，如图 4.2.7（a）所示。取样函数在某些文献中又称为 sinc 函数。

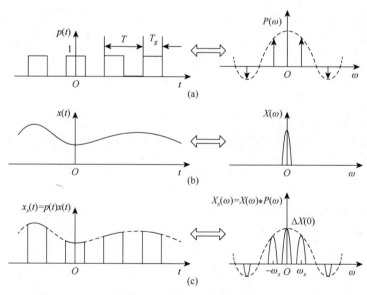

图 4.2.7　取样过程频域分析

设输入信号 $x(t)$ 的频谱为 $X(\omega)$，如图 4.2.7（b）所示。根据傅里叶变换的性质，式（4.2.13）所表示的 $p(t)$ 和 $x(t)$ 的相乘过程在频域表现为两者的频谱相卷积，即

$$X_s(\omega) = X(\omega) * P(\omega) \tag{4.2.19}$$

式中，$X_s(\omega)$ 表示取样信号 $x_s(t)$ 的频谱。将式（4.2.18）代入式（4.2.19）可得

$$X_s(\omega) = X(\omega) * \sum_{n=-\infty}^{\infty} \Delta \frac{\sin(n\pi\Delta)}{n\pi\Delta} \delta(\omega - n\omega_s) = \sum_{n=-\infty}^{\infty} \Delta \frac{\sin(n\pi\Delta)}{n\pi\Delta} X(\omega - n\omega_s) \tag{4.2.20}$$

或者将式（4.2.17）代入式（4.2.13）可得

$$x_s(t) = \sum_{n=-\infty}^{\infty} x(t) \Delta \frac{\sin(n\pi\Delta)}{n\pi\Delta} \exp(jn\omega_s t) \tag{4.2.21}$$

取式（4.2.21）两侧的傅里叶变换，也可以得到式（4.2.20）的结果。

由式（4.2.20）可见，取样过程的作用是将输入信号 $x(t)$ 的频谱 $X(\omega)$ 平移到 $n\omega_s$ 各点（n 为 $-\infty \sim +\infty$ 的整数），再分别乘以相应的 c_n 值。

图 4.2.7 说明了上述变换过程。图 4.2.7（a）所示为取样脉冲序列 $p(t)$ 及其频谱 $P(\omega)$；图 4.2.7（b）所示为时域信号 $x(t)$ 及其频谱 $X(\omega)$；$p(t)$ 与 $x(t)$ 相乘得到图 4.2.7（c）中的取样信号 $x_s(t)$，$X(\omega)$ 与 $P(\omega)$ 相卷积的结果得到图 4.2.7（c）中取样信号的频谱 $X_s(\omega)$，$X_s(\omega)$ 是幅度按取样函数包络分布的离散频谱。

2. 指数式门积分器电路频域分析

由图 4.2.5（a）可知，指数式门积分器是由取样门电路和 RC 积分电路串联而成的，但并不能简单地认为，总的输出 $u_o(t)$ 就是取样门的输出 $x_s(t)$ 与积分电路的冲激响应函数相卷积的结果。这是因为，由于开关 K 的作用，门积分器中的 RC 积分器的传输特性不同于普通的 RC 低通滤波器。在取样脉冲 $p(t)$ 为高电平时，开关 K 闭合，门积分器对输入信号 $x(t)$ 进行取样，并进行积分；而当取样脉冲 $p(t)$ 为零时，开关 K 断开，这时积分电路并不是仍然对取样信号 $x_s(t) = 0$ 进行积分，而是保持 T_g 期间的积分结果，积分器相当于保持器。因此，输出 $u_o(t)$ 是在开关 $T_g = 0$ 期间对输入信号进行积分，在开关断开期间保持积分结果的分时段综合输出。对于图 4.2.7（c）所示取样信号 $x_s(t)$ 的时域波形，积分器输出 $u_o(t)$ 波形，如图 4.2.8 中折线所示。

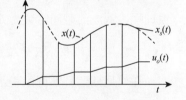

图 4.2.8　取样器输出波形

对于这种在不同时段作用不同的电路，可以将积分电阻等效为一个时变电阻，即当 $p(t) = 1$ 时，开关 K 闭合，积分电阻就是 R；当 $p(t) = 0$ 时，开关 K 断开，积分电阻为无穷大；等效积分电阻为

$$R_e(t) = R / p(t) \tag{4.2.22}$$

这样图 4.2.5（a）所示的门积分器电路可以等效为图 4.2.9 所示的电路。

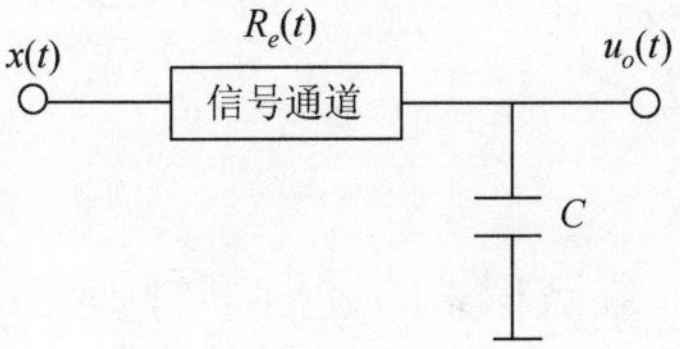

图 4.2.9 中电路参数的相互关系可以用如下微分方程描述：

图 4.2.9　指数式门积分器电路等效示意图

$$R_e(t)C\frac{\mathrm{d}u_o(t)}{\mathrm{d}t}+u_o(t)=x(t) \tag{4.2.23}$$

或

$$\frac{\mathrm{d}u_o(t)}{\mathrm{d}t}+\frac{u_o(t)}{R_e(t)C}=\frac{x(t)}{R_e(t)C} \tag{4.2.24}$$

将式（4.2.22）代入式（4.2.24）得

$$\frac{\mathrm{d}u_o(t)}{\mathrm{d}t}+\frac{u_o(t)p(t)}{RC}=\frac{x(t)p(t)}{RC} \tag{4.2.25}$$

对式（4.2.25）进行傅里叶变换得

$$\mathrm{j}\omega RCU_o(\omega)+U_o(\omega)*P(\omega)=X(\omega)*P(\omega) \tag{4.2.26}$$

式中，$U_o(\omega)$ 表示输出信号 $u_o(t)$ 的频谱；$X(\omega)$ 表示输入信号 $x(t)$ 的频谱；$P(\omega)$ 表示取样脉冲序列 $p(t)$ 的频谱；*表示卷积操作。将式（4.2.18）代入式（4.2.26）得

$$\mathrm{j}\omega RCU_o(\omega)+U_o(\omega)*\sum_{n=-\infty}^{\infty}\Delta\frac{\sin(n\pi\Delta)}{n\pi\Delta}\delta(\omega-n\omega_s)$$

$$=X(\omega)*P(\omega)\sum_{n=-\infty}^{\infty}\Delta\frac{\sin(n\pi\Delta)}{n\pi\Delta}\delta(\omega-n\omega_s) \tag{4.2.27}$$

或

$$U_o(\omega)+\frac{\Delta}{\mathrm{j}\omega RC}\sum_{n=-\infty}^{\infty}\Delta\frac{\sin(n\pi\Delta)}{n\pi\Delta}U_o(\omega-n\omega_s)$$

$$=\frac{\Delta}{\mathrm{j}\omega RC}\sum_{n=-\infty}^{\infty}\Delta\frac{\sin(n\pi\Delta)}{n\pi\Delta}X(\omega-n\omega_s) \tag{4.2.28}$$

由式（4.2.28）可见，取样积分器的传输过程是在 $n\omega_s$（n 为整数）各频率点处的滤波过程，滤波的时间常数为 RC/Δ。

3. 指数式门积分器的输出特性

任何周期信号都可以表示为三角函数的组合，考虑输入被测信号中频率为 ω 的单一频率正弦信号分量：

$$x(t)=x_m\cos[\omega(t-\tau)] \tag{4.2.29}$$

式中，x_m 为该频率分量的幅度。有如下结论存在。

（1）当 $x(t)$ 的频率 ω 等于采样脉冲频率 $\omega_s=2\pi/T$ 时，指数式门积分器的稳态输出为

$$u_o(t)=x_m\frac{\sin(\pi\Delta)}{\pi\Delta}\cos(\omega_s\tau)\{1-\exp[-t\Delta/(RC)]\} \tag{4.2.30}$$

式中，$\Delta=T_g/T$ 为取样脉冲 $p(t)$ 的占空系数。

由式（4.2.30）可以得出以下结果。

①式中的指数项说明，取样积分器的输出是沿着指数曲线逐渐积累的过程，时间常数为 $T_e=\Delta/(RC)$，图 4.2.5（b）也说明了这一点。取样脉冲宽度 T_g 越窄，占空系数 Δ 越小，则所需积分时间越长。

②当改变延迟时间 τ 时，输出按 $\cos(\omega_s\tau)$ 的规律变化；当 τ 从 0 逐渐变化到 T 时，输

出显示出一个完整周期的正弦波。在 $\omega = \omega_s$ 情况下，式（4.2.30）中的 τ 可以看成取样脉冲相对于被测信号 $x(t)$ 起始点的延时。这说明，逐渐改变取样点相对于被测信号 $x(t)$ 起始点的时间，可以从噪声中恢复出被测信号的波形，这正是扫描式取样积分器的工作原理。

③取样积分器稳态输出时的衰减系数取决于 $\dfrac{\sin(\pi\Delta)}{\pi\Delta}$，若要求衰减系数小于 3dB，则要求

$$\frac{\sin(\pi\Delta)}{\pi\Delta} < \frac{1}{\sqrt{2}}$$

由上式解得 $\pi\Delta < 1.392$，即

$$T_g < 0.4431T \tag{4.2.31}$$

式（4.2.31）说明，为了使取样积分的稳态值衰减得不多，取样脉冲宽度 T_g 要足够窄，如果 $T_g > 0.4431T$，则衰减系数有可能大于 3dB。

（2）当 $x(t)$ 的频率 ω 等于取样脉冲 $p(t)$ 的某次谐波频率时，即当 $\omega = n\omega_s$ 时，指数式门积分器的稳态输出为

$$u_o(t) = x_m \frac{\sin(n\pi\Delta)}{n\pi\Delta} \cos(n\omega_s \tau)\{1 - \exp[-t\Delta/(RC)]\} \tag{4.2.32}$$

当 $n = 1$ 时，式（4.2.32）就退化为基波情况下的式（4.2.30）。由式（4.2.32）可得如下结论。

①当改变延迟时间 τ 时，输出按 $\cos(n\omega_s \tau)$ 的规律变化，这说明通过改变延迟时间 τ 可以恢复被测信号的任何高次谐波分量的波形。

②式（4.2.32）右边大括号中的部分说明，输出信号中的高次谐波分量也是按指数规律逐渐积累的过程，积分的时间常数也是 $T_e = RC/\Delta$。

③为了使恢复的被测信号 n 次谐波分量的衰减系数小于 3dB，要求

$$\frac{\sin(n\pi\Delta)}{n\pi\Delta} < \frac{1}{\sqrt{2}}$$

即

$$T_g < 0.4431T / n \tag{4.2.33}$$

式（4.2.33）说明，取样脉冲宽度越窄，输出信号的分辨率越高。要想使恢复信号的 n 次谐波分量衰减系数小于 3dB，取样脉冲的宽度必须小于 n 次谐波周期的 0.4431 倍。

（3）当 $x(t) = u_{0m} \cos[\omega(t - \tau)]$ 的频率 ω，$\omega = n\omega_s + \Delta\omega$ 时，其中 $n\omega_s$ 为 n 次谐波，指数式门积分器输出的稳态振幅为

$$u_{om} = x_m \frac{\sin(n\pi\Delta)}{n\pi\Delta} - \frac{1}{\sqrt{1 + (\Delta\omega RC/\Delta)^2}} \tag{4.2.34}$$

用式（4.2.34）除以 $x(t)$ 的振幅 x_m 就可以得到在 $\omega = n\omega_s$ 附近的幅度响应：

$$|H_n(\omega)| = \frac{\sin(n\pi\Delta)}{n\pi\Delta} \frac{1}{\sqrt{1 + (\Delta\omega RC/\Delta)^2}} \tag{4.2.35}$$

式中，$\Delta\omega = \omega - n\omega_s$。

式（4.2.35）说明，经过取样积分，输入被测信号在各谐波处要经过一阶带通滤波，带宽取决于等效时间常数 $T_e = RC/\Delta$ 。而且，各次谐波处的幅度按取样函数 $\sin(n\pi\Delta)/(n\pi\Delta)$ 分布。

当取样脉冲的占空比 $\Delta \ll 1$ 时，有 $\Delta\omega RC/\Delta \gg 1$ ， $n\pi\Delta \ll 1$ ，那么式（4.2.35）可以简化为

$$|H_n(\omega)| = \frac{\Delta}{\Delta\omega RC} \qquad (4.2.36)$$

将式（4.2.35）推广到各次谐波的情况，将各次谐波处的幅度响应求和，就得到指数式取样积分器总的幅度响应 $|H(\omega)|$ ：

$$|H(\omega)| = \sum_{n=-\infty}^{\infty} \frac{\sin(n\pi\Delta)}{n\pi\Delta} \frac{1}{\sqrt{1 + [(\omega - n\omega_s)RC/\Delta]^2}} \qquad (4.2.37)$$

根据式（4.2.37），当 $\Delta = T_g / T = 0.2$ 时，取样门电路的幅频响应 $|H(f)|$ 如图 4.2.10 所示。从图中可以看出， $|H(f)|$ 是一个幅度服从取样函数规律的离散频域窗。

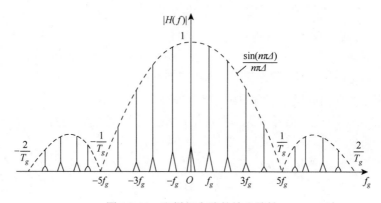

图 4.2.10　取样门电路的输出特性

由式（4.2.37）和图 4.2.10 可以得出以下几点结论。

①在取样频率 f_s 的各次谐波处的带宽随积分时间常数 RC 的增加而减少，随占空比 $\Delta = T_g / T$ 的减少而减少。也就是说，其带宽取决于 $\Delta/(2\pi RC)$ 。

②在 f_s 的各次谐波处的通带幅度服从取样函数 $\sin(n\pi\Delta)/(n\pi\Delta)$ 的规律。

4. 指数式门积分器的信噪改善比

由图 4.2.5（b）的响应曲线可知，对于时间常数为 T_c 的指数式门积分器，当有效积分时间接近 $5T_c$ 时，积分效果变得不明显了。设积分次数为 N ，每次取样积分时间为 T_g ，则有效积分时间为 NT_g 。为了使积分作用有效，应该保证

$$NT_g < 5T_c \qquad (4.2.38)$$

对于污染噪声是白噪声的情况，取样累积 N 次所能实现的信噪改善比为

$$\text{SNIR} = \sqrt{N}$$

将式（4.2.38）代入上式得

$$\text{SNIR} < \sqrt{5T_c / T_g} \qquad\qquad (4.2.39)$$

式（4.2.39）只是给出了信噪改善比的大致范围。用数学分析的方法确定准确的信噪改善比比较烦琐，根据相关文献的分析，对于污染噪声是白噪声的情况，指数式门积分器可以达到的信噪改善比为

$$\text{SNIR} = \sqrt{2T_c / T_g} \qquad\qquad (4.2.40)$$

而对于污染噪声为有色噪声的情况，如白噪声通过 RC 低通滤波器后的输出就是一种有色噪声，其自相关函数可以表示为

$$R_x(\tau) = P_n \exp(-\alpha / |\tau|) \qquad\qquad (4.2.41)$$

式中，P_n 为噪声的功率；$\alpha \propto 1/(RC)$ 为有色噪声的相关函数指数因子。则指数式门积分器可以达到的信噪改善比为

$$\text{SNIR} \approx \sqrt{\frac{2T_c / T_g}{1 + 2e^{\alpha T}}} \qquad\qquad (4.2.42)$$

式中，T 为取样周期。对于白噪声的情况，相当于 $\alpha = \infty$，式（4.2.42）可简化为式（4.2.40）。

4.2.3　取样积分器的工作方式

取样积分器的工作方式可分为定点式和扫描式两种，一般将这两种工作方式组合在同一仪器中，由用户选择使用哪种工作方式。定点式工作方式用于检测信号波形上某一特定位置的幅度，而扫描式工作方式用于恢复和记录被测信号的波形。

1. 定点式工作方式

在定点式工作方式中，参考触发信号与输入被测信号保持同步，经过延时后产生固定宽度为 T_g 的门控信号，这样取样积分就总是在被测信号周期的固定部位进行。定点式工作方式比较简单，适用于检测处理周期信号或似周期信号固定部位的幅度，如接收斩波光的光电倍增管（PMT）的输出电流、心电图一定部位（如 R 波）的幅度等。

图 4.2.11 所示为定点取样积分电路原理图，它由信号通道、参考通道和门积分器等组成。信号通道中的前置放大器为宽带低噪声放大器，用于将叠加了噪声的微弱被测信号 $x(t)$ 放大到合适的幅度。参考通道由触发电路、延时电路和取样脉冲宽度形成电路。参考信号可以是与被测信号相关的信号（如交流电桥测量电路的交流电源），也可以是被测信号本身。当参考信号的一定特征（如幅度或变化率）达到一定数值时，产生触发信号，触发信号经过延时后触发门控电路，以形成宽度为 T_g 的取样脉冲，在被测信号周期中的固定部位进行取样和积分。延时电路的延时量可调，以便调整取样的部位。对取样积分输出信号 $u_o(t)$ 可以将其进一步放大，以便于观测或记录。

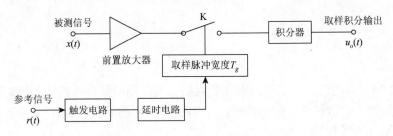

图 4.2.11　定点取样积分电路原理图

定点式工作方式中的各点波形如图 4.2.12 所示。图中，参考信号经过一定时间的延迟 T_d 之后，电路产生宽度为 T_g 的取样脉冲，对被测信号的固定部位进行取样积分。可以看

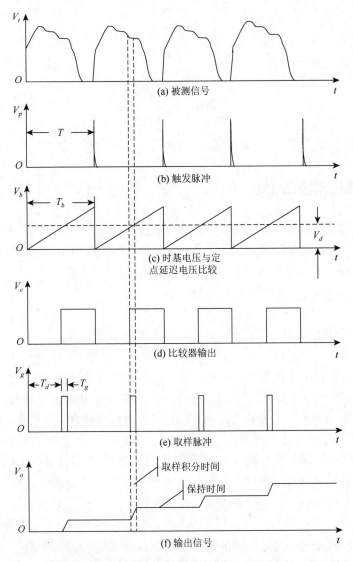

图 4.2.12　定点式工作方式取样积分的各点波形

出，在每个信号周期内，取样积分只进行了一次，在 T_g 期间取样并积分，而在其他时间开关 K 断开，保持积分结果，输出信号呈现阶梯式累积的波形。经过多个周期的取样积分，输出信号趋向于被测信号取样点处的平均值。

在定点式工作方式中，因为取样点相对于信号起始时刻的延时是固定的，取样脉冲宽度 T_g 也保持不变，所以取样总是在被测信号距离原点为固定延时的某个小时段重复进行，积分得到的结果是该时段的多次累加积分值。利用信号的确定性和噪声的随机性，重复取样积分的结果将使信噪比得以改善。

图 4.2.13 所示为一种比较特殊的定点差值取样积分电路，图中的触发电路和延时电路用于产生相对于参考信号原点固定延时 T_d 的取样脉冲，其宽度 T_g 由取样脉冲宽度控制电路设定。电阻 R、电容 C 和 A_2 组成积分器，A_1 和 A_3 组成差值积分电路。被测信号经前置放大与上次取样积分结果的分压值相比较，在 A_1 的输出端得到差值信号，该差值信号被送到取样门进行定点取样，再经积分器积分得到输出信号。在电子开关 K 接通期间，积分器对 A_1 输出进行积分；在电子开关 K 断开期间，由于运算放大器 A_2 的输入阻抗很高，积分器保持上次的积分结果。图中的 R_1、R_2 以及 A_3 组成反馈支路，A_1 将当前的前置放大输出与上次取样积分的输出进行比较。输出给取样门 K 的电压为

$$u_1(t) = A_1 \left(A_0 x(t) - \frac{R_2 A_2}{R_1 + R_2} u_o(t) \right) \tag{4.2.43}$$

所以这是一种差值取样积分，其工作原理类似于米勒积分器。

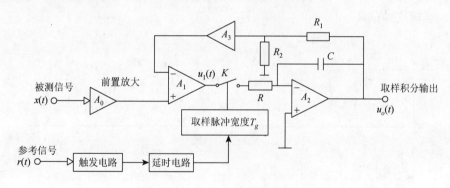

图 4.2.13　定点差值取样积分电路

2. 扫描式工作方式

定点式取样积分器只能用于测量周期或似周期信号固定部位的电压，却不能用于恢复被测信号的整个波形。在取样积分器的扫描式工作方式中，取样点距离波形原点的延时量被逐渐延长。随着一个个信号周期的到来，取样点沿着信号周期波形从前向后进行扫描，从而恢复被噪声污染的波形。

扫描式取样积分器的结构框图如图 4.2.14 所示。图中的慢扫描电路用于产生覆盖很多个信号周期的锯齿波，其宽度为 T_g；时基电路用于产生覆盖被测信号周期中需要测量部分的锯齿波，其宽度为 T_B。比较器电路对两个锯齿波进行比较，从而产生逐渐增加的延

时，这样就可以在被测信号的逐个周期中从前向后延时取样，以便实现对原信号的逐点恢复。门控电路用于产生宽度为 T_g 的取样脉冲。

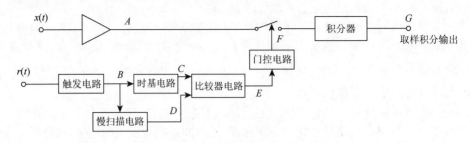

图 4.2.14　扫描式取样积分结构框图

图 4.2.15 所示为扫描式取样积分器的各点波形。图（a）为被测信号 $x(t)$ 波形；图（b）为由参考信号 $r(t)$ 产生的触发信号波形；图（c）为覆盖被测信号需要测量部分的时基 T_B 锯齿波；图（d）为慢扫描电路产生的长周期 T_s 锯齿波（实线）与 T_B（虚线）在比较器中进行比较，相交并产生延时脉冲，如图（e）所示。可以看出，随着被测信号周期的逐个到来，取样点在信号周期中的位置从前向后逐次移动，在经历了很多个信号周期后（为方便分析，图 4.2.15 只画出 5 个周期），由取样值的包络线可以显现被测信号的波形，不过周期比原信号长了很多倍，如图（g）所示。因此，利用 X-Y 记录仪可以记录显示被测信号的波形。把记录仪的 X 输入端连接到慢扫描锯齿波输出，Y 输入端连接到取样积分输出信号端就能实现这种记录。

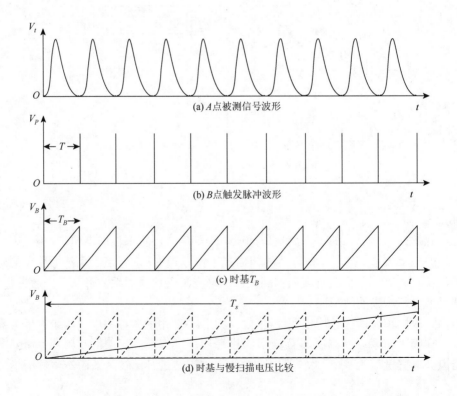

(a) A 点被测信号波形

(b) B 点触发脉冲波形

(c) 时基 T_B

(d) 时基与慢扫描电压比较

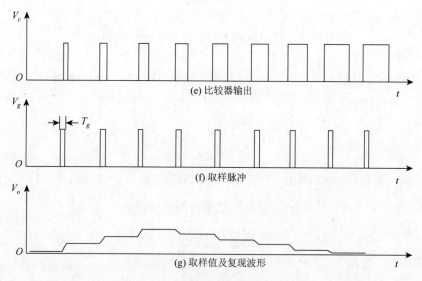

(e) 比较器输出

(f) 取样脉冲

(g) 取样值及复现波形

图 4.2.15　扫描式取样积分各点波形

4.2.4　取样积分器的参数选择及应用

1. 取样脉冲宽度 T_g 的选择

取样脉冲宽度 T_g 不能选得太宽，否则会造成信号中高频分量的损失，使得恢复的信号失真。下面以正弦信号为例，说明取样脉冲宽度 T_g 的选择原则。

对于图 4.2.16 所示的正弦波 $x(t) = V_m \sin(\omega t)$，以取样脉冲宽度 T_g 对 $x(t)$ 取样，设取样脉冲的中心时刻为 t_0，则信号取样后的输出电压为

$$x(t) = V_m \sin(\omega t), \quad t_0 - \frac{T_g}{2} \leqslant t \leqslant t_0 + \frac{T_g}{2}$$

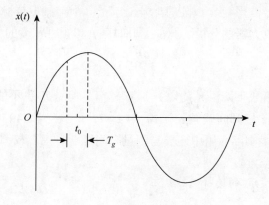

图 4.2.16　正弦波定点取样

经积分器积分后的输出为

$$u_o(t_0) = \int_{t_0 - \frac{T_g}{2}}^{t_0 + \frac{T_g}{2}} V_m \sin(\omega t)\mathrm{d}t = \frac{2V_m}{\omega} \sin\left(\frac{\omega T_g}{2}\right) \sin(\omega t_0) \qquad (4.2.44)$$

式（4.2.44）是对任何 ω 都适合的结果。当频率 ω 很低时，$\omega T_g \to 0$，$\sin(\omega T_g/2) \approx \omega T_g/2$，式（4.2.44）可以近似为

$$u_o(t_0) \approx \frac{2V_m}{\omega} \frac{\omega T_g}{2} \sin(\omega t_0) \qquad (4.2.45)$$

对比式（4.2.44）与式（4.2.45）可知，当频率较高时，因为 $\sin(\omega T_g/2) < \omega T_g/2$，所以积分输出电压会下降，引起信号中高频分量的损失，损失程度可表示为

$$A = \frac{u_o|_\omega}{u_o|_{\omega \to 0}} = \frac{\sin(\omega T_g/2)}{\omega T_g/2} \qquad (4.2.46)$$

式（4.2.46）说明，取样积分对被测信号高频分量的衰减系数 A 与 fT_g 相关，根据式（4.2.46）可画出 A 与 fT_g 的关系，如图 4.2.17 所示。

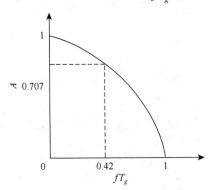

图 4.2.17　衰减系数 A 与 fT_g 之间的关系

若要求取样积分对被恢复信号的最高频率 f_c 的衰减不大于 3dB，即要求 $A > 1/\sqrt{2}$，则由式（4.2.46）得

$$f_c T_g \leqslant 0.42 \qquad (4.2.47)$$

或

$$T_g \leqslant 0.42/f_c \qquad (4.2.48)$$

可见，希望恢复的信号频率越高，要求取样脉冲宽度 T_g 越窄。式（4.2.47）、式（4.2.48）、式（4.2.31）和（4.2.33）对 T_g 的要求基本一致。

如果要恢复的信号波形包含很陡的上升沿或下降沿，则取样脉冲宽度 T_g 必须很窄。根据脉冲技术和宽带放大器的分析，脉冲上升时间 t_r 和频带宽度的关系为

$$f_c \approx 0.35/t_r \qquad (4.2.49)$$

所以信号波形的上升沿或下降沿越陡，T_g 应该越窄。但是 T_g 也不能选得太窄，从后面的分析可知，T_g 越窄，测量时间就越长。式（4.2.47）～式（4.2.49）可以作为取样脉冲宽度 T_g 的选择原则之一，实际应用中还要与测量时间综合考虑、权衡。

2. 时基锯齿波宽度 T_B 的选择

时基锯齿波的起始点及斜率都可以根据需要进行调节，T_B 的范围取决于被测信号周期中需要恢复的区段长度，考虑到各种不确定因素，选择 T_B 时，要在测量区段的两端都留有一定的余地。

3. 积分器时间常数，$T_c = RC$ 的选择

根据取样积分器的工作原理，对于指数式取样积分器，在每个取样脉冲作用期间，取样开关闭合对积分电容充电，充电时间为 T_g；而在两次取样脉冲间隔期间，电容电压保持不变，如图 4.2.5（b）及图 4.2.8 所示。对于指数式门积分器，当 N 次取样总的积分时间 NT_g 接近 5 倍的积分器时间常数时，信号累积速度减慢，信噪改善比减小。在两倍的时间常数内，信噪改善比变化比较明显。根据式（4.2.40）可得

$$T_c = \frac{(\text{SNIR})^2 T_g}{2} \qquad (4.2.50)$$

而对于线性门积分器，信噪改善比不受积分器时间常数的限制，仅受电路的动态范围限制。取样积分次数 N 越大，SNIR 越大，两者之间的关系为

$$\text{SNIR} = \sqrt{N} \qquad (4.2.51)$$

这时就要根据取样脉冲宽度、测量范围、慢扫描测量时间的要求，综合考虑来确定积分时间常数。

4. 慢扫描时间 T_g 的选择

设取样脉冲 T_g 相对于信号原点的延迟量在每个信号周期中增加 Δt，在许多个被测信号周期内，T_g 相对于被测波形移动的情况如图 4.2.18 所示。被测信号的每一点只有在取样脉冲宽度 T_g 内才能被取样，而 T_g 又以时间间隔 Δt 在跳跃移动。所以，对于被测信号的任何一点，被取样次数为

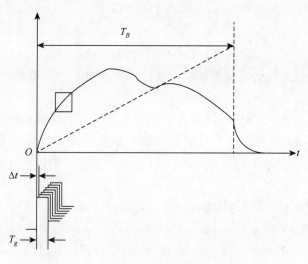

图 4.2.18　取样脉冲相对被测信号原点移动示意图

$$N = \frac{T_g}{\Delta t} \qquad (4.2.52)$$

将式（4.2.43）代入式（4.2.52）得

$$N = \frac{T_g}{T_B} \frac{T_s}{T} \tag{4.2.53}$$

将式（4.2.53）代入式（4.2.51）得

$$\text{SNIR} = \sqrt{\frac{T_g}{T_B} \frac{T_s}{T}} \tag{4.2.54}$$

对于线性门积分器，给定所要求的 SNIR 后，由式（4.2.54）可以估计出需要的测量时间 T_s：

$$T_s \geqslant \frac{(\text{SNIR})^2 T_B T}{T_g} \tag{4.2.55}$$

在指数式门积分器中，为了使电容充分充电，需使总的积分时间 NT_g 比积分器的时间常数 T_c 大很多。当 $NT_g = 5T_c$ 时，积分器充电值与稳定值之间的误差为 0.67%。若要求总的积分时间：

$$NT_g \geqslant 5T_c$$

则将式（4.2.53）代入上式得

$$\frac{T_g^2}{T_B} \frac{T_s}{T} \geqslant 5T_c$$

或

$$T_s \geqslant \frac{5T_B T_c T}{T_g^2} \tag{4.2.56}$$

若按式（4.2.50）选择积分器时间常数 T_c，则

$$T_s \geqslant \frac{2.5 T_B T (\text{SNIR})^2}{T_g} \tag{4.2.57}$$

由式（4.2.56）和式（4.2.57）可见，波形恢复测量的总时间 T_s 正比于要恢复波形宽度 T_B 和信号周期 T，这是比较容易理解的。要达到的 SNIR 对测量时间影响很大，二者为平方关系。

取样脉冲宽度 T_g 的选择要考虑两方面的因素，既要满足被测信号频率分辨率的要求（式（4.2.47）），又要考虑测量时间的问题。如果所选 T_g 太窄，导致测量时间 T_s 太长，那么电容的漏电和放大器的漂移也会引起测量误差，所以需要综合权衡两方面的因素。

例 4.2.1　被测信号周期 $T = 10\text{ms}$，测量范围 $T_B = 2\text{ms}$，要求 SNIR $= 10$，选 $T_B = 3\text{ms}$ 以覆盖测量区，$T_g = 100\mu\text{s}$，试求指数式取样积分器的参数 T_c 和 T_s。

解　根据式（4.2.52）及所要求的 SNIR 求出积分器时间常数 T_c。具体如下：

$$T_c = \frac{(\text{SNIR})^2 T_g}{2} = 5\text{ms}$$

再根据式（4.2.56）计算总的测量时间：

$$T_s \geq \frac{5T_B T_c T}{T_g^2} = 75\text{s}$$

综上所述，线性取样积分器和指数式取样积分器的参数选择过程分别如图 4.2.19（a）和图 4.2.19（b）所示。

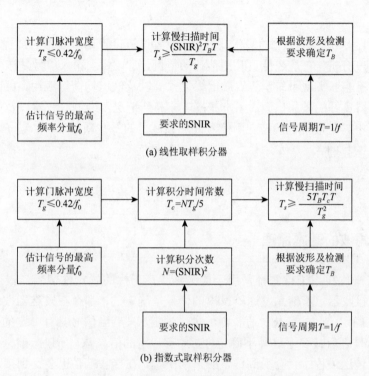

(a) 线性取样积分器

(b) 指数式取样积分器

图 4.2.19　取样积分器参数选择过程框图

第5章 维纳滤波器

维纳滤波器是统计意义上的最优滤波器，或者说等价于信号波形的最优线性估计。从波形估计的角度分析，它是线性贝叶斯估计的特例，而且要求输入信号是广义平稳随机序列。维纳滤波器能够实现系统辨识、最优线性预测以及信道均衡等应用，可以通过迭代的方式实现，获得良好的效果。但对于非平稳、非高斯情况，维纳滤波器以及第6章研究的卡尔曼滤波器不再是最优的，需利用信号处理领域里的一些新方法，如粒子滤波等，达到逼近最优滤波的目的。

5.1 维纳滤波

5.1.1 维纳滤波的基本原理

时间积累平均和相干检测都是用于检测被噪声干扰的确定性信号，根据信息论的理论，对于信息接收器，若信息发送器发出的信号是确定的，那么在发送器发送之前，接收器已经能事先确定信号的变化过程，则信息量为零。只有当信号具有一定的不确定性，接收器接收到信号之后减少了这种不确定性，才有一定的信息量。所以一般来说，信号是随机的。信号在传送过程中，会受到信道噪声的干扰，在接收端，也会受到接收器噪声的干扰，讨论从噪声中提取随机信号的方法具有普遍意义。

维纳滤波原理如图5.1.1所示。线性滤波器的输入为观测信号 $x(n)$，所谓观测信号是指信息接收端（如一个测试系统中的传感器）所接收到的信号，它往往是受到噪声干扰的有用信号。期望信号为 $d(n)$，维纳滤波问题是对期望信号按某种统计意义下的最优准则做出估计。为此，用一个线性滤波器对观测信号进行处理，其输出 $y(n)$ 为 $d(n)$ 的估计，即 $y(n) = \hat{d}(n)$。为了能用 $y(n)$ 对 $d(n)$ 做出估计，$x(n)$ 应与 $d(n)$ 在某种统计意义下关联。估计误差定义为

$$e(n) = d(n) - y(n) \tag{5.1.1}$$

从而估计均方误差为

$$J = E[e^{*}(n)e(n)] = E[|d(n) - y(n)|^2] \tag{5.1.2}$$

图 5.1.1　维纳滤波原理图

最优准则有多种定义，通常采用最小均方误差准则。于是维纳滤波就是设计一个线性滤波器，使均方误差最小。

设滤波器的冲激响应为 $h(n)$，则观测信号通过因果线性滤波器的输出为

$$y(n) = \sum_{i=0}^{+\infty} h(n)x(n-i) \qquad (5.1.3)$$

为了简化推导过程，暂时假定观测信号和期望信号都是实随机信号，滤波器系数也是实数。将式（5.1.3）代入式（5.1.2）得

$$J = E\left\{ \left[d(n) - \sum_{i=0}^{+\infty} h(i)x(n-i) \right]^2 \right\} \qquad (5.1.4)$$

为使均方误差最小，应使均方误差对滤波器系数的偏导数为 0。即

$$\frac{\partial J}{\partial h(j)} = -2E\left\{ \left[d(n) - \sum_{i=0}^{\infty} h(i)x(n-i) \right] x(n-j) \right\} = 0, \quad \forall j \geqslant 0 \qquad (5.1.5)$$

使得均方误差最小的滤波器系数记为 $h_o(n)$，相应的误差记为 $e_o(n)$。由式（5.1.5）可以看到，在最优化条件下，$E[x(n-j)e_o(n)] = 0$，而对于一般情况，有

$$E[x(n-j)e_o^*(n)] = 0, \quad \forall j \geqslant 0 \qquad (5.1.6)$$

式（5.1.6）表明，均方误差达到最小的充分必要条件是相应的估计误差 $e_o(n)$ 与该时刻及以前各时刻进入滤波器的输入正交，这称为正交原理。由式（5.1.6）和式（5.1.3）还可推得

$$E[y_o(n)e_o^*(n)] = 0 \qquad (5.1.7)$$

这就是说，当滤波器在最优化条件下运行时，滤波器输出与估计误差正交。正交原理的几何解释如图 5.1.2 所示。图中，$y_o(n)$ 是 $d(n)$ 在该空间的正交投影，且 $y_o(n)$ 是所有 $y(n)$ 中对 $d(n)$ 的最优逼近，此时逼近误差最小，记为 $e_o(n)$。

若正交原理式（5.1.6）改为

$$E[x^*(n-j)e_o(n)] = 0, \quad \forall j \geqslant 0 \qquad (5.1.8)$$

将式（5.1.1）和式（5.1.3）代入式（5.1.8）可得

$$\sum_{i=0}^{\infty} h_o(i)E\{[x(n-i)x^*(n-j)]\} = E[d(n)x^*(n-j)], \quad \forall j \geqslant 0 \qquad (5.1.9)$$

假定 $x(n)$ 和 $d(n)$ 是平稳的，且它们之间还是联合平稳的，则式（5.1.9）又可写为

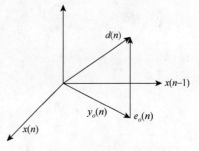

图 5.1.2　正交原理的几何解释

$$\sum_{i=0}^{\infty} h_o(i)r_{xx}(j-i) = r_{dx}(j), \quad \forall j \geqslant 0 \qquad (5.1.10)$$

式（5.1.10）称为维纳-霍夫方程，它的解就是维纳滤波器的系数。

对于有限观测区间的情况（滤波器冲激响应有限），滤波器输出为

$$y(n) = \sum_{i=0}^{N-1} h(i)x(n-i) \qquad (5.1.11)$$

这时维纳-霍夫方程为

$$\sum_{i=0}^{N-1} h_o(i) r_{xx}(j-i) = r_{dx}(j), \quad j = 0, 1, \cdots, N-1 \tag{5.1.12}$$

令

$$\boldsymbol{X}(n) = [x(n), x(n-1), \cdots, x(n-(N-1))]^{\mathrm{T}} \tag{5.1.13}$$

$$\boldsymbol{h}_o = [h_o(0), h_o(1), \cdots, h_o(N-1)]^{\mathrm{T}} \tag{5.1.14}$$

$$\boldsymbol{r}_{dx} = E[d(n) \boldsymbol{X}^*(n)] = [r_{dx}(0), r_{dx}(1), \cdots, r_{dx}(N-1)]^{\mathrm{T}} \tag{5.1.15}$$

$$\boldsymbol{R}_{xx} = E[\boldsymbol{X}^*(n) \boldsymbol{X}^{\mathrm{T}}(n)] \begin{bmatrix} r_{xx}(0) & r_{xx}^*(1) & \cdots & r_{xx}^*(N-1) \\ r_{xx}(1) & r_{xx}(0) & \cdots & r_{xx}^*(N-2) \\ \vdots & \vdots & & \vdots \\ r_{xx}(N-1) & r_{xx}(N-2) & \cdots & r_{xx}(0) \end{bmatrix} \tag{5.1.16}$$

式中，$\boldsymbol{X}(n)$ 为 n 时刻的观测信号矢量；$\boldsymbol{h}_o$ 为维纳滤波器系数矢量；$\boldsymbol{r}_{dx}$ 为期望信号与观测信号矢量的互相关矢量；$\boldsymbol{R}_{xx}$ 为观测信号的自相关矩阵。于是维纳-霍夫方程的矩阵形式为

$$\boldsymbol{R}_{xx} \boldsymbol{h}_o = \boldsymbol{r}_{dx} \tag{5.1.17}$$

$\boldsymbol{R}_{xx}$ 是一个埃尔米特矩阵，且其主对角线及与主对角线平行的其他对角线上元素相等，这样的矩阵称为特普利茨矩阵。它是正定的，即对任意非零矢量 $\boldsymbol{v}$，$\boldsymbol{v}^{\mathrm{H}} \boldsymbol{R}_{xx} \boldsymbol{v} > 0$（$\boldsymbol{v}^{\mathrm{H}}$ 是 $\boldsymbol{v}$ 的转置共轭）。所以，$\boldsymbol{R}_{xx}$ 是可逆的。于是，维纳滤波器系数矢量为

$$\boldsymbol{h}_o = \boldsymbol{R}_{xx}^{-1} \boldsymbol{r}_{dx} \tag{5.1.18}$$

正如前面所指出的，$x(n)$ 应与 $d(n)$ 在某种统计意义下相关联，$\boldsymbol{r}_{dx}$ 的元素不可能全为零，所以维纳-霍夫方程肯定有非零解。若 $x(n)$ 与 $d(n)$ 不相关，则 $\boldsymbol{r}_{dx}$ 的所有元素全为零，维纳-霍夫方程只有唯一的零解。

由估计误差的定义，在最优化情况下，有

$$d(n) = y_o(n) + e_o(n) \tag{5.1.19}$$

根据正交原理，可得

$$\sigma_d^2 = E[d(n) d^*(n)] = \sigma_{y_o}^2 + E[|e_o(n)|^2] \tag{5.1.20}$$

所以，最小均方误差为

$$J_{\min} = E[|e_o(n)|^2] = \sigma_d^2 - \sigma_{y_o}^2 \tag{5.1.21}$$

而 $y_o = \boldsymbol{h}_o^{\mathrm{T}} \boldsymbol{X} = \boldsymbol{X}^{\mathrm{T}} \boldsymbol{h}_o$，所以

$$\sigma_{y_o}^2 = E[y_o y_o^*] = E[\boldsymbol{h}_o^{\mathrm{T}} \boldsymbol{X} \boldsymbol{X}^{\mathrm{T}} \boldsymbol{h}_o^*] = \boldsymbol{h}_o^{\mathrm{T}} \boldsymbol{R}_o = \boldsymbol{h}_o^{\mathrm{T}} \boldsymbol{r}_{dx}^* = \boldsymbol{r}_{dx}^{\mathrm{H}} \boldsymbol{h}_o \tag{5.1.22}$$

于是，最小均方误差为

$$J_{\min} = \sigma_d^2 - \boldsymbol{r}_{dx}^{\mathrm{H}} \boldsymbol{h}_o = \sigma_d^2 - \boldsymbol{r}_{dx}^{\mathrm{H}} \boldsymbol{R}_{xx}^{-1} \boldsymbol{r}_{dx} \tag{5.1.23}$$

5.1.2　维纳滤波器的滤波和预测

本节讨论随机信号 $s(n)$ 受到加性噪声 $v(n)$ 干扰的情况，且观测数据可以写为

$$x(n) = s(n) + v(n) \tag{5.1.24}$$

若期望信号取为 $d(n) = s(n+D)$，当 $D = 0$ 时，称为滤波问题；$D > 0$ 时称为预测问题；

$D < 0$ 时称为平滑问题。维纳滤波器的输出 $y(n)$ 实际上就是在最小均方误差意义下对 $s(n+D)$ 的最佳估计，记为 $y(n) = \hat{s}(n+D)$。

下面讨论滤波问题，即 $d(n) = s(n)$，假定信号 $s(n)$ 和噪声 $v(n)$ 不相关，则观测信号的自相关矩阵 $\boldsymbol{R}_{xx}$，期望信号与观测信号的互相关行矢量 $\boldsymbol{r}_{dx}$ 的元素分别为

$$\begin{cases} r_{xx}(m) = r_{ss}(m) + r_{vv}(m) \\ r_{xx}(m) = r_{ss}(m) + r_{vv}(m) \end{cases}, \quad m = 0,1,\cdots,N-1 \tag{5.1.25}$$

令

$$\boldsymbol{r}_{dx} = \boldsymbol{r}_{ss} = [r_{ss}(0), r_{ss}(1), \cdots, r_{ss}(N-1)]^{\mathrm{T}} \tag{5.1.26}$$

则维纳滤波器为

$$\boldsymbol{h}_o = \boldsymbol{R}_{xx}^{-1} \boldsymbol{r}_{ss} \tag{5.1.27}$$

从而由式（5.1.23）得到最小均方误差为

$$J_{\min} = r_{ss}(0) - \boldsymbol{r}_{ss}^{\mathrm{H}} \boldsymbol{h}_o \tag{5.1.28}$$

这时维纳滤波器的输出 $y(n)$ 就是对信号 $s(n)$ 的最佳估计，即

$$y(n) = \hat{s}(n) = \sum_{i=0}^{N-1} h_o(i) x(n-i)$$

换言之，估计值是由对观测数据进行滑动平均得到的，这就是维纳滤波的含义。

例 5.1.1　设观测信号 $x(n) = s(n) + v(n)$，信号 $s(n)$ 是满足如下差分方程的 AR(1) 过程：

$$s(n) = 0.6 s(n-1) + w(n)$$

式中，$w(n)$ 是方差 $\sigma_w^2 = 0.64$ 的白噪声序列。观测噪声 $v(n)$ 是方差 $\sigma_v^2 = 1$ 的白噪声序列，它与 $w(n)$ 不相关。试设计一个 $N = 2$ 的维纳滤波器来估计信号 $s(n)$。

解　AR(1) 过程 $s(n)$ 自相关为

$$r_{ss}(m) = 0.6^{|m|}$$

于是 $r_{ss}(0) = 1$，$r_{ss}(1) = 0.6$，从而可列出维纳-霍夫方程为

$$2h(0) + 0.6h(1) = 1$$
$$0.6h(0) + 2h(1) = 0.6$$

求解上式可得维纳滤波器系数为

$$h(0) = 0.451, \quad h(1) = 0.165$$

最小均方误差为

$$J_{\min} = r_{ss}(0) - h(0) r_{ss}(0) - h(1) r_{ss}(1) = 0.45$$

例 5.1.2　设观测信号 $x(t) = s\cos(\omega_0 t) + n(t)$。对 $x(t)$ 取样并用线性方法处理样本，估计随机参数 s，频率 ω_0 是已知的（这是个很常见的问题，当周期性过程频率已知但幅度未知时，就遇到这类问题。一个明显的例子就是调幅信号。这种信号的处理器是数字式 AM 接收机。在任何应用场合，只要待估计的信号是噪声中的正弦项，采用这种处理方法都同样有效。叠加的噪声不仅要考虑接收机噪声，还应考虑仪器的误差或其他周期信号的散射作用）。

设对 $x(t)$ 在 $\omega_0 t = 0$，$\omega_0 t = \pi/4$ 两点取样，得到 x_1、x_2。设 $E[s] = 0$，$E[n_1 n_2] = 0$（白噪声），$E[s^2] = S$，$E[n_1^2] = E[n_2^2] = \sigma_n^2$，求使 $E[(s - \hat{s})^2]$ 最小的估计：

$$\hat{s} = h_1 x_1 + h_2 x_2$$

解　这时观测数据模型比式（5.1.22）稍微复杂一点。根据题意，观测值为

$$x_1 = s + n_1$$

$$x_2 = \frac{1}{\sqrt{2}} s + n_2$$

为使 $J = E[(s - \hat{s})^2]$ 最小，线性估计的两个系数 h_1、h_2 应该满足

$$\frac{\partial J}{\partial h_1} = -2E[(s - \hat{s})x_1] = 0$$

$$\frac{\partial J}{\partial h_2} = -2E[(s - \hat{s})x_2] = 0$$

由以上两式可得

$$E[sx_1] = E[\hat{s}x_1]$$

$$E[sx_2] = E[\hat{s}x_2]$$

将观测值 x_1、x_2 和线性估计 $\hat{s}$ 的表达式代入上式，有

$$S = E\left[\left(h_1 s + h_1 n_1 + \frac{1}{\sqrt{2}} h_2 s + h_2 n_2\right)(s + n_1)\right]$$

$$= h_1 S + \frac{1}{\sqrt{2}} h_2 s + h_1 \sigma_n^2$$

和

$$\frac{1}{\sqrt{2}} S = E\left[\left(h_1 s + h_1 n_1 + \frac{1}{\sqrt{2}} h_2 s + h_2 n_2\right)\left(\frac{1}{\sqrt{2}} s + n_1\right)\right]$$

$$= \frac{1}{\sqrt{2s}} h_1 S + \frac{1}{\sqrt{2}} h_2 s + h_1 \sigma_n^2$$

从而得到关于 h_1、h_2 的联立方程组：

$$(S + \sigma_n^2)h_1 + \frac{1}{\sqrt{2}} S h_2 = S$$

$$\frac{1}{\sqrt{2}} S h_1 + \left(\frac{1}{2} S + \sigma_n^2\right) h_2 = \frac{1}{\sqrt{2}} S$$

简化为

$$\left(1 + \frac{\sigma_n^2}{S}\right)h_1 + \frac{1}{\sqrt{2}} h_2 = 1 \tag{5.1.29}$$

$$h_1 + \left(\frac{1}{\sqrt{2}} + \sqrt{2}\frac{\sigma_n^2}{S}\right)h_2 = 1 \tag{5.1.30}$$

由式（5.1.30）得

$$h_2 = \frac{1 - h_1}{1/\sqrt{2} + \sqrt{2}\sigma_n^2/S} = \frac{\sqrt{2}(1 - h_1)}{1 - 2\sigma_n^2/S} \tag{5.1.31}$$

将式（5.1.31）代入式（5.1.29）得

$$h_1 = \frac{1}{3/2 + \sigma_n^2 / S} = \frac{2S}{3S + 2\sigma_n^2}$$

将上式代入式（5.1.30）得

$$h_2 = \frac{1}{\sqrt{2}} \frac{1}{3/2 + \sigma_n^2 / S} = \frac{\sqrt{2}}{3S + 2\sigma_n^2}$$

最后，可写出维纳滤波的最佳估计值：

$$\hat{s} = \frac{1}{3/2 + \sigma_n^2 / S} \left(x_1 + \frac{1}{\sqrt{2}} x_2 \right)$$

5.2   维纳滤波的 z 域解

仍然假定信号 $s(n)$ 被加性噪声 $v(n)$ 干扰，即观测信号：

$$x(n) = s(n) + v(n) \tag{5.2.1}$$

且 $s(n)$ 与 $v(n)$ 不相关。

5.2.1   非因果维纳滤波的 z 域解

这时维纳滤波器的输出为

$$y(n) = \sum_{i=-\infty}^{+\infty} h(i)x(n-i) \tag{5.2.2}$$

经过与式（5.1.12）类似的推导可得

$$\sum_{i=-\infty}^{+\infty} h(i)r_{xx}(j-i) = r_{dx}(j) \tag{5.2.3}$$

即期望信号 $d(n)$ 与观测信号 $x(n)$ 的互相关等于 $x(n)$ 的自相关与维纳滤波器冲激响应的卷积和。由式（5.2.3）可得

$$H(z) = \frac{S_{dx}(z)}{S_{xx}(z)} \tag{5.2.4}$$

式中，$S_{xx}(z)$ 为自相关序列 $r_{xx}(m)$ 的 z 变换；$S_{dx}(z)$ 为互相关序列 $r_{dx}(m)$ 的 z 变换。

如观测信号 $x(n)$ 为信号 $s(n)$ 加噪声 $v(n)$，且 $d(n) = s(n)$，则有

$$r_{xx}(i) = r_{ss}(i) + r_{vv}(i) \tag{5.2.5}$$

$$r_{dx}(i) = r_{ss}(i) \tag{5.2.6}$$

从而得非因果维纳滤波的 z 域解为

$$H(z) = \frac{S_{ss}(z)}{S_{ss}(z) + S_{vv}(z)} \tag{5.2.7}$$

5.2.2   因果维纳滤波的 z 域解

假定观测信号 $x(n)$ 的时间序列信号模型已知，加色滤波器的传递函数为 $B(z)$；$x(n)$

经过白化滤波器 $B^{-1}(z)=1/B(z)$ 之后，再经 $G(z)$ 处理得到 $s(n)$ 的最佳估计，如图 5.2.1 所示。所以，维纳滤波器为

$$H(z)=\frac{G(z)}{B(z)} \tag{5.2.8}$$

于是，求维纳滤波器转化为求 $G(z)$。

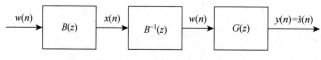

图 5.2.1　因果维纳滤波器

经过类似于式（5.1.10）的推导可得

$$\sum_{k=0}^{+\infty}g(k)r_{ww}(n-k)=r_{sw}(n), \quad n\geqslant 0 \tag{5.2.9}$$

也就是说，在因果条件下，要求期望信号与输入的互相关是因果序列。这是因果条件下的最小均方误差原则所要求的，并非实际的物理情况。由于 $w(n)$ 是零均值白噪声，由式（5.2.9）易得

$$g(n)=\frac{r_{sw}(n)}{\sigma_w^2}u(n) \tag{5.2.10}$$

由图 5.2.1 可以看出

$$x(n)=\sum_{k=0}^{+\infty}b(k)w(n-k)$$

假定观测信号是实随机信号：

$$r_{sx}(m)=E[s(n+m)x(n)]=\sum_{k=0}^{+\infty}b(k)E[s(n+m)w(n-k)]$$

$$=\sum_{k=0}^{+\infty}b(-k)E[s(n+m)w(n+k)]=\sum_{k=0}^{+\infty}b(-k)r_{sw}(m-k) \tag{5.2.11}$$

将式（5.2.11）两边进行 z 变换有

$$S_{xx}(z)=B(z^{-1})S_{sw}(z) \tag{5.2.12}$$

将式（5.2.12）代入式（5.2.10）得

$$G(z)=\frac{1}{\sigma_w^2}\left[\frac{S_{sx}(z)}{B(z^{-1})}\right]_+ \tag{5.2.13}$$

将 $\dfrac{S_{sx}(z)}{B(z^{-1})}$ 做 z 反变换会得到一个双边序列，这意味着 $r_{sw}(n)$ 确实是双边序列。为了得到稳定的因果滤波器，应只取 $\dfrac{S_{sx}(z)}{B(z^{-1})}$ 在单位圆内的极点进行 z 反变换得到 $g(n)$，再进行 z 变换得到 $G(z)$。

将式（5.2.13）代入式（5.2.8）得因果维纳滤波的 z 域解为

$$H(z)=\frac{1}{\sigma_w^2 B(z)}\left[\frac{S_{sx}(z)}{B(z^{-1})}\right]_+ \tag{5.2.14}$$

对于信号与观测噪声不相关的情况，有

$$H(z) = \frac{1}{\sigma_w^2 B(z)} \left[\frac{S_{ss}(z)}{B(z^{-1})} \right]_+ \tag{5.2.15}$$

例 5.2.1 已知信号的功率谱为

$$S_{ss}(z) = \frac{0.36}{(1-0.8z^{-1})(1-0.8z)}$$

观测噪声是零均值、单位功率的白噪声，且与信号不相关。试求因果维纳滤波器。

解 由于观测噪声与信号不相关，故 $r_{xx}(m) = r_{ss}(m) + \delta(m)$，取 z 变换得

$$
\begin{aligned}
S_{ss}(z) &= \frac{0.36}{(1-0.8z^{-1})(1-0.8z)} + 1 \\
&= \frac{1.6(1-0.5z^{-1})(1-0.5z)}{(1-0.8_z^{-1})(1-0.8z)} \\
&= \sigma_w^2 B(z)B(z^{-1})
\end{aligned}
$$

考虑到观测信号的时间序列信号模型必须是可逆的：

$$B(z) = \frac{(1-0.5z^{-1})}{(1-0.8z^{-1})}, \quad \sigma_w^2 = 1.6$$

令

$$F(z) = \frac{S_{ss}(z)}{B_z^{-1}} = \frac{0.36}{(1-0.8z^{-1})(1-0.5z)}$$

进行 z 反变换得

$$f(n) = 0.6(0.8)^n u(n) + 0.62^n u(-n-1)$$

它确实是一双边序列，取其因果部分进行 z 变换有

$$F_+(z) = \left[\frac{S_{ss}(z)}{B(z^{-1})} \right]_+ = \frac{0.6}{1-0.8z^{-1}}$$

由式（5.2.14）可得因果维纳滤波器的 z 域解为

$$H_{\text{opt}}(z) = \frac{1-0.8z^{-1}}{1.6(1-0.5z^{-1})} \frac{0.6}{1-0.8z^{-1}} = \frac{3}{8} \frac{1}{1-0.5z^{-1}}$$

即

$$\hat{s}(n) = 0.5\hat{s}(n-1) + \frac{3}{8}x(n)$$

5.3 线性预测

预测是信号处理的一个重要课题，在工程技术的诸多领域获得了广泛应用，如语音信号和图像信号的压缩编码，以及通信系统的噪声抑制。所谓预测，就是由有限观测数据预测信号未来时刻的值，称为前向预测；也可以由有限预测数据预测信号过去时刻的值，称为后向预测。由于信号不同时刻的取值存在一定统计关联，预测是可行的。用有限观测数据的线性组合预测信号未来时刻和过去时刻的值，就是线性预测。与维纳滤波

类似，采用最小均方预测误差准则，可以得到线性预测器系数的线性方程组，从而设计出最优化线性预测器。最优化线性预测 FIR 滤波器既可以用直接型结构实现，也可以用格型结构实现。

5.3.1　前向预测

由 n 时刻的 p 个观测数据 $x(n-1), x(n-2), \cdots, x(n-p)$ 预测 n 时刻的信号值 $x(n)$ 称为 1 步前向预测。由这 p 个观测数据的线型组合进行预测，称为线性预测，所以 1 步前向线性预测器的输出表示为

$$\hat{x}(n) = -\sum_{k=1}^{p} a_p(k)x(n-k) \tag{5.3.1}$$

式中，$\hat{x}(n)$ 表示对真实信号值 $x(n)$ 的预测值；$a_p(k)$ 为 p 阶 1 步前向线性预测器的预测系数。接下来会看到预测系数前的负号使数学表述更方便，也符合大多数文献和工程资料的习惯。前向预测误差定义为

$$f_p(n) = x(n) - \hat{x}(n) = x(n) + \sum_{k=1}^{p} a_p(k)x(n-k)$$

$$= \sum_{k=0}^{p} a_p(k)x(n-k), \quad a_p(0) = 1 \tag{5.3.2}$$

不难看到，前向预测误差 $f_p(n)$ 可以视为一个因果 FIR 滤波器的输出，其输入为 $x(n)$。这个滤波器称为预测误差滤波器，其传递函数为

$$A_p(z) = \sum_{k=0}^{p} a_p(k)z^{-k} \tag{5.3.3}$$

前向预测器与预测误差滤波器的关系如图 5.3.1 所示。预测误差滤波器可以用直接型结构实现，如图 5.3.2 所示。由图 5.3.1 可以看出，预测误差滤波实质上是维纳滤波问题，只不过期望信号是 $x(n)$，而观测信号矢量和预测系数矢量分别为

$$\boldsymbol{x}(n-1) = [x(n-1), x(n-2), \cdots, x(n-p)]^{\mathrm{T}} \tag{5.3.4}$$

$$\boldsymbol{a}_p = [a_p(1), a_p(2), \cdots, a_p(p),]^{\mathrm{T}} \tag{5.3.5}$$

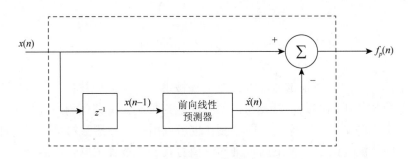

图 5.3.1　前向预测器及预测误差滤波器

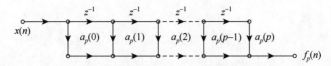

图 5.3.2　p 阶直接型前向预测误差滤波器

与式（5.1.15）和式（5.1.16）对应，期望信号与预测信号矢量的互相关矢量及预测信号的自相关矩阵分别为

$$\boldsymbol{r}_{xx} = E[\boldsymbol{x}(n)\boldsymbol{x}^*(n-1)] = [r_{xx}(1), r_{xx}(2), \cdots, r_{xx}(p)]^{\mathrm{T}} \tag{5.3.6}$$

$$\boldsymbol{R}_{xx} = E[\boldsymbol{x}^*(n-1)\boldsymbol{x}^{\mathrm{T}}(n-1)]\begin{bmatrix} r_{xx}(0) & r_{xx}^*(1) & \cdots & r_{xx}^*(N-1) \\ r_{xx}(1) & r_{xx}(0) & \cdots & r_{xx}^*(N-2) \\ \vdots & \vdots & & \vdots \\ r_{xx}(N-1) & r_{xx}(N-2) & \cdots & r_{xx}(0) \end{bmatrix} \tag{5.3.7}$$

式（5.3.7）所表述的自相关矩阵与维纳滤波的自相关矩阵完全相同。这并不奇怪，对于平稳随机信号，自相关与时间起点无关。与维纳滤波类似，在最小均方预测误差意义下，求解最优预测系数的维纳-霍夫方程的矩阵形式为

$$\boldsymbol{R}_{xx}\boldsymbol{a}_p = -\boldsymbol{r}_{xx} \tag{5.3.8}$$

注意，式（5.3.1）中预测系数前的负号，使式（5.3.8）也出现了负号。还要提请读者注意，为记号方便，式（5.3.8）中并未特别标明 $\boldsymbol{a}_p$ 是最优预测系数。

根据式（5.1.23）可得最小均方预测误差为

$$E_p^f \equiv \min E[|f_p(n)|^2] = r_{xx}(0) + \boldsymbol{r}_{xx}^{\mathrm{H}}\boldsymbol{a}_p = r_{xx}(0) + \sum_{k=1}^{p} a_p(k)r_{xx}(-k) \tag{5.3.9}$$

式（5.3.8）也可写为

$$\sum_{k=1}^{p} a_p(k)r_{xx}(l-k) = -r_{xx}(l), \quad l=1,2,\cdots,p \tag{5.3.10}$$

注意到 $a_p(0)=1$，将以上两式结合得

$$\sum_{k=1}^{p} a_p(k)r_{xx}(l-k) = E_p^f \delta(l), \quad l=0,1,,\cdots,p \tag{5.3.11}$$

式（5.3.10）也可写为

$$\begin{bmatrix} r_{xx}(0) & r_{xx}^*(1) & \cdots & r_{xx}^*(p-1) \\ r_{xx}(1) & r_{xx}(0) & \cdots & r_{xx}^*(p-2) \\ \vdots & \vdots & & \vdots \\ r_{xx}(p-1) & r_{xx}(p-2) & \cdots & r_{xx}(0) \end{bmatrix}\begin{bmatrix} a_p(1) \\ a_p(2) \\ \vdots \\ a_p(p) \end{bmatrix} = -\begin{bmatrix} r_{xx}(1) \\ r_{xx}(2) \\ \vdots \\ r_{xx}(p) \end{bmatrix} \tag{5.3.12}$$

而式（5.3.11）的矩阵表达形式为

$$\begin{bmatrix} r_{xx}(0) & r_{xx}(-1) & r_{xx}(-2) & \cdots & r_{xx}(-p) \\ r_{xx}(1) & r_{xx}(0) & r_{xx}(-1) & \cdots & r_{xx}(-p+1) \\ \vdots & \vdots & \vdots & & \vdots \\ r_{xx}(p) & r_{xx}(p-1) & r_{xx}(p-2) & \cdots & r_{xx}(0) \end{bmatrix}\begin{bmatrix} 1 \\ a_p(1) \\ a_p(2) \\ \vdots \\ a_p(P) \end{bmatrix} = \begin{bmatrix} E_P^f \\ 0 \\ 0 \\ \vdots \\ 0 \end{bmatrix} \tag{5.3.13}$$

式（5.3.12）的数学表达形式与 AR 信号的 Yule-Walker 方程完全一致。这并非偶然，自有其背后的物理含义。AR 信号模型式（2.5.29）的输入是白噪声，输出是一般的平稳随机信号；若前向预测误差 FIR 滤波器式（5.3.12）是 AR 信号模型的逆系统，当其输入为 AR 信号模型产生的平稳随机信号时，其输出肯定是白噪声。

5.3.2　后向预测

由 $n-p$ 时刻后的 p 个观测数据 $x(n), x(n-2), \cdots, x(n-p+1)$, 预测 $n-p$ 时刻的信号值 $x(n-p)$ 称为 1 步后向预测。1 步后向线性预测器的输出表示为

$$\hat{x}(n-p) = -\sum_{k=0}^{p-1} b_p(k)x(n-k) \tag{5.3.14}$$

式中，$\hat{x}(n-p)$ 为对真实信号值 $x(n-p)$ 的预测值；$b_p(k)$ 为 p 阶 1 步后向线性预测器的预测系数。后向预测误差定义为

$$g_p(n) = x(n-p) - \hat{x}(n-p) = x(n-p) + \sum_{k=0}^{p-1} b_p(k)x(n-k)$$
$$\tag{5.3.15}$$
$$= \sum_{k=0}^{p} b_p(k)x(n-k), \quad b_p(p) = 1$$

与前向预测类似，后向预测信号 $g_p(n)$ 也可以视为一个 FIR 滤波器的输出，称为后向预测误差滤波器，其传递函数为

$$B_p(z) = \sum_{k=0}^{p} b_p(k)z^{-k} \tag{5.3.16}$$

与前向预测类似，后向预测也可以理解为维纳滤波问题。这时期望信号是 $x(n-p)$，预测信号矢量与预测系数矢量分别为

$$\boldsymbol{x}(n) = [x(n), x(n-1), \cdots x(n-p+1)]^{\mathrm{T}} \tag{5.3.17}$$
$$\boldsymbol{b}_p = [b_p(1), b_p(2), \cdots, b_p]^{\mathrm{T}} \tag{5.3.18}$$

但是，期望信号与观测信号矢量的互相关矢量为

$$\boldsymbol{r}_{xx}^B = E[x(n-p)\boldsymbol{x}^*(n)] = [r_{xx}^*(p), r_{xx}^*(p-1), \cdots, r_{xx}^*(1)]^{\mathrm{T}} \tag{5.3.19}$$

式中，$\boldsymbol{r}_{xx}$ 的定义见式（5.3.6），它表示前向预测时期望信号与观测信号矢量的相关矢量；$\boldsymbol{r}_{xx}^B$ 表示将矢量 $\boldsymbol{r}_{xx}$ 的各元素逆序排列后取共轭。这时观测信号的自相关矩阵与前向预测完全一样，在最小均方预测差意义下，求解最优后向预测系数的维纳-霍夫方程的矩阵形式为

$$\boldsymbol{R}_{xx}\boldsymbol{b}_p = -\boldsymbol{r}_{xx}^B \tag{5.3.20}$$

而最小均方后向预测误差为

$$E_p^b \equiv \min E[|g_p(n)|^2] = r_{xx}(0) + \boldsymbol{r}_{xx}^{BH}\boldsymbol{b}_p = r_{xx}(0) + \boldsymbol{r}_{xx}^{b\mathrm{T}}\boldsymbol{b}_p \tag{5.3.21}$$

式中，$\boldsymbol{r}_{xx}^{BH}$ 表示将 $\boldsymbol{r}_{xx}$ 逆序共轭后再转置共轭，实际上就是将 $\boldsymbol{r}_{xx}$ 逆序转置，表示为 $\boldsymbol{r}^{b\mathrm{T}}$，上标 b 表示各元素逆序排列，T 表示转置。

5.3.3 前向预测器和后向预测器的关系

比较前向预测与后向预测的维纳-霍夫方程（5.3.8）和（5.3.20），不同之处在于后向预测互相关矢量是前向预测互相关矢量的逆序共轭。由于自相关矩阵 $\boldsymbol{R}_{xx}$ 是埃尔米特矩阵，将式（5.3.20）右边的矢量取逆序共轭，很容易证明：

$$\boldsymbol{R}_{xx}\boldsymbol{b}_p^B = -r_{xx} \tag{5.3.22}$$

比较式（5.3.22）与式（5.3.8），得到前向预测系数与后向预测系数的关系为

$$\boldsymbol{b}_p = \boldsymbol{a}_p^B \tag{5.3.23}$$

也就是说，后向预测系数矢量是前向预测系数矢量的逆序共轭。式（5.3.23）也可写为

$$b_p(k) = a_p^*(p-k), \quad k = 0,1,\cdots,p \tag{5.3.24}$$

后向预测误差滤波器的传递函数为

$$B_p(z) = \sum_{k=0}^{p} b_p(k)z^{-k} = \sum_{k=0}^{p} a_p^*(p-k)z^{-k} = z^{-p}\sum_{k=0}^{p} a_p^*(p-k)z^{(p-k)}$$
$$= z^{-p}\sum_{k=0}^{p} a_p^*(k)z^k = z^{-p}A_p^*[(z^*)^{-1}] \tag{5.3.25}$$

可见后向预测误差滤波器的零点是前向预测误差滤波器零点的共轭倒数。由于式（5.3.21）中 $\boldsymbol{r}_{xx}^{BH}\boldsymbol{b}_p$ 是实数，它又等于 $\boldsymbol{r}_{xx}^H\boldsymbol{b}_p^B$，而 $\boldsymbol{b}_p^B$ 又等于 $\boldsymbol{a}_p$，从而得出另一结论：最小均方后向预测误差等于最小均方前向预测误差，记为

$$\min[\varepsilon_p^b] \equiv E_p^b = E_p^f \tag{5.3.26}$$

5.3.4 前向预测误差滤波器与后向预测误差滤波器的格型结构

前向预测误差滤波器和后向预测滤波器都可以用直接型结构实现，但更有意义的是，它们也可以用图 5.3.3 所示的格型结构实现，只不过前向预测误差从上部分支输出，而后向预测误差从下部分支输出。

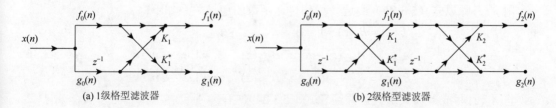

图 5.3.3　格型滤波器

1 级格型滤波器如图 5.3.3（a）所示，其中，K_1 称为反射系数。1 级格型滤波器的两个输出为

$$f_1(n) = x(n) + K_1 x(n-1)$$
$$g_1(n) = K_1^* x(n) + x(n-1)$$

$$(5.3.27)$$

而 1 阶直接型预测误差滤波器的输出为

$$f_1(n) = x(n) + a_1(1)x(n-1) \tag{5.3.28}$$

比较以上两式很容易看出，预测误差系数与反射指数之间的关系为

$$K_1 = a_1(1) \tag{5.3.29}$$

2 级格型滤波器是两个 1 级格型滤波器的级联，如图 5.3.3（b）所示，其两个输出为

$$f_2(n) = f_1(n) + K_2 g_1(n-1)$$
$$g_2(n) = K_2^* f_1(n) + g_1(n-1)$$

$$(5.3.30)$$

将式（5.3.27）代入式（5.3.30）得

$$f_2(n) = x(n) + (K_1 + K_1^* K_2)x(n-1) + K_2 x(n-2)$$
$$g_2(n) = K_2^* x(n) + (K_1^* + K_1 K_2^*)x(n-1) + x(n-2)$$

$$(5.3.31)$$

而 2 阶直接型预测误差滤波器的输出为

$$f_2(n) = x(n) + a_2(1)x(n-1) + a_2(2)x(n-2) \tag{5.3.32}$$

同样比较以上两式可以看出，预测误差系数与反射系数之间的关系为

$$a_2(2) = K_2, \quad a_2(1) = K_1 + K_1^* K_2 \tag{5.3.33}$$

以此类推，M 级格型滤波器对应 M 个 p 阶直接型滤波器，$p = 1, 2, \cdots M$。P 级格型滤波器的第 m 级的输入-输出关系由如下递推方程描述：

$$f_0(n) = g_0(n) = x_0(n)$$
$$f_m(n) = f_{m-1}(n) + K_m g_{m-1}(n-1), \quad m = 1, 2, \cdots, p$$
$$g_m(n) = K_m^* f_{m-1}(n) + g_{m-1}(n-1), \quad m = 1, 2, \cdots, p$$

$$(5.3.34)$$

5.3.5 预测系数和反射系数的递推计算

对式（5.3.34）两边进行 z 变换有

$$F_0(z) = G_0(z) = X(z)$$
$$F_m(z) = F_{m-1} F_{m-1}(z) + z^{-1} K_m G_{m-1}(z), \quad m = 1, 2, \cdots, p$$
$$G_m(z) = K_m^* F_{m-1}(z) + z^{-1} G_{m-1}(z), \quad m = 1, 2, \cdots, p$$

$$(5.3.35)$$

用 $X(z)$ 除以式（5.3.35）两边，得到传递函数的递推关系如下：

$$A_0(z) = B_0(z) = 1$$
$$A_m(z) = A_{m-1}(z) + K_m z^{-1} B_{m-1}(z), \quad m = 1, 2, \cdots, p$$
$$B_m(z) = K_m^* A_{m-1}(z) + z^{-1} B_{m-1}(z), \quad m = 1, 2, \cdots, p$$

$$(5.3.36)$$

将 $A_m(z)$ 写成多项式形式，并注意式（5.3.24），有

$$\sum_{k=0}^{m}\sum_{k=0}^{m} a_m(k)z^{-k} = \sum_{k=0}^{m} a_{m-1}(k)z^{-k} + K_m \sum_{k=0}^{m-1} a_{m-1}^*(m-1-k)z^{-(k+1)} \tag{5.3.37}$$

比较式（5.3.37）两边 z^{-1} 同幂次项的系数，并注意 $a_m(0) = 1$，得到由反射系数计算预测系数的递推关系如下：

$$a_m(0) = 1$$
$$a_m(m) = K_m$$
$$a_m(k) = a_{m-1}(k) + K_m a_{m-1}^*(m-k)$$
$$= a_{m-1}(k) + a_m(m) a_{m-1}^*(m-k), \quad 1 \leqslant k \leqslant m-1; m = 1, 2, \cdots, p \tag{5.3.38}$$

5.4　Levinson-Durbin 算法

在建立随机信号的 AR 模型和设计最优预测器时都需要求解 Yule-Walker 方程，直接求解需要计算自相关矩阵的逆矩阵，矩阵求逆计算量大，存储器开销大。Levinson-Durbin 算法是求解 Yule-Walker 方程的一种有效算法，与传统方法如高斯消元法比较，显著减少了计算量和存储器开销。Levinson-Durbin 算法是一种递推算法，它充分利用了自相关矩阵的性质，用 $m-1$ 阶预测器的解去计算 m 阶预测器的解，直到最后求出 p 阶预测器的解。

m 阶预测器的 Yule-Walker 方程为

$$\boldsymbol{R}_m \boldsymbol{a}_m = -\boldsymbol{r}_m \tag{5.4.1}$$

式中，$\boldsymbol{R}_m$ 是 $m \times m$ 自相关矩阵，将其分割成

$$\boldsymbol{R}_m = \begin{bmatrix} \boldsymbol{R}_{m-1} & \boldsymbol{r}_{m-1}^B \\ \boldsymbol{r}_{m-1}^{bT} & r_{xx}(0) \end{bmatrix} \tag{5.4.2}$$

m 阶 Yule-Walker 方程中的预测系数矢量为

$$\boldsymbol{a}_m = [a_m(1), a_m(2), \cdots, a_m(m)]^T \tag{5.4.3}$$

若它可以分割成

$$\boldsymbol{a}_m = \begin{bmatrix} \boldsymbol{a}_{m-1} \\ 0 \end{bmatrix} + \begin{bmatrix} \boldsymbol{a}_{m-1} \\ K_m \end{bmatrix} \tag{5.4.4}$$

则 m 阶 Yule-Walker 方程可以写为

$$\begin{bmatrix} \boldsymbol{R}_{m-1} & \boldsymbol{r}_{m-1}^B \\ \boldsymbol{r}_{m-1}^{bT} & r_{xx}(0) \end{bmatrix} \left(\begin{bmatrix} \boldsymbol{a}_{m-1} \\ 0 \end{bmatrix} + \begin{bmatrix} \boldsymbol{d}_{m-1} \\ K_m \end{bmatrix} \right) = -\begin{bmatrix} \boldsymbol{r}_{m-1} \\ r_{xx}(m) \end{bmatrix} \tag{5.4.5}$$

由式（5.4.5）可以得到

$$\boldsymbol{R}_{m-1} \boldsymbol{a}_{m-1} + \boldsymbol{R}_{m-1} \boldsymbol{d}_{m-1} + K_m \boldsymbol{r}_{m-1}^B = -\boldsymbol{r}_{m-1} \tag{5.4.6}$$

$$\boldsymbol{r}_{m-1}^{bT} \boldsymbol{a}_{m-1} + \boldsymbol{r}_{m-1}^{bT} \boldsymbol{d}_{m-1} + K_m r_{xx}(0) = -r_{xx}(m) \tag{5.4.7}$$

由于 $\boldsymbol{R}_{m-1} \boldsymbol{a}_{m-1} = -\boldsymbol{r}_{m-1}$，它正是 $m-1$ 阶前向预测器 Yule-Walker 方程，所以由式（5.4.6）得

$$\boldsymbol{d}_{m-1} = -K_m \boldsymbol{R}_{m-1}^{-1} \boldsymbol{r}_{m-1}^B \tag{5.4.8}$$

式中，$-\boldsymbol{R}_{m-1}^{-1} \boldsymbol{r}_{m-1}^B$ 正是 $m-1$ 阶后向预测器的解 $\boldsymbol{b}_{m-1}$。而后向预测系数矢量是前向预测系数矢量的逆序共轭，故由式（5.4.8）可得

$$\boldsymbol{d}_{m-1} = K_m \boldsymbol{b}_{m-1} = K_m \boldsymbol{a}_{m-1}^B \tag{5.4.9}$$

将式（5.4.9）代入式（5.4.7）有

$$K_m[r_{xx}(0) + \boldsymbol{r}_{m-1}^{bT} \boldsymbol{a}_{m-1}^B] + \boldsymbol{r}_{m-1}^{bT} \boldsymbol{a}_{m-1} = -r_{xx}(m) \tag{5.4.10}$$

即

$$K_m = -\frac{r_{xx}(m) + \boldsymbol{r}_{m-1}^{b\mathrm{T}}\boldsymbol{a}_{m-1}}{r_{xx}(0) + \boldsymbol{r}_{m-1}^{b\mathrm{T}}\boldsymbol{a}_{m-1}^B} \tag{5.4.11}$$

将式（5.4.9）和式（5.4.11）代入式（5.4.4）得

$$a_m(m) = K_m = -\frac{r_{xx}(m) + \boldsymbol{r}_{m-1}^{b\mathrm{T}}\boldsymbol{a}_{m-1}}{r_{xx}(0) + \boldsymbol{r}_{m-1}^{b\mathrm{T}}\boldsymbol{a}_{m-1}^B} = -\frac{r_{xx}(m) + \boldsymbol{r}_{m-1}^{b\mathrm{T}}\boldsymbol{a}_{m-1}}{E_{m-1}^f} \tag{5.4.12}$$

$$\begin{aligned} a_m(k) &= a_{m-1}(k) + K_m a_{m-1}^*(m-k) \\ &= a_{m-1}(k) + a_m(m)a_{m-1}^*(m-k), \quad 1 \leqslant k \leqslant m-1; m = 1, 2, \cdots, p \end{aligned} \tag{5.4.13}$$

上述两式与前面根据 z 变换系数比较得出的结果（5.3.38）完全一致。

接下来推导最小均方误差的迭代计算公式。将式（5.4.4）代入式（5.3.9）有

$$E_m^f = r_{xx}(0) + \boldsymbol{r}_m^\mathrm{H}\boldsymbol{a}_m = r_{xx}(0) + K_m r_{xx}^*(m) + \boldsymbol{r}_{m-1}^\mathrm{H}\boldsymbol{a}_{m-1} + \boldsymbol{r}_{m-1}^\mathrm{H}\boldsymbol{d}_{m-1} \tag{5.4.14}$$

再将式（5.4.9）代入式（5.4.14），得

$$E_m^f = E_{m-1}^f + K_m[r_{xx}(m) + \boldsymbol{r}_{m-1}^\mathrm{T}\boldsymbol{a}_{m-1}^b]^* = E_{m-1}^f + K_m[r_{xx}(m) + \boldsymbol{r}_{m-1}^{b\mathrm{T}}\boldsymbol{a}_{m-1}]^* \tag{5.4.15}$$

最后将式（5.4.12）代入，得到最小均方误差的迭代计算公式如下：

$$E_m^f = (1 - |K_m|^2)E_{m-1}^f, \quad m = 1, 2, \cdots, p \tag{5.4.16}$$

式（5.4.12）～式（5.4.16）就是 Levinson-Durbin 递推算法的迭代计算公式。从 $m = 1$ 开始，由式（5.3.10）和式（5.4.12）计算可得

$$K_1 = a_1(1) = -\frac{r_{xx}(1)}{r_{xx}(0)} \tag{5.4.17}$$

由式（5.4.16）计算可得

$$E_1^f = (1 - |K_1|^2)E_0^f, \quad E_0^f = r_{xx}(0) \tag{5.4.18}$$

然后依次用式（5.4.12）～式（5.4.16）计算 $m = 2, 3, \cdots, p$ 时的反射系数、预测系数和预测误差。Levinson-Durbin 算法同时计算预测误差滤波器格型结构的反射系数和直接型结构的预测系数及最小预测误差。可以看到，随着滤波器阶数的增加，低阶格型结构的各个反射系数并不需要改变，但直接型结构的所有预测系数都必须刷新。

因为均方误差只能取非负值，所以最优预测误差格型滤波器的反射系数必然满足

$$|K_m| \leqslant 1, \quad m = 1, 2, \cdots, p \tag{5.4.19}$$

从而

$$E_m^f \leqslant E_{m-1}^f, \quad m = 1, 2, \cdots, p \tag{5.4.20}$$

也就是说，随着滤波器阶数的增加，预测误差会越来越小。

$$E_p^f = r_{xx}(0)\prod_{m=1}^p (1 - |K_m|^2) \tag{5.4.21}$$

第 6 章　卡尔曼滤波

6.1　卡尔曼滤波的基本概念

第 5 章介绍了维纳滤波，维纳滤波解决了平稳随机信号的估计问题，在应用维纳滤波时，假定信号和观测是平稳随机信号，并且它们的功率谱或者相关函数已知。但在实际中平稳的假定并不一定成立，而且如果待估计的信号不是标量信号而是矢量信号，谱分解也较为困难。而采用卡尔曼滤波，则可以有效地解决非平稳和矢量信号的估计问题。

下面通过卡尔曼滤波的原理框图来说明卡尔曼滤波的应用。图 6.1.1 所示为卡尔曼滤波的原理框图，对于一个随机系统，系统状态未知，系统可能受到某种外力的控制，还可能存在一定的误差来源，且是随机的。系统既有确定性的变化部分（系统的状态变化规律可能是确定的），同时具有不确定的成分，通过对系统的随机扰动或扰动噪声体现出来。

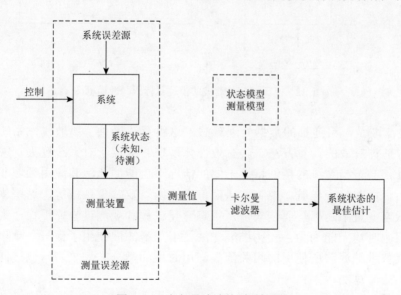

图 6.1.1　卡尔曼滤波的原理框图

为了了解系统的状态，需要通过测量装置对系统的状态分量进行观测。测量装置存在一定的测量误差，所以实际的测量值是系统的状态叠加上测量误差。卡尔曼滤波算法通过对观测数据的处理来得到系统状态变量的估计。在设计卡尔曼滤波算法时，需要对随机动态系统建模，所以估计结果的好坏也取决于模型的准确性。模型不准会带来较大的滤波误差，因此建模是卡尔曼滤波算法设计的一部分。通过卡尔曼滤波可以减小观测噪声的影响，得到状态的精确估计。

下面通过一个具体的例子来进一步加以说明：基于卡尔曼滤波的雷达目标跟踪，如

图 6.1.2 所示。假设将空中的一架飞机作为观测目标，飞机的运动特性可以用随机动态系统来描述，系统的状态为距离、方位、俯仰角以及速度等参数。飞机除了因为动力的影响产生运动外，大气湍流还对飞机运动特性产生随机扰动。雷达对飞机运动进行观测时，同样会引入一定的测量误差，因此利用卡尔曼滤波算法，综合考虑状态与观测，对观测数据进行处理，可以得到飞机运动状态的精确估计。

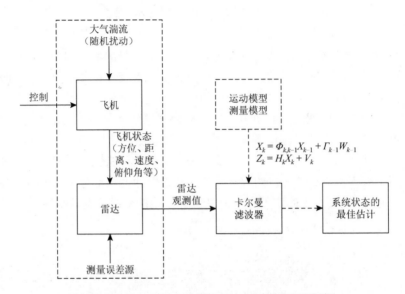

图 6.1.2 基于卡尔曼滤波的雷达目标跟踪应用框图

卡尔曼滤波是一组递推的数据处理算法，这组算法提供了离散线性系统状态的线性最小均方估计有效的计算方法。其有效性体现在它提供了对系统过去、现在和未来状态的估计，甚至当系统的精细特性未知的情况下也能如此。其应用领域非常广泛，常见的包括目标跟踪、导航、控制、通信信道均衡以及气象预报等，这些领域中，被测系统的状态变量不是标量而是矢量，状态变化过程和观测过程非平稳，维纳滤波在面对这些问题时均无能为力。相比维纳滤波，卡尔曼滤波使用了信号与噪声的状态空间模型来代替维纳滤波所使用的相关函数，用时域的微分方程来表示滤波问题，最终得到递推的滤波算法。

6.2 状态空间模型

6.2.1 线性常系数系统的状态方程

线性时不变系统可用线性常系数微分方程描述，它指明了系统输入和输出之间的关系，但我们并不了解系统内部的动态过程。

下面以图 6.2.1 所示的 *RC* 电路为例，分析该线性时不变系统的状态方程。

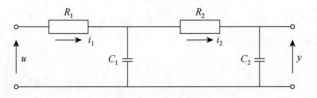

图 6.2.1　RC 电路

对于图 6.2.1 所示的电路，可以选择电容 C_1 两端的电压 u_{C_1} 和流过电阻 R_2 的电流 i_2 为状态变量。基于基尔霍夫定律，有

$$\left(C_1\frac{\mathrm{d}u_{C_1}}{\mathrm{d}t}+i_2\right)R_1+u_{C_1}=u \tag{6.2.1}$$

$$R_2i_2+\frac{1}{C_2}\int i_2\mathrm{d}t=u_{C_1} \tag{6.2.2}$$

从而得到如下状态方程：

$$\frac{\mathrm{d}u_{C_1}}{\mathrm{d}t}=-\frac{1}{R_1C_1}u_{C_1}-\frac{1}{C_1}i_2+\frac{1}{R_1C_1}u \tag{6.2.3}$$

$$\frac{\mathrm{d}i_2}{\mathrm{d}t}=-\frac{1}{R_1R_2C_1}u_{C_1}-\frac{1}{R_2C}i_2+\frac{1}{R_1R_2C_1}u \tag{6.2.4}$$

$$\begin{pmatrix}\dfrac{\mathrm{d}u_{C_1}}{\mathrm{d}t}\\[2mm]\dfrac{\mathrm{d}i_2}{\mathrm{d}t}\end{pmatrix}=\begin{pmatrix}-\dfrac{1}{R_1C_1}&-\dfrac{1}{C_1}\\[2mm]-\dfrac{1}{R_1R_2C_1}&-\dfrac{1}{R_2C}\end{pmatrix}\begin{pmatrix}u_{C_1}\\[2mm]i_2\end{pmatrix}+\begin{pmatrix}\dfrac{1}{R_1C_1}\\[2mm]\dfrac{1}{R_1R_2C_1}\end{pmatrix}u \tag{6.2.5}$$

式中，$\dfrac{1}{C}=\dfrac{1}{C_1}+\dfrac{1}{C_2}$，或者 $C=\dfrac{C_1C_2}{C_1+C_2}$。

如果系统输出为 C_2 上的电压 y，那么很容易写出如下输出方程：

$$y=u_{C_2}=u_{C_1}-R_2i_2\Rightarrow y=(1-R_2)\begin{pmatrix}u_{C_1}\\[2mm]i_2\end{pmatrix} \tag{6.2.6}$$

令 $X=u_{C_1}$，$\dot{X}=\dfrac{\mathrm{d}u_{C_1}}{\mathrm{d}t}$，$I=i_2$，$\dot{I}=\dfrac{\mathrm{d}i_2}{\mathrm{d}t}$，则式（6.2.6）可进一步写为

$$\begin{pmatrix}\dot{X}\\[2mm]\dot{I}\end{pmatrix}=\begin{pmatrix}-\dfrac{1}{R_1C_1}&-\dfrac{1}{C_1}\\[2mm]-\dfrac{1}{R_1R_2C_1}&-\dfrac{1}{R_2C}\end{pmatrix}\begin{pmatrix}X\\[2mm]I\end{pmatrix}+\begin{pmatrix}\dfrac{1}{R_1C_1}\\[2mm]\dfrac{1}{R_1R_2C_1}\end{pmatrix}u \tag{6.2.7}$$

$$y=(1-R_2)\begin{pmatrix}X\\[2mm]I\end{pmatrix} \tag{6.2.8}$$

式（6.2.7）和式（6.2.8）中的 X 和 I 是描述图 6.2.1 中线性系统所需的数目最少的一组变量，称为该系统的状态变量，只要知道了 t_0 时刻的初始值 $X(t_0)$ 以及 $t\geqslant t_0$ 时系统的输

入，则它们在 $t \geqslant t_0$ 的任何时刻的值就完全确定。式（6.2.7）就是描述该系统的状态方程，式（6.2.8）就是该系统的观测方程。

一般而言，系统不只一个状态变量，有 n 个自由度的系统可以选择 n 个能充分描述系统性能的状态变量，因此，上述状态方程和观测方程具有更为一般的形式。

设可用 n 个状态变量 $x_1(t), x_2(t), \cdots, x_n(t)$ 来充分地描述系统内部的动态过程，写成状态矢量：

$$\boldsymbol{X}(t) = [x_1(t), x_2(t), \cdots, x_n(t)]^{\mathrm{T}} \tag{6.2.9}$$

系统的 m 个输入和 l 个输出也可以写成输入矢量 $\boldsymbol{U}(t)$ 和输出矢量 $\boldsymbol{Y}(t)$：

$$\boldsymbol{U}(t) = [u_1(t), u_2(t), \cdots, u_m(t)]^{\mathrm{T}} \tag{6.2.10}$$

$$\boldsymbol{Y}(t) = [y_1(t), y_2(t), \cdots, y_l(t)]^{\mathrm{T}} \tag{6.2.11}$$

则线性常系数系统的状态方程和输出方程可写为下列一般形式：

$$\dot{\boldsymbol{X}}(t) = \boldsymbol{A}\boldsymbol{X}(t) + \boldsymbol{B}\boldsymbol{U}(t) \tag{6.2.12}$$

$$\boldsymbol{Y}(t) = \boldsymbol{C}\boldsymbol{X}(t) + \boldsymbol{D}\boldsymbol{U}(t) \tag{6.2.13}$$

式中，$\boldsymbol{A}$ 为 $n \times n$ 矩阵；$\boldsymbol{B}$ 为 $n \times m$ 矩阵；$\boldsymbol{C}$ 为 $l \times n$ 矩阵；$\boldsymbol{D}$ 为 $l \times m$ 矩阵。

式（6.2.12）所示的状态方程为一阶常系数矢量微分方程。其解与通常的一阶常系数微分方程的解有非常类似的形式：

$$\boldsymbol{X}(t) = \boldsymbol{\Phi}(t - t_0)\boldsymbol{X}(t_0) + \int_0^t \boldsymbol{\Phi}(t - \tau)\boldsymbol{B}\boldsymbol{U}(\tau)\mathrm{d}\tau \tag{6.2.14}$$

式中，$\boldsymbol{X}(t_0)$ 为初始状态矢量；$\boldsymbol{\Phi}(t)$ 为系统的状态转移矩阵，定义为

$$\boldsymbol{\Phi}(t) = \mathrm{e}^{\boldsymbol{A}t} = \sum_{k=0}^{+\infty} \frac{\boldsymbol{A}^k}{k!} t^k \tag{6.2.15}$$

6.2.2　线性时变系统的离散状态

对于线性时变随机矢量连续系统，可用随机矢量微分方程描述：

$$\dot{\boldsymbol{X}}(t) = \boldsymbol{A}(t)\boldsymbol{X}(t) + \boldsymbol{B}(t)\boldsymbol{U}(t) \tag{6.2.16}$$

式中，$\boldsymbol{X}(t)$ 为 n 维随机矢量；$\boldsymbol{U}(t)$ 为 m 维动态噪声矢量。

应该看到，式（6.2.16）与式（6.2.12）形式上是类似的，只不过式（6.2.12）中的矩阵 $\boldsymbol{A}$ 和 $\boldsymbol{B}$ 均是常数矩阵。

时变系统的状态转移矩阵为

$$\boldsymbol{\Phi}(t, t_0) = \boldsymbol{I} + \int_0^t \boldsymbol{A}(\tau)\mathrm{d}\tau + \int_0^t \boldsymbol{A}(\tau_1)\left[\int_0^{\tau_1} \boldsymbol{A}(\tau_2)\mathrm{d}\tau_2\right]\mathrm{d}\tau_1 + \cdots \tag{6.2.17}$$

时变系统的状态为

$$\boldsymbol{X}(t) = \boldsymbol{\Phi}(t, t_0)\boldsymbol{X}(t_0) + \int_0^t \boldsymbol{\Phi}(t, \tau)\boldsymbol{B}(\tau)\boldsymbol{U}(\tau)\mathrm{d}\tau \tag{6.2.18}$$

如果输入矢量 $\boldsymbol{U}(\tau)$ 是分段常数的，即

$$\boldsymbol{U}(\tau) = \boldsymbol{U}(t_{k-1}), \quad t_{k-1} \leqslant t < t_k \tag{6.2.19}$$

那么令式（6.2.18）中 $t = t_k, t_0 = t_{k-1}$，可得

$$\boldsymbol{X}(t_k) = \boldsymbol{\Phi}(t_k, t_{k-1})\boldsymbol{X}(t_{k-1}) + \left[\int_{t_{k-1}}^{t_k} \boldsymbol{\Phi}(t_k, \tau)\boldsymbol{B}(\tau)\mathrm{d}\tau\right]\boldsymbol{U}(t_{k-1}) \tag{6.2.20}$$

令

$$X_k = X(t_k) \tag{6.2.21}$$

$$\boldsymbol{\Phi}_{k,k-1} = \boldsymbol{\Phi}(t_k, t_{k-1}) \tag{6.2.22}$$

$$W_{k-1} = U(t_{k-1}) \tag{6.2.23}$$

$$\boldsymbol{\Gamma}_{k-1} = \int_{t_{k-1}}^{t_k} \boldsymbol{\Phi}(t_k, \tau) B(\tau) \mathrm{d}\tau \tag{6.2.24}$$

则可得线性时变系统的离散状态方程：

$$X_k = \boldsymbol{\Phi}_{k,k-1} X_{k-1} + \boldsymbol{\Gamma}_{k-1} W_{k-1}, \quad k \geqslant 1 \tag{6.2.25}$$

其解为

$$X_k = \boldsymbol{\Phi}_{k,0} X_0 + \sum_{i=1}^{k} \boldsymbol{\Phi}_{k,l} \boldsymbol{\Gamma}_{l-1} W_{l-1} \tag{6.2.26}$$

与时变数量差分方程一样，我们也完全可以由式（6.2.25）递推求解，这是与连续情况很不同的，务必注意。式（6.2.25）的 n 步递推关系为

$$X_k = \boldsymbol{\Phi}_{k,j} X_j + \sum_{l=j+1}^{k} \boldsymbol{\Phi}_{k,l} \boldsymbol{\Gamma}_{l-1} W_{l-1}, \quad k > j \tag{6.2.27}$$

6.2.3　测量方程

对于预测与滤波，需要用状态的观测数据对系统的状态进行估计，因此，除了建立系统的状态方程外，还需要建立一个测量方程，离散系统测量方程为

$$Z_k = H_k X_k + V_k \tag{6.2.28}$$

式中，Z_k 和 V_k 分别为测量矢量和观测噪声矢量。

6.3　卡尔曼滤波原理

设已知离散系统的 n 维马尔可夫状态方程与 m 维观测方程分别为

$$X_k = \boldsymbol{\Phi}_{k,k-1} X_{k-1} + \boldsymbol{\Gamma}_{k-1} W_{k-1} \tag{6.3.1}$$

$$Z_k = H_k X_k + V_k \tag{6.3.2}$$

式中，X_k 为 n 维状态矢量；W_{k-1} 为 r 维随机矢量序列，称为动态噪声；Z_k 为 m 维观测矢量；V_k 为 m 维观测噪声矢量；$\boldsymbol{\Phi}_{k,k-1}$ 为 $n \times n$ 阶非奇异矩阵，是 $k-1$ 时刻到 k 时刻的状态转移矩阵；$\boldsymbol{\Gamma}_{k-1}$ 为矢量 W_{k-1} 的 $n \times r$ 阶变换矩阵；H_k 为 $m \times n$ 阶变换矩阵，称为观测矩阵。

设动态噪声 W_k 与观测噪声 V_k 为不相关的白噪声矢量序列，其统计特性为

$$E[W_k] = \mathbf{0}, \quad \mathrm{cov}(W_k, W_j) = E[W_k W_j^{\mathrm{T}}] = Q_k \delta_{kj} \tag{6.3.3}$$

$$E[V_k] = \mathbf{0}, \quad \mathrm{cov}(V_k, V_j) = E[V_k V_j^{\mathrm{T}}] = R_k \delta_{kj} \tag{6.3.4}$$

$$\mathrm{cov}(W_K, V_j) = E[W_k W_j^{\mathrm{T}}] = \mathbf{0} \tag{6.3.5}$$

系统初始状态的统计特性为

$$E[X_0] = \bar{X}_0, \quad \mathrm{var} X_0 = E[(X_0 - \bar{X}_0)(X_0 - \bar{X}_0)^{\mathrm{T}}] \tag{6.3.6}$$

$$\text{cov}(\boldsymbol{X}_0, \boldsymbol{W}_k) = E[\boldsymbol{X}_0 \boldsymbol{W}_k^{\mathrm{T}}] = \boldsymbol{0} \tag{6.3.7}$$

$$\text{cov}(\boldsymbol{X}_0, \boldsymbol{V}_k) = E[\boldsymbol{X}_0 \boldsymbol{V}_k^{\mathrm{T}}] = \boldsymbol{0} \tag{6.3.8}$$

卡尔曼滤波包括最佳估计和最佳预测两个方面,所得估计是用当前及过去时刻的观测值对当前时刻的信号值进行估计,而预测是用过去时刻的观测值对当前时刻的信号值进行预测估计。

设对 k 时刻的信号估计值和预测值分别为 $\hat{\boldsymbol{X}}_k$ 和 $\hat{\boldsymbol{X}}_{k|k-1}$,则可以定义滤波估计误差方差阵 $\boldsymbol{P}_k$ 和预测误差方差阵 $\boldsymbol{P}_{k|k-1}$ 如下:

$$\boldsymbol{P}_k = E[(\boldsymbol{X}_k - \hat{\boldsymbol{X}}_k)(\boldsymbol{X}_k - \hat{\boldsymbol{X}}_k)^{\mathrm{T}}] \tag{6.3.9}$$

$$\boldsymbol{P}_{k|k-1} = E[(\boldsymbol{X}_k - \hat{\boldsymbol{X}}_{k|k-1})(\boldsymbol{X}_k - \hat{\boldsymbol{X}}_{k|k-1})^{\mathrm{T}}] \tag{6.3.10}$$

卡尔曼滤波就是使上述误差方差阵最小的线性滤波算法。但和维纳滤波不同的是,它是一种递减算法。

矢量情况离散卡尔曼滤波递推公式如下。

(1)最优预测值:

$$\hat{\boldsymbol{X}}_{k|k-1} = \boldsymbol{\Phi}_{k,k-1} - \hat{\boldsymbol{X}}_{k-1} \tag{6.3.11}$$

(2)预测误差方差阵:

$$\boldsymbol{P}_{k|k-1} = \boldsymbol{\Phi}_{k,k-1} \boldsymbol{P}_{k-1} \boldsymbol{\Phi}_{k,k-1}^{\mathrm{T}} + \boldsymbol{\Gamma}_{k-1} \boldsymbol{Q}_{k-1} \boldsymbol{\Gamma}_{k-1}^{\mathrm{T}} \tag{6.3.12}$$

(3)最优滤波增益:

$$\boldsymbol{K}_k = \boldsymbol{P}_{k|k-1} \boldsymbol{H}_k^{\mathrm{T}} (\boldsymbol{H}_k \boldsymbol{P}_{k|k-1} \boldsymbol{H}_k^{\mathrm{T}} + \boldsymbol{R}_k)^{-1} \tag{6.3.13}$$

(4)最优滤波值:

$$\hat{\boldsymbol{X}}_k = \hat{\boldsymbol{X}}_{k|k-1} + \boldsymbol{K}_k (\boldsymbol{Z}_k - \boldsymbol{H}_k \hat{\boldsymbol{X}}_{k|k-1}) \tag{6.3.14}$$

(5)滤波误差方差阵:

$$\boldsymbol{P}_k = (\boldsymbol{I} - \boldsymbol{K}_k \boldsymbol{H}_k) \boldsymbol{P}_{k|k-1} \tag{6.3.15}$$

式(6.3.11)~式(6.3.15)是卡尔曼滤波算法的数字模型。

图 6.3.1 说明了卡尔曼滤波的流程。图 6.3.1(a)的信号流图表示状态方程(6.3.1)和观测方程(6.3.2);图 6.3.1(b)的信号流图表示预测方程(6.3.11)和滤波方程(6.3.14);图 6.3.1(c)则是卡尔曼滤波算法的计算过程:从初始条件出发,每读入一个观测值,就可以做出最优预测和滤波估计;而且可以计算预测误差和估计误差。

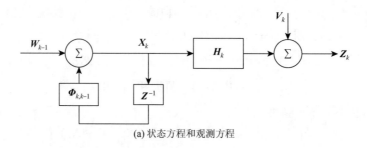

(a)状态方程和观测方程

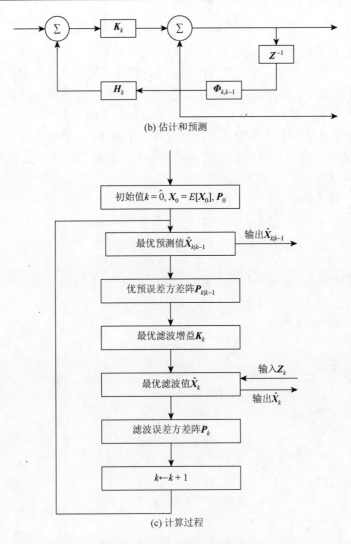

(b) 估计和预测

图 6.3.1　卡尔曼滤波的流程

维纳滤波需要信号自相关或功率谱的知识，需要求解维纳-霍夫方程得到最优线性滤波器；卡尔曼滤波则不同，它是一种递推算法，可实现实时处理。维纳滤波只适用于平稳随机信号，而卡尔曼滤波不仅能用于平稳情况，也可解决非平稳问题。所以，卡尔曼滤波在科学许多领域获得了广泛应用。

将式（6.3.11）代入式（6.3.14）可得卡尔曼滤波的纯滤波算法：

$$\hat{X}_k = \Phi_{k+1,k}\hat{X}_{k|k-1} + \Phi_{k+1,k}K_k(Z_k - H_k\hat{X}_{k|k-1}) \qquad (6.3.16)$$

式中，等号右边的两项中，第一项形式上类似于状态方程（6.3.1）的第一项，是对前一时刻的估值作线性运算（或递推），是根据 $k-1$ 时刻的估值对 k 时刻所作的预测估计；第二项是校正项，是将实际的观测值 Z_k 减去预测估计观测值并乘以时变增益。从式（6.3.13）可以看到，时变增益是要根据预测误差结果而随时调节的，误差越大，时变增益越大。

同样，也可以将式（6.3.14）代入式（6.3.11）得卡尔曼滤波的纯预测算法：

$$\hat{X}_{k+1|k} = \boldsymbol{\Phi}_{k+1,k}\hat{X}_{k|k-1} + \boldsymbol{\Phi}_{k+1,k}\boldsymbol{K}_k(\boldsymbol{Z}_k - \boldsymbol{H}_k\hat{X}_{k|k-1}) \tag{6.3.17}$$

若状态方程和观测方程都是时不变的，则状态转移矩阵、观测矩阵、动态噪声变换矩阵与时间无关，可简记为 $\boldsymbol{\Phi}$、$\boldsymbol{H}$、$\boldsymbol{\Gamma}$。若动态噪声和观测噪声是平稳的，则它们的方差阵 $\boldsymbol{Q}_k$ 和 $\boldsymbol{R}_k$ 亦与时间无关，可简记为 $\boldsymbol{Q}$ 和 $\boldsymbol{R}$。进一步，若噪声矢量的各分量不相关（这是通常情况），则 $\boldsymbol{Q}$ 和 $\boldsymbol{R}$ 为对角矩阵，对角线的元素为各分量的方差。在上述情况下，卡尔曼滤波的递推公式将大大简化。但也需要特别注意，预测误差、滤波增益、滤波误差总是时变的。如果数学模型合理，计算引起的累积误差不大，那么，卡尔曼滤波的误差随着 k 的增加将会逐步收敛。

下面讨论一维（数量）卡尔曼滤波。

这时式（6.3.1）和式（6.3.2）所示的状态方程和观测方程为

$$x_k = ax_{k-1} + w_{k-1} \tag{6.3.18}$$

$$z_k = x_k + v_k \tag{6.3.19}$$

设 a 为常数，w_k、v_k 为零均值平稳白噪声，且它们不相关，故为平稳情况下的卡尔曼滤波，其递推公式由式（6.3.11）～式（6.3.15）得到。

（1）最优预测值：

$$\hat{x}_{k|k-1} = a\hat{x}_{k-1} \tag{6.3.20}$$

（2）预测误差值：

$$P_{k|k-1} = a^2 P_{k-1} + \sigma_w^2 \tag{6.3.21}$$

（3）滤波增益值：

$$K_k = \frac{P_{k|k-1}}{P_{k|k-1} + \sigma_v^2} \tag{6.3.22}$$

（4）最优滤波值：

$$\hat{x}_k = \hat{x}_{k|k-1} + K_k(Z_k - \hat{x}_{k|k-1}) \tag{6.3.23}$$

（5）滤波误差值：

$$P_k = (1 - K_k)P_{k|k-1} \tag{6.3.24}$$

若只进行纯滤波，则应将式（6.3.20）代入式（6.3.23）得

$$\hat{x}_k = a\hat{x}_{k-1} + K_k(Z_k - a\hat{x}_{k-1}) \tag{6.3.25}$$

下面将进一步简化算法，首先将式（6.3.21）代入式（6.3.22）得

$$K_k = \frac{a^2 P_{k-1} + \sigma_w^2}{a^2 P_{k-1} + \sigma_w^2 + \sigma_v^2} \tag{6.3.26}$$

再将式（6.3.22）代入式（6.3.24）可得

$$P_k = \sigma_v^2 K_k \tag{6.3.27}$$

综合式（6.3.26）和式（6.3.27）可得

$$K_k = \frac{P_k}{\sigma_v^2} = \frac{a^2 \sigma_v^2 K_{k-1} + \sigma_w^2}{a^2 \sigma_v^2 K_{k-1} + \sigma_w^2 + \sigma_v^2}$$

令 $A = \dfrac{\sigma_w^2}{\sigma_v^2}$，则上式可写为

$$K_k = \frac{P_k}{\sigma_v^2} = \frac{a^2 K_{k-1} + A}{a^2 K_{k-1} + A + 1} \tag{6.3.28}$$

由式（6.3.28）可见，滤波增益实际上就是归一化均方误差。所以可用式（6.3.25）和式（6.3.28）进行递推计算，由式（6.3.8）和式（6.3.18）不难得到递推算法的初始值为

$$\hat{x}_0 = E[\hat{x}_0] = E[x] = 0, \quad P_0 = E[x^2] = \frac{\sigma_w^2}{1-a^2}, \quad K_0 = \frac{A}{1-a^2} \tag{6.3.29}$$

6.4　卡尔曼滤波举例

例 6.4.1　离散状态方程。

设时间序列信号模型为二阶自回归差分方程：

$$x(k) = ax(k-1) + bx(k-2) + w(k-1) \tag{6.4.1}$$

令

$$x_1(k) = x(k), \quad x_2(k) = x(k-1) \tag{6.4.2}$$

则二阶差分方程（6.4.1）可以化为两个一阶差分方程：

$$x_1(k) = ax_1(k-1) + bx_2(k-1) + w(k-1) \tag{6.4.3}$$

$$x_2(k) = x_1(k-1) \tag{6.4.4}$$

从而可得一阶状态方程

$$\begin{bmatrix} x_1(k) \\ x_2(k) \end{bmatrix} = \begin{bmatrix} a & b \\ 1 & 0 \end{bmatrix} \begin{bmatrix} x_1(k-1) \\ x_2(k-1) \end{bmatrix} + \begin{bmatrix} w(k-1) \\ 0 \end{bmatrix} \tag{6.4.5}$$

按照类似的方法，可以将 n 阶数量信号模型化为 n 维矢量一阶信号模型。由状态的物理特性知道二阶动态性在信号特性中起着重要作用。另外，因为二阶信号模型有两个参数可以调整，所以它能更好地逼近实际随机信号的自相关或功率谱，例 6.4.1 介绍的方法是有普遍意义的。

例 6.4.2　连续状态方程。

对于连续系统，也可以用类似的方法，如对二阶微分方程：

$$\ddot{x}(t) + a\dot{x}(t) + bx(t) = w(t) \tag{6.4.6}$$

可令

$$x_1(t) = x(t), \quad x_2(t) = \dot{x}(t) \tag{6.4.7}$$

从而将式（6.4.6）化为二维矢量的一阶状态方程：

$$\begin{bmatrix} \dot{x}_1(t) \\ \dot{x}_2(t) \end{bmatrix} = \begin{bmatrix} 0 & 1 \\ -b & -a \end{bmatrix} \begin{bmatrix} x_1(t) \\ x_2(t) \end{bmatrix} + \begin{bmatrix} 0 \\ w(t) \end{bmatrix} \tag{6.4.8}$$

例 6.4.3　卡尔曼滤波在空中交通管制雷达跟踪中的应用。

在跟踪飞机过程中，人们关心的仅仅是在固定的时间间隔上获得经过改善的距离和方位估计值，或是提前做出预测以提高控制性能。作用距离较短的机场监视雷达（ASR）旋转的速率为 15r/min，而远距离空间航线监视雷达（ASSR）的旋转速率为 6r/min，即它每隔 4s 或 10s 提供一次观测数据。

　　假设能测量的只是距离 r 和方位 θ，而要由它们估计和预测的不仅有距离和方位，还有飞机的径向速率 $\dot{r}$ 及方位角速率 $\dot{\theta}$。

　　设正在跟踪的飞机在时间 k 的距离为 $R+r(k)$，经过时间 T 之后，即在时间 $k+1$ 上的距离为 $R+r(k+1)$。其中，T 为雷达跟踪周期；$r(k)$ 为对平均距离的偏移，它是均值为零的随机变量。若 T 不是过大，则取一级近似。

$$r(k+1) = r(k) + T\dot{r}(k) \tag{6.4.9}$$

$$\dot{r}(k+1) - \dot{r}(k) = Tu(k) \tag{6.4.10}$$

　　设式（6.4.10）中 $u(k)$ 为零均值的平稳白噪声过程，它可能由突然来的阵风引起，也可能由发动机短时间的不规则突然变化引起。令 $u_1(k) = Tu(k)$，它也是零均值平稳白噪声。对方位角也进行类似的分析，可以得到如下信号模型（状态方程）：

$$r(k+1) = r(k) + T\dot{r}(k) \tag{6.4.11}$$

$$\dot{r}(k+1) = \dot{r}(k) + u_1(k) \tag{6.4.12}$$

$$\theta(k+1) = \theta(k) + T\dot{\theta}(k) \tag{6.4.13}$$

$$\dot{\theta}(k+1) = \dot{\theta}(k) + u_2(k) \tag{6.4.14}$$

$$\begin{bmatrix} r(k) \\ \dot{r}(k) \\ \theta(k) \\ \dot{\theta}(k) \end{bmatrix} = \begin{bmatrix} 1 & T & 0 & 0 \\ 0 & 1 & 0 & 0 \\ 0 & 0 & 1 & T \\ 0 & 0 & 0 & 1 \end{bmatrix} \begin{bmatrix} r(k-1) \\ \dot{r}(k-1) \\ \theta(k-1) \\ \dot{\theta}(k-1) \end{bmatrix} \begin{bmatrix} 0 \\ u_1(k) \\ 0 \\ u_2(k) \end{bmatrix} \tag{6.4.15}$$

而观测方程为线性的测试，并混有加性噪声，所以有

$$z_1(k) = r(k) + v_1(k) \tag{6.4.16}$$

$$z_2(k) = \theta(k) + v_2(k) \begin{bmatrix} z_1(k) \\ z_2(k) \end{bmatrix}$$

$$= \begin{bmatrix} 1 & 0 & 0 & 0 \\ 0 & 0 & 1 & 0 \end{bmatrix} \begin{bmatrix} r(k) \\ \dot{r}(k) \\ \theta(k) \\ \dot{\theta}(k) \end{bmatrix} + \begin{bmatrix} v_1(k) \\ v_2(k) \end{bmatrix} \tag{6.4.17}$$

　　要特别注意，$v_1(k)$ 和 $v_2(k)$ 是雷达测试过程中的噪声。所以它们与信号模型中的动态噪声是不相关的。进一步假定 u_1 和 u_2 不相关，v_1 和 v_2 不相关，那么

$$Q_k = \begin{bmatrix} 0 & 0 & 0 & 0 \\ 0 & \sigma_1^2 & 0 & 0 \\ 0 & 0 & 0 & 0 \\ 0 & 0 & 0 & \sigma_2^2 \end{bmatrix}$$

$$\sigma_1^2 = E[u_1^2(k)] \tag{6.4.18}$$

$$\sigma_2^2 = E[u_2^2(k)]$$

$$R_k = \begin{bmatrix} \sigma_r^2(k) & 0 \\ 0 & \sigma_\theta^2(k) \end{bmatrix} \tag{6.4.19}$$

$$\sigma_r^2(k) = E[v_1^2(k)] \tag{6.4.20}$$

$$\sigma_\theta^2 = E[v_2^2(k)] \tag{6.4.21}$$

例 6.4.4　设有常系数系统模型和观测模型：

$$x_k = 2x_{k-1} + w_k \tag{6.4.22}$$

$$z_k = x_k + v_k \tag{6.4.23}$$

且 $E[w_k] = 0, E[w_k^2] = 4; E[v_k] = 0, E[v_k^2] = 8$。试给出卡尔曼滤波器中 P_k 的变化规律。

解　由题意有

$$\boldsymbol{P}_{k|k-1} = \boldsymbol{\Phi}_{k,k-1} \boldsymbol{P}_{k-1} \boldsymbol{\Phi}_{k,k-1}^{\mathrm{T}} + \boldsymbol{Q}_{k-1} = 4\boldsymbol{P}_{k-1} + 4 \tag{6.4.24}$$

$$\begin{aligned}
\boldsymbol{K}_k &= \boldsymbol{P}_{k|k-1} \boldsymbol{H}_k^{\mathrm{T}} (\boldsymbol{H}_k \boldsymbol{P}_{k|k-1} \boldsymbol{H}_k^{\mathrm{T}} + \boldsymbol{R}_k)^{-1} \\
&= \frac{4\boldsymbol{P}_{k-1} + 4}{4\boldsymbol{P}_{k-1} + 4 + 8}
\end{aligned} \tag{6.4.25}$$

$$= \frac{\boldsymbol{P}_{k-1} + 1}{\boldsymbol{P}_{k-1} + 3}$$

$$\begin{aligned}
\boldsymbol{P}_k &= (1 - \boldsymbol{K}_k \boldsymbol{H}_k) \boldsymbol{P}_{k|k-1} \\
&= \left(1 - \frac{\boldsymbol{P}_{k-1} + 1}{\boldsymbol{P}_{k-1} + 3}\right)(4\boldsymbol{P}_{k-1} + 4)
\end{aligned} \tag{6.4.26}$$

$$= \frac{8(\boldsymbol{P}_{k-1} + 1)}{\boldsymbol{P}_{k-1} + 3}$$

为求 $\boldsymbol{P}_k$ 的稳态解，令 $\boldsymbol{P}_{k-1} = \boldsymbol{P}_k = \boldsymbol{P}_\infty$，则由式（6.4.26）可写出

$$\boldsymbol{P}_\infty = \frac{8(\boldsymbol{P}_\infty + 1)}{\boldsymbol{P}_\infty + 3} \tag{6.4.27}$$

$$\boldsymbol{P}_\infty^2 - 5\boldsymbol{P}_\infty - 8 = 0 \tag{6.4.28}$$

取正值解，$\boldsymbol{P}_\infty = 6.275$。

从不同的初始值 $\boldsymbol{P}_0$ 出发，求 $\boldsymbol{P}_k (k = 1, 2, \cdots)$，所有取值如表 6.4.1 所示。可见，只需要递推 5 步，卡尔曼滤波就接近稳定。

表 6.4.1　$\boldsymbol{P}_k$ 取值表

P_0 ＼ P_k	1	2	3	4	5	∞
∞	8	6.545	6.324	6.284	6.275	6.275
10	6.769	6.382	6.295	6.279	6.276	6.275
6.275	6.275	6.275	6.275	6.275	6.275	6.275
2	4.800	5.949	6.212	6.263	6.273	6.275
0	2.667	5.177	6.043	6.231	6.267	6.275

例 6.4.5　设有常系数系统模型和观测模型：

$$x_k = 0.8x_{k-1} + w_{k-1} \tag{6.4.29}$$

$$z_k = x_k + v_k \tag{6.4.30}$$

且 $E[w_k] = 0, E[w_k^2] = 0.36, E[v_k] = 0, E[v_k^2] = 1$。试求在稳态下的滤波方程，并说明其代表的物理意义。

解　由题意有

$$\boldsymbol{\Phi}_{k,k-1} = 0.8, \quad \boldsymbol{H}_k = 1, \quad \boldsymbol{Q}_k = 0.36, \quad \boldsymbol{R}_k = 1$$

$$\boldsymbol{P}_{k|k-1} = \boldsymbol{\Phi}_{k,k-1} \boldsymbol{P}_{k-1} \boldsymbol{\Phi}_{k,k-1}^{\mathrm{T}} + \boldsymbol{Q}_{k-1} = 0.64 \boldsymbol{P}_{k-1} + 0.36 \tag{6.4.31}$$

$$\begin{aligned}
\boldsymbol{K}_k &= \boldsymbol{P}_{k|k-1} \boldsymbol{H}_{k,k-1}^{\mathrm{T}} (\boldsymbol{H}_k \boldsymbol{P}_{k|k-1} \boldsymbol{H}_k^{\mathrm{T}} + \boldsymbol{R}_k)^{-1} \\
&= \frac{0.64 \boldsymbol{P}_{k-1} + 0.36}{0.64 \boldsymbol{P}_{k-1} + 0.36 + 1} \\
&= \frac{0.64 \boldsymbol{P}_{k-1} + 0.36}{0.64 \boldsymbol{P}_{k-1} + 1.36}
\end{aligned} \tag{6.4.32}$$

$$\begin{aligned}
\boldsymbol{P}_k &= (1 - \boldsymbol{K}_k \boldsymbol{H}_k) \boldsymbol{P}_{k|k-1} \\
&= \left(1 - \frac{0.64 \boldsymbol{P}_{k-1} + 0.36}{0.64 \boldsymbol{P}_{k-1} + 1.36}\right)(0.64 \boldsymbol{P}_{k-1} + 0.36) \\
&= \boldsymbol{K}_k
\end{aligned} \tag{6.4.33}$$

令 $\boldsymbol{P}_{k-1} = \boldsymbol{P}_k = \boldsymbol{P}_\infty$，可求得稳态卡尔曼滤波增益 $\boldsymbol{K}_\infty = 3/8$。故稳态滤波方程为

$$\begin{aligned}
\hat{x}_k &= \hat{x}_{k|k-1} + \boldsymbol{K}_\infty (z_k - \boldsymbol{H}_k \hat{x}_{k|k-1}) \\
&= 0.8 \hat{x}_{k-1} + \frac{3}{8}(z_k - 0.8 \hat{x}_{k-1}) \\
&= 0.5 \hat{x}_{k-1} + \frac{3}{8} z_k
\end{aligned} \tag{6.4.34}$$

可以看到，卡尔曼稳态滤波方程实际上就是例 5.2.1 的最优维纳滤波。这并非偶然，因为此时状态变量的功率谱为

$$\begin{aligned}
S_{xx}(z) &= \frac{z^{-1}}{(1 - 0.8 z^{-1})} \times \frac{z}{(1 - 0.8 z)} \times 0.36 \\
&= \frac{0.36}{(1 - 0.8 z^{-1})(1 - 0.8 z)}
\end{aligned} \tag{6.4.35}$$

这一结果与例 5.2.1 的时间序列信号模型是一致的。

第 7 章　自适应数字滤波器

自 1967 年 Widrow 等提出自适应滤波器以来，自适应滤波器飞速发展，在系统模式识别、消除脑电图和心电图中的周期干扰、噪声抵消、扩频通信和数字电话等领域取得了广泛的应用。究其原因，其利用简单、可靠的设计和实现方式，弥补了固定参数滤波器在面对大多数时变信号时难以满足要求的缺陷。

对于时不变滤波器，其内部参数和结构都是固定的，如果滤波器是线性的，则其输出信号是输入信号的线性函数。但当固定的设计规范未知，信号不具备广义平稳特性，或者采用时不变滤波器不足以满足设计规范时，就需要采用自适应滤波器。自适应滤波器是一种非线性滤波器，其特征取决于输入信号，因此不满足齐次性和可加性（也称为线性），而且其滤波器系数不断更新，是一种时变的滤波器，使得最终输出结果逼近设计要求。

以第 5 章的维纳滤波器为例，由式（5.1.18）可以看到，为了求得维纳滤波器系数，必须知道观测数据的自相关矩阵 $\boldsymbol{R}_{xx}$ 及期望值和观测数据的互相关矢量 $\boldsymbol{r}_{dx}$，也就是说，必须对信号有一定的先验知识，这在实际工程实践中有时难以实现。此外，为求得维纳滤波器的系数矢量值，必须计算 $\boldsymbol{R}_{xx}$ 的逆，使得维纳滤波的实时处理受到很大制约。因此利用自适应滤波的方法，简化求解过程，只需要很少的或根本不需要任何关于信号和噪声的先验统计知识，成为后期自适应维纳滤波器广泛应用的一个关键因素。它通过迭代的方法，根据观测数据不断地修正滤波器的系数，以适应信号变化的特性，从而实现最优化滤波。

7.1　LMS 自适应算法

通常而言，自适应滤波器往往没有明确的设计规范，因此，在决定滤波器系数更新的自适应算法中，需要一些额外的信息，这些信息往往以信号的形式给出。该信号被称为期望信号或者参考信号。图 7.1.1 给出了自适应滤波器的一般形式。图中，k 为迭代次数，$x(k)$ 为输入信号，$y(k)$ 为自适应滤波器的输出信号，$d(k)$ 为定义的期望信号。误差信号 $e(k)$ 是期望信号与输出信号之差，即 $d(k)-y(k)$。为了确定自适应滤波器系数的更新方式，需要利用误差信号 $e(k)$ 构造一个代价函数（目标函数）并使其趋于最小。这样做的目的在于，在统计意义下，自适应滤波器的输出信号与期望信号实现了匹配，误差最小。

所谓自适应实现是指，M 阶 FIR 滤波器的抽头权重系数 $\omega_0,\cdots,\omega_{M-1}$ 可以根据估计误差 $e(n)$ 的大小自动调节，使得某个代价函数最小。图 7.1.2 给出了自适应 FIR 滤波器的原理。

滤波器设计最常用的准则是使滤波器实际输出 $y(n) = \boldsymbol{u}^{\mathrm{T}}(n)\boldsymbol{\omega}^* = \boldsymbol{\omega}^{\mathrm{H}}\boldsymbol{u}(n)$ 与期望响应 $d(n)$ 之间的均方误差 $E\{|e(n)|^2\}$ 最小，这就是最小均方误差（minimum mean-squared error，MMSE）准则。

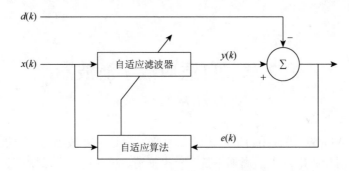

图 7.1.1　自适应滤波器的一般形式

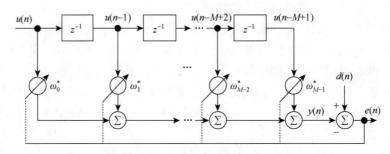

图 7.1.2　自适应 FIR 滤波器

令

$$\varepsilon(n) = d(n) - \boldsymbol{\omega}^{\mathrm{H}}\boldsymbol{u}(n) \tag{7.1.1}$$

表示滤波器在 n 时刻的估计误差，并定义均方误差

$$J(n) \overset{\text{def}}{=} E\{|e(n)|^2\} = E\{|d(n) - \boldsymbol{\omega}^{\mathrm{H}}\boldsymbol{u}(n)|^2\} \tag{7.1.2}$$

为代价函数。

由式（5.1.5）可知，代价函数相对于滤波器抽头权重向量 $\boldsymbol{\omega}$ 的梯度为

$$\nabla_k J(n) = -2E\{u(n-k)\varepsilon^*(n)\}$$
$$= -2E\{u(n-k)[d(n) - \boldsymbol{\omega}^{\mathrm{H}}\boldsymbol{u}(n)]^*\}, \quad k = 0,1,\cdots,M-1 \tag{7.1.3}$$

令 $\omega_i = a_i + \mathrm{j}b_i, i = 0,1,\cdots,M-1$，并定义梯度向量：

$$\nabla \boldsymbol{J}(n) \overset{\text{def}}{=} [\nabla_0 J(n), \nabla_1 J(n), \cdots, \nabla_{M-1} J(n)]^{\mathrm{T}}$$
$$= \begin{bmatrix} \dfrac{\partial J(n)}{\partial a_0(n)} + \mathrm{j}\dfrac{\partial J(n)}{\partial b_0(n)} \\[2mm] \dfrac{\partial J(n)}{\partial a_1(n)} + \mathrm{j}\dfrac{\partial J(n)}{\partial b_1(n)} \\ \vdots \\ \dfrac{\partial J(n)}{\partial a_{M-1}(n)} + \mathrm{j}\dfrac{\partial J(n)}{\partial b_{M-1}(n)} \end{bmatrix} \tag{7.1.4}$$

以及输入向量和抽头权重向量：

$$\boldsymbol{u}(n) = [u(n), u(n-1), \cdots, u(n-M+1)]^{\mathrm{T}} \tag{7.1.5}$$

$$\boldsymbol{\omega}(n) = [\omega_0(n), \omega_1(n), \cdots, \omega_{M-1}(n)]^{\mathrm{T}} \tag{7.1.6}$$

则式（7.1.4）可以写为以下向量形式：

$$\nabla \boldsymbol{J}(n) = -2E\{\boldsymbol{u}(n)[d^*(n) - \boldsymbol{u}^{\mathrm{H}}(n)\boldsymbol{\omega}(n)]\} \tag{7.1.7a}$$

$$= -2\boldsymbol{r} + 2\boldsymbol{R}\boldsymbol{\omega}(n) \tag{7.1.7b}$$

式中

$$\boldsymbol{R} = E\{\boldsymbol{u}(n)\boldsymbol{u}^{\mathrm{H}}(n)\} \tag{7.1.8a}$$

$$\boldsymbol{r} = E\{\boldsymbol{u}(n)d^*(n)\} \tag{7.1.8b}$$

最广泛使用的自适应算法形式为下降算法：

$$\boldsymbol{\omega}(n) = \boldsymbol{\omega}(n-1) + \mu(n)\boldsymbol{\upsilon}(n) \tag{7.1.9}$$

式中，$\boldsymbol{\omega}(n)$ 为第 n 步迭代（即时刻 n）的权重向量；$\mu(n)$ 为第 n 步迭代的更新步长；$\boldsymbol{\upsilon}(n)$ 为第 n 步迭代的更新方向（向量）。

下降算法（7.1.9）有两种主要实现方式。一种是自适应梯度算法，另一种是自适应高斯–牛顿算法。自适应梯度算法包括最小均方（least mean square，LMS）算法及其各种变形和改进（统称为 LMS 自适应算法），自适应高斯–牛顿算法则包括递推最小二乘（recursive least square，RLS）算法及其变形和改进。本节介绍 LMS 自适应算法，7.2 节介绍 RLS 自适应算法。

7.1.1　LMS 算法及其基本变形

最常用的下降算法为梯度下降法，常称为最陡下降法。在这种算法里，更新方向向量 $\boldsymbol{\upsilon}(n)$ 取作第 $n-1$ 次迭代的代价函数 $J[\boldsymbol{\omega}(n-1)]$ 的负梯度，即最陡下降法（也称梯度算法）的统一形式为

$$\boldsymbol{\omega}(n) = \boldsymbol{\omega}(n-1) - \frac{1}{2}\mu(n)\nabla J(n-1) \tag{7.1.10}$$

系数 $1/2$ 是为了使得到的更新公式更简单。

将式（7.1.7b）代入式（7.1.10），即可得到抽头权重向量 $\boldsymbol{\omega}(n)$ 的更新公式为

$$\boldsymbol{\omega}(n) = \boldsymbol{\omega}(n-1) + \mu(n)[\boldsymbol{r} - \boldsymbol{R}\boldsymbol{\omega}(n-1)], \quad n = 1, 2, \cdots \tag{7.1.11}$$

更新公式（7.1.11）表明：

（1）$[\boldsymbol{r} - \boldsymbol{R}\boldsymbol{\omega}(n-1)]$ 为误差向量，它代表了 $\boldsymbol{\omega}(n)$ 每步的校正量；

（2）参数 $\mu(n)$ 与校正量相乘，它是控制滤波器稳定性和收敛速度的收敛因子，因此 $\mu(n)$ 称为在时间 n 的步长参数。这一参数决定了更新算法（7.1.11）的收敛速度。

（3）当自适应算法趋于收敛时，有 $\boldsymbol{r} - \boldsymbol{R}\boldsymbol{\omega}(n-1) \to 0$（若 $n \to \infty$），即有

$$\lim_{n \to \infty} \boldsymbol{\omega}(n-1) = \boldsymbol{R}^{-1}\boldsymbol{r}$$

即抽头权重向量收敛为式（5.1.18）所示的维纳滤波器。

当数学期望项 $E\{\boldsymbol{u}(n)d^*(n)\}$ 和 $E\{\boldsymbol{u}(n)\boldsymbol{u}^{\mathrm{H}}(n)\}$ 分别用它们各自的瞬时值 $\boldsymbol{u}(n)d^*(n)$ 和 $\boldsymbol{u}(n)\boldsymbol{u}^{\mathrm{H}}(n)$ 代替时，便得到真实梯度向量的估计值：

$$\hat{\nabla}J(n) = -2[\boldsymbol{u}(n)d^*(n) - \boldsymbol{u}(n)\boldsymbol{u}^{\mathrm{H}}(n)\boldsymbol{\omega}(n)] \tag{7.1.12}$$

习惯将其称为瞬时梯度。

若梯度算法（7.1.10）中的真实梯度向量 $\nabla J(n-1)$ 用瞬时梯度向量 $\hat{\nabla}J(n-1)$ 代替后，即得到瞬时梯度算法如下：

$$\boldsymbol{\omega}(n) = \boldsymbol{\omega}(n-1) + \mu(n)\boldsymbol{u}(n)[d(n) - \boldsymbol{u}^{\mathrm{T}}(n)\boldsymbol{\omega}^*(n-1)]^*$$
$$= \boldsymbol{\omega}(n-1) + \mu(n)e^*(n)\boldsymbol{u}(n) \tag{7.1.13a}$$

式中

$$e(n) = d(n) - \boldsymbol{u}^{\mathrm{T}}(n)\boldsymbol{\omega}^*(n-1) = d(n) - \boldsymbol{\omega}^{\mathrm{H}}(n-1)\boldsymbol{u}(n) \tag{7.1.13b}$$

注意，虽然 $e(n)$ 与式（7.1.3）定义的 $\varepsilon(n)$ 都是表示滤波器在 n 时刻的估计误差，但它们是不同的：$e(n)$ 由 $\boldsymbol{\omega}(n-1)$ 决定，而 $\varepsilon(n)$ 则由 $\boldsymbol{\omega}(n)$ 决定。为加以区别，常称 $e(n)$ 为先验估计误差，$\varepsilon(n)$ 为后验估计误差。

综上可以看出，LMS 算法从一个任意设定的 $\boldsymbol{\omega}(0)$ 开始，逐次计算出 $\boldsymbol{\omega}(1),\boldsymbol{\omega}(2),\cdots$，所以它是一个迭代算法。如收敛因子 $\mu(n)$ 取值适当，当 n 趋于无穷大时，$\boldsymbol{\omega}(n)$ 会趋近于最优解 $\boldsymbol{\omega}_{\mathrm{opt}}$，如图 7.1.3（b）实线所示；若 μ 取值过大，则迭代过程将是发散的，如图 7.1.3（b）虚线所示；但 μ 也不能取值太小，否则收敛速度太慢。如图 7.1.3（b）实线所示，当 $\boldsymbol{\omega}(n) > \boldsymbol{\omega}_{\mathrm{opt}}$ 时，梯度（一维情况就是导数）为正，于是更新之后 $\boldsymbol{\omega}(n+1) < \boldsymbol{\omega}(n)$，$\boldsymbol{\omega}(n+1)$ 也会更加靠近 $\boldsymbol{\omega}_{\mathrm{opt}}$；而当 $\boldsymbol{\omega}(n) < \boldsymbol{\omega}_{\mathrm{opt}}$ 时，梯度为负，更新之后 $\boldsymbol{\omega}(n+1) > \boldsymbol{\omega}(n)$，$\boldsymbol{\omega}(n+1)$ 也会更加靠近 $\boldsymbol{\omega}_{\mathrm{opt}}$。

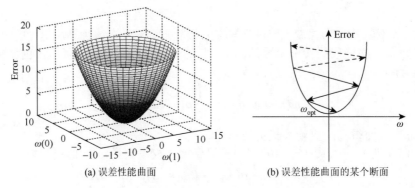

(a) 误差性能曲面　　　　　　　　　　(b) 误差性能曲面的某个断面

图 7.1.3　最陡下降算法与误差性能曲面示意图

式（7.1.13）所示的算法就是 LMS 算法，它是 Widrow 在 20 世纪 60 年代提出的。容易验证，瞬时梯度向量是真实梯度向量的无偏估计：

$$E\{\hat{\nabla}J(n)\} = -2E\{\boldsymbol{u}(n)[d^*(n) - \boldsymbol{u}^{\mathrm{H}}(n)\boldsymbol{\omega}(n-1)]\}$$
$$= -2[\boldsymbol{r} - \boldsymbol{R}\boldsymbol{\omega}(n-1)] \tag{7.1.14}$$
$$= \nabla J(n)$$

为了方便读者使用，这里将 LMS 算法以及它的几种基本变形归纳如下。

算法 7.1.1（LMS 算法及其基本变形）。

步骤 1：初始化：$\boldsymbol{\omega}(0) = 0$；

步骤 2：更新：$n = 1, 2, \cdots$

$$e(n) = d(n) - \boldsymbol{\omega}^{\mathrm{H}}(n-1)\boldsymbol{u}(n)$$

$$\boldsymbol{\omega}(n) = \boldsymbol{\omega}(n-1) + \mu(n)\boldsymbol{u}(n)e^*(n)$$

下面是关于 LMS 算法的几点注释。

注释 1：若取 $\mu(n) = $ 常数，则称为基本 LMS 算法。

注释 2：若取 $\mu(n) = \dfrac{\alpha}{\beta + \boldsymbol{u}^{\mathrm{H}}(n)\boldsymbol{u}(n)}$，其中 $\alpha \in (0,2), \beta \geqslant 0$，则得到归一化 LMS 算法。

注释 3：在归一化 LMS 算法中，取 $\mu(n) = \dfrac{\alpha}{\sigma_u^2(n)}$，其中 σ_u^2 表示 $u(n)$ 的方差，可由 $\sigma_u^2(n) = \lambda \sigma_u^2(n-1) + e^2(n)$ 递推计算，这里 $\lambda \in (0,1]$ 为遗忘因子，由 $0 < \alpha < \dfrac{2}{M}$ 确定，而 M 是滤波器的阶数。

注释 4：当期望信号未知时，$d(n)$ 可直接用滤波器的实际输出 $y(n)$ 代替。

实际上，由于存在梯度噪声，$\boldsymbol{\omega}(n)$ 永远不会收敛到理论上的最佳值 $\boldsymbol{\omega}_{\mathrm{opt}}$，而是在 $\boldsymbol{\omega}_{\mathrm{opt}}$ 附近涨落。μ 为自适应的"增益"，而 μ 的选取应该在算法的收敛性能和收敛后系数随机涨落幅度这两个因素之间取折中。

7.1.2　解相关 LMS 算法

在 LMS 算法中，有一个独立性假设：假定横向滤波器的输入向量 $\boldsymbol{u}(1), \boldsymbol{u}(2), \cdots, \boldsymbol{u}(n)$ 是彼此统计独立的向量序列。当它们之间不满足统计独立的条件时，基本 LMS 算法的性能将下降，尤其是收敛速度会比较慢。因此，在这种情况下，就需要解除各时刻输入向量之间的相关（这一操作称为解相关），使它们尽可能保持统计独立。大量的研究表明，解相关能够有效加快 LMS 算法的收敛速率。

1. 时域解相关 LMS 算法

定义 $\boldsymbol{u}(n)$ 与 $\boldsymbol{u}(n-1)$ 在 n 时刻的相关系数为

$$a(n) \stackrel{\mathrm{def}}{=} \frac{\boldsymbol{u}^{\mathrm{H}}(n-1)\boldsymbol{u}(n)}{\boldsymbol{u}^{\mathrm{H}}(n-1)\boldsymbol{u}(n-1)} \tag{7.1.15}$$

根据定义，若 $a(n) = 1$，则 $\boldsymbol{u}(n)$ 是 $\boldsymbol{u}(n-1)$ 的相干信号；若 $a(n) = 0$，则 $\boldsymbol{u}(n)$ 与 $\boldsymbol{u}(n-1)$ 不相干；若 $0 < a(n) < 1$，则 $\boldsymbol{u}(n)$ 与 $\boldsymbol{u}(n-1)$ 相干，并且 $a(n)$ 越大，它们之间的相干性越强。

显然，$a(n)\boldsymbol{u}(n-1)$ 代表了 $\boldsymbol{u}(n)$ 中与 $\boldsymbol{u}(n-1)$ 相关的部分。若从 $\boldsymbol{u}(n)$ 中减去该部分，则这一减法运算相当于解相关。现在，用解相关的结果作为更新方向向量 $\boldsymbol{v}(n)$：

$$\boldsymbol{v}(n) = \boldsymbol{u}(n) - a(n)\boldsymbol{u}(n-1) \tag{7.1.16}$$

从这一角度出发，把 $a(n)$ 称为解相关系数更加贴切。

另外，步长参数 $\mu(n)$ 应该是满足下列最小化问题的解：

$$\mu(n) = \arg\min_{\mu} J[\boldsymbol{\omega}(n-1) + \mu\boldsymbol{v}(n)] \tag{7.1.17}$$

由此得

$$\mu(n) = \frac{e(n)}{\boldsymbol{u}^{\mathrm{H}}(n)\boldsymbol{v}(n)} \qquad (7.1.18)$$

综合以上结果可以得到解相关 LMS 算法如下，该算法是 Doherty 与 Porayath 于 1997 年提出的。

算法 7.1.2（解相关 LMS 算法）。

步骤 1 初始化：$\boldsymbol{\omega}(0) = 0$；

步骤 2 更新：$n = 1, 2, \cdots$

$$e(n) = d(n) - \boldsymbol{\omega}^{\mathrm{H}}(n-1)\boldsymbol{u}(n)$$

$$a(n) \overset{\mathrm{def}}{=} \frac{\boldsymbol{u}^{\mathrm{H}}(n-1)\boldsymbol{u}(n)}{\boldsymbol{u}^{\mathrm{H}}(n-1)\boldsymbol{u}(n-1)}$$

$$\boldsymbol{v}(n) = \boldsymbol{u}(n) - a(n)\boldsymbol{u}(n-1)$$

$$\mu(n) = \frac{\rho e(n)}{\boldsymbol{u}^{\mathrm{H}}(n)\boldsymbol{v}(n)}$$

$$\boldsymbol{\omega}(n) = \boldsymbol{\omega}(n-1) + \mu(n)\boldsymbol{v}(n)$$

算法 7.1.2 中，参数 ρ 称为修正因子（trimming factor）。

解相关 LMS 算法可视为自适应辅助变量法，其中辅助变量由 $\boldsymbol{v}(n) = \boldsymbol{u}(n) - a(n)\boldsymbol{u}(n-1)$ 给出。粗略地讲，辅助变量的选择原则是：它应该与滞后的输入和输出强相关，而与干扰不相关。

更进一步地，上述算法中的辅助变量可以使用前向预测器的误差向量代替。令 $\boldsymbol{a}(n)$ 为 M 阶前向预测器的权重向量，计算前向预测误差：

$$e^f(n) = u(n) + \sum_{i=1}^{M} a_i(n)u(n-i) = u(n) + \boldsymbol{a}^{\mathrm{H}}(n)\boldsymbol{u}(n-i) \qquad (7.1.19)$$

式中

$$\boldsymbol{u}(n-1) = [\boldsymbol{u}(n-1), \boldsymbol{u}(n-2), \cdots, \boldsymbol{u}(n-M)]^{\mathrm{T}} \qquad (7.1.20\mathrm{a})$$

$$\boldsymbol{a}(n) = [a_1(n), a_2(n), \cdots, a_M(n)]^{\mathrm{T}} \qquad (7.1.20\mathrm{b})$$

用前向预测误差向量作为辅助变量（即更新方向向量）：

$$\boldsymbol{v}(n) = \boldsymbol{e}^f(n) = [e^f(n), e^f(n-1), \cdots, e^f(n-M+1)]^{\mathrm{T}} \qquad (7.1.21)$$

用前向预测器对瞬时估计误差 $e(n) = y(n) - \boldsymbol{\omega}^{\mathrm{H}}(n-1)\boldsymbol{u}(n)$ 进行滤波，则得到滤波型 LMS 算法如下。

算法 7.1.3（滤波型 LMS 算法）。

步骤 1 初始化：$\boldsymbol{\omega}(0) = 0$；

步骤 2 更新：$n = 1, 2, \cdots$

给定前向预测器 $\boldsymbol{a}(n)$ 的估计：

$$e(n) = d(n) - \boldsymbol{\omega}^{\mathrm{H}}(n-1)\boldsymbol{u}(n)$$

$$\boldsymbol{e}(n) = [e(n), e(n-1), \cdots, e(n-M+1)]^{\mathrm{T}}$$

$$e^f(n) = u(n) + \boldsymbol{a}^{\mathrm{T}}(n)\boldsymbol{u}(n-1)$$

$$\boldsymbol{e}^f(n) = [e^f(n), e^f(n-1), \cdots, e^f(n-M+1)]^{\mathrm{T}}$$

$$\tilde{e}(n) = e(n) + \boldsymbol{a}^{\mathrm{H}}(n)\boldsymbol{e}(n)（滤波）$$

$$\boldsymbol{\omega}(n) = \boldsymbol{\omega}(n-1) + \mu \boldsymbol{e}^f(n)\tilde{e}(n)$$

2. 变换域解相关 LMS 算法

改进 LMS 算法性能的早期工作是对输入数据向量 $\boldsymbol{u}(n)$ 进行酉变换。对某些类型的输入信号，使用酉变换的算法可以提高收敛速率，而计算复杂度却与 LMS 算法类似。这类算法以及它们的变形统称为变换域自适应滤波算法。

酉变换可以使用离散傅里叶变换（discrete Fourier transform，DFT）、离散余弦变换（discrete cosime transform，DCT）和离散哈特莱变换（discrete Hartley transform，DHT），它们都可以有效地提高 LMS 算法的收敛速率。

令 $\boldsymbol{S}$ 是 $M \times M$ 酉变换矩阵，即

$$\boldsymbol{SS}^{\mathrm{H}} = \beta \boldsymbol{I} \tag{7.1.22}$$

式中，$\beta > 0$ 为固定标量。

用酉矩阵 $\boldsymbol{S}$ 对输入数据向量 $\boldsymbol{u}(n)$ 进行酉变换，得到

$$\boldsymbol{x}(n) = \boldsymbol{S}\boldsymbol{u}(n) \tag{7.1.23}$$

即变换后的输入数据变为 $\boldsymbol{x}(n)$。对应地，酉变换后的权重向量 $\boldsymbol{\omega}(n-1)$ 变为

$$\hat{\boldsymbol{\omega}}(n-1) = \frac{1}{\beta}\boldsymbol{S}\boldsymbol{\omega}(n-1) \tag{7.1.24}$$

它就是我们需要更新估计的变换域自适应滤波器的权重向量。

因此，原预测误差 $e(n) = d(n) - \boldsymbol{\omega}^{\mathrm{H}}(n-1)\boldsymbol{u}(n)$ 可改用变换后的输入数据向量 $\boldsymbol{x}(n)$ 和滤波器权重向量 $\hat{\boldsymbol{\omega}}(n-1)$ 表示，即

$$e(n) = d(n) - \hat{\boldsymbol{\omega}}^{\mathrm{H}}(n-1)\boldsymbol{x}(n) \tag{7.1.25}$$

对变换前后的输入数据向量 $\boldsymbol{u}(n)$ 和 $\boldsymbol{x}(n)$ 比较可知，原数据向量的元素是 $u(n-i+1)$ 的移位形式，它们相关性强，而 $\boldsymbol{x}(n) = [x_1(n), x_2(n), \cdots, x_M(n)]^{\mathrm{T}}$ 的元素则相当于 M 信道的信号，它们具有比原信号 $\boldsymbol{u}(n)$ 更弱的相关性。换言之，通过酉变换，在变换域实现了某种程度的解相关。从滤波器的角度讲，原来的单信道 M 阶 FIR 横向滤波器变成了等价的多信道滤波器，而原输入信号 $\boldsymbol{u}(n)$ 则等价于通过一个含有 M 个滤波器的滤波器组。

总结以上分析，很容易得到变换域 LMS 算法如下。

算法 7.1.4（变换域 LMS 算法）。

步骤 1 初始化：$\hat{\boldsymbol{\omega}}^{\mathrm{H}}(0) = 0$；

步骤 2 给定一个酉变换矩阵 $\boldsymbol{S}$

更新：$n = 1, 2, \cdots$

$$\boldsymbol{x}(n) = \boldsymbol{S}\boldsymbol{u}(n)$$

$$e(n) = d(n) - \hat{\boldsymbol{\omega}}^{\mathrm{H}}(n-1)\boldsymbol{x}(n)$$

$$\hat{\boldsymbol{\omega}}(n) = \hat{\boldsymbol{\omega}}(n-1) + \mu(n)\boldsymbol{x}(n)e(n)$$

特别地，若酉变换采用 DFT，则 $\boldsymbol{x}(n)$ 变成输入数据向量 $\boldsymbol{u}(n)$ 的滑动窗傅里叶变换。这表明，被估计的权重向量 $\hat{\boldsymbol{\omega}}(k)$ 是时域滤波器 $\boldsymbol{\omega}(n)$ 的频率响应。因此，我们可以说，自适应发生在频域，即此时的滤波为频域自适应滤波。

7.1.3 学习速率参数的选择

LMS 算法中的步长参数 μ 决定抽头权重向量在每步迭代中的更新量，是影响算法收敛速率的关键参数。由于 LMS 算法的目的是在更新过程中使抽头权重向量逼近维纳滤波器，所以权重向量的更新过程可以视为一种学习过程，而 μ 决定 LMS 算法学习过程的快慢。从这个意义上讲，步长参数 μ 也称学习速率参数。下面从 LMS 算法收敛的角度讨论学习速率参数的选择问题。

基本 LMS 算法的收敛可分为均值收敛与均方收敛两种。

（1）由式（7.1.13）可以建立基本 LMS 算法收敛必须满足的条件，即

$$E\{e(n)\} \to 0, \quad n \to \infty$$

或等价为 $\hat{\boldsymbol{\omega}}(n)$ 的值收敛为最优维纳滤波器，即

$$\lim_{n \to \infty} E\{\hat{\boldsymbol{\omega}}(n)\} = \omega_{\text{opt}} \tag{7.1.26}$$

这一收敛称为均值收敛。

（2）LMS 算法称为均方收敛，当迭代次数 n 趋于无穷大时，误差信号 $\varepsilon(n) = d(n) - \hat{\boldsymbol{\omega}}^{\text{H}}(n)\boldsymbol{u}(n)$ 的均方值收敛为一常数，即

$$\lim_{n \to \infty} E\{|\varepsilon(n)|^2\} = c \tag{7.1.27}$$

式中，c 为一正的常数。

1. 均值收敛条件

对权重向量更新公式（7.1.13）两边取数学期望，得

$$
\begin{aligned}
E\{\boldsymbol{\omega}(n)\} &= E\{\boldsymbol{\omega}(n-1)\} + \mu E\{e^*(n)\boldsymbol{u}(n)\} \\
&= E\{\boldsymbol{\omega}(n-1)\} + \mu E\{\boldsymbol{u}(n)[d(n) - \boldsymbol{u}^{\text{T}}\boldsymbol{\omega}^*(n-1)]^*\} \\
&= (\boldsymbol{I} - \mu \boldsymbol{R})E\{\boldsymbol{\omega}(n-1)\} + \mu \boldsymbol{r}
\end{aligned} \tag{7.1.28}
$$

式中，$\boldsymbol{R} = E\{\boldsymbol{u}(n)\boldsymbol{u}^{\text{H}}(n)\}$；$\boldsymbol{r} = E\{\boldsymbol{u}(n)d^*(n)\}$。

当 $n = 1$ 时，式（7.1.28）可写为

$$E\{\boldsymbol{\omega}(1)\} = (\boldsymbol{I} - \mu \boldsymbol{R})E\{\boldsymbol{\omega}(0)\} + \mu \boldsymbol{r} \tag{7.1.29}$$

式中，$E\{\boldsymbol{\omega}(0)\} = \boldsymbol{\omega}(0)$。

当 $n = 2$ 时，利用式（7.1.28）及式（7.1.29），则有

$$
\begin{aligned}
E\{\boldsymbol{\omega}(2)\} &= (\boldsymbol{I} - \mu \boldsymbol{R})E\{\boldsymbol{\omega}(1)\} + \mu \boldsymbol{r} \\
&= (\boldsymbol{I} - \mu \boldsymbol{R})^2 \boldsymbol{\omega}(0) + \mu \sum_{i=0}^{1} (\boldsymbol{I} - \mu \boldsymbol{R})^i \boldsymbol{r}
\end{aligned}
$$

相应，又可得到

$$E\{\boldsymbol{\omega}(n)\} = (\boldsymbol{I} - \mu \boldsymbol{R})^n \boldsymbol{\omega}(0) + \mu \sum_{i=0}^{n-1} (\boldsymbol{I} - \mu \boldsymbol{R})^i \boldsymbol{r} \tag{7.1.30}$$

令共轭对称的相关矩阵 $\boldsymbol{R}$ 的特征值分解为

$$\boldsymbol{R} = \boldsymbol{U} \sum \boldsymbol{U}^{\text{H}} \tag{7.1.31}$$

式中，$\boldsymbol{U}$ 为酉矩阵；$\sum = \mathrm{diag}(\lambda_1, \cdots, \lambda_M)$ 为对角阵，其对角元素 λ_i 为矩阵 $\boldsymbol{R}$ 的特征值。

利用式（7.1.31），可以将式（7.1.30）重写为

$$E\{\boldsymbol{\omega}(n)\} = (\boldsymbol{I} - \mu \boldsymbol{U} \sum \boldsymbol{U}^{\mathrm{H}})^n \boldsymbol{\omega}(0) + \mu \sum_{i=0}^{n-1} (\boldsymbol{I} - \mu \boldsymbol{U} \sum \boldsymbol{U}^{\mathrm{H}})^i \boldsymbol{r} \qquad (7.1.32)$$

容易证明

$$
\begin{aligned}
(\boldsymbol{I} - \boldsymbol{U} \sum \boldsymbol{U}^{\mathrm{H}})^i &= (\boldsymbol{U}\boldsymbol{U}^{\mathrm{H}} - \mu \boldsymbol{U} \sum \boldsymbol{U}^{\mathrm{H}})^i \\
&= [\boldsymbol{U}(\boldsymbol{I} - \mu \sum)\boldsymbol{U}^{\mathrm{H}}]^i \\
&= \boldsymbol{U}(\boldsymbol{I} - \mu \sum)\boldsymbol{U}^{\mathrm{H}} \cdots \boldsymbol{U}(\boldsymbol{I} - \mu \sum)\boldsymbol{U}^{\mathrm{H}} \\
&= \boldsymbol{U}(\boldsymbol{I} - \mu \sum)^i \boldsymbol{U}^{\mathrm{H}}
\end{aligned}
\qquad (7.1.33)
$$

若对所有特征值 λ_i 有 $|1 - \mu\lambda_i| < 1$，则 $\sum_{i=0}^{\infty} (\boldsymbol{I} - \mu \sum)^i = (\mu \sum)^{-1}$。在这一条件下，式（7.1.33）

可以写为

$$
\begin{aligned}
\lim_{n \to \infty} \sum_{i=0}^{n-1} (\boldsymbol{I} - \mu \boldsymbol{U} \sum \boldsymbol{U}^{\mathrm{H}})^i &= \sum_{i=0}^{\infty} \boldsymbol{U}(\boldsymbol{I} - \mu \sum)^i \boldsymbol{U}^{\mathrm{H}} \\
&= \boldsymbol{U}[(\mu \sum)^{-1}]\boldsymbol{U}^{\mathrm{H}}
\end{aligned}
\qquad (7.1.34\mathrm{a})
$$

由于对角矩阵 $\boldsymbol{I} - \mu \sum$ 所有对角元素均小于 1，故

$$\lim_{n \to \infty} (\boldsymbol{I} - \mu \sum)^n = 0 \qquad (7.1.34\mathrm{b})$$

将式（7.1.33）和式（7.1.34）分别代入式（7.1.32），则有

$$\lim_{n \to \infty} E\{\boldsymbol{\omega}(n)\} = 0 + \boldsymbol{U} \sum{}^{-1} \boldsymbol{U}^{\mathrm{H}} \boldsymbol{r} = \boldsymbol{R}^{-1} \boldsymbol{r} = \boldsymbol{\omega}_{\mathrm{opt}}$$

这表明，权重向量是均值收敛的，其条件式的对角矩阵 $\boldsymbol{I} - \mu \sum$ 所有对角元素均小于 1，即

$$|1 - \mu\lambda_{\max}| < 1$$

其解为

$$0 < \mu < \frac{2}{\lambda_{\max}} \qquad (7.1.35)$$

这就是权重向量均值收敛，以及学习速率参数 $\mu(n)$ 必须满足的条件。

2. 均方收敛的条件

在实际应用中，相关矩阵 $\boldsymbol{R}$ 的最大特征值 $\lambda_{\max}$ 通常是未知的，因此，式（7.1.35）的应用并不方便。为了克服这一困难，下面分析 LMS 算法的均方收敛条件。

LMS 算法均方收敛的详细分析比其均值收敛分析复杂得多。可以证明，LMS 算法均方收敛的条件是：学习速率参数 μ 满足不等式

$$0 < \mu < \frac{2}{\mathrm{tr}[\boldsymbol{R}]} \qquad (7.1.36)$$

式中，$\mathrm{tr}[\boldsymbol{R}]$ 是相关矩阵 $\boldsymbol{R}$ 的迹。根据矩阵代数知

$$\mathrm{tr}[\boldsymbol{R}] = \sum_{k=1}^{M} \lambda_k \geqslant \lambda_{\max} \qquad (7.1.37)$$

故由式（7.1.36）和式（7.1.37）有

$$0 < \mu < \frac{2}{\text{tr}[\boldsymbol{R}]} \leqslant \frac{2}{\lambda_{\text{max}}} \qquad (7.1.38)$$

这表明，若学习速率参数满足 LMS 算法均方收敛条件（7.1.36），则它必然满足 LMS 算法均值收敛的条件（7.1.35）。换句话说，若 LMS 算法是均方收敛的，则它必定也是均值收敛的。

根据矩阵代数可以知道，一个正方矩阵的迹等于它的对角元素之和。当横向滤波器是空域滤波器时，其 M 个输入端的输入信号分别是 M 个传感器的观测数据。此时，空域滤波器的输入信号向量为 $\boldsymbol{u}(n) = [u_1(n), \cdots, u_M(n)]^{\text{T}}$。由于相关矩阵 $\boldsymbol{R} = E\{\boldsymbol{u}(n)\boldsymbol{u}^{\text{H}}(n)\}$ 的第 i 个对角元素为 $\boldsymbol{R}_i(0) = E\{u_i(n)u_i^*(n)\}$ 是输入信号 $u_i(n)$ 的均方值或能量，因此，相关矩阵 $\boldsymbol{R}$ 的迹等于在滤波器 M 个输入端上测得的总的输入能量，即

$$\text{tr}[\boldsymbol{R}] = \sum_{i=1}^{M} \boldsymbol{R}_i(0) = \sum_{i=1}^{M} E\{|\boldsymbol{u}(n)|^2\} = \text{总的输入能量}$$

这表明，LMS 算法均方收敛条件（7.1.36）也可以写为

$$0 < \mu < \frac{2}{\text{总的输入能量}} \qquad (7.1.39)$$

注意，对于图 7.1.1 所示的横向滤波器，式（7.1.39）的分母等于输入能量 $E\{|\boldsymbol{u}(n)|^2\}$ 的 M 倍。

3. 自适应学习速率参数

前面从 LMS 算法的均值收敛和均方收敛的角度分别得到了学习速率参数应该满足的条件。在 LMS 算法中最简单的学习速率参数选择是取 $\mu(n)$ 为一常数，即

$$\mu(n) = \mu \qquad (7.1.40)$$

式中，μ 由式（7.1.35）、式（7.1.38）或式（7.1.39）确定。然而，这种方法会引起收敛与稳态性能的矛盾：大的学习速率能够提高滤波器的收敛速率，但稳态性能就会降低；反之，为了提高稳态性能而采用小的学习速率时，收敛就会慢。因此，学习速率的选择应该兼顾稳态性能与收敛速率。简单而有效的方法就是在不同的迭代时间使用不同的学习速率参数，即采用时变的学习速率。

时变学习速率的思想最早可追溯到 Robbins 与 Monro 于 1951 年提出的随机逼近法。最简单的时变学习速率为

$$\mu(n) = \frac{c}{n} \qquad (7.1.41)$$

式中，c 为一常数。这种选择常称为模拟退火法则。需要注意的是，若参数 c 比较大，则 LMS 算法有可能在经过若干迭代后即陷于发散。

更好的方法是在暂态即过渡阶段使用大的学习速率，而在稳态使用小的学习速率。学习速率参数的这种选择称为换挡变速方法（gear-shifting approach）。例如，"固定＋时变"的学习速率就是典型的换挡变速方法。下面试举两个典型例子进行说明。

第一个例子是使用所谓的"先搜索、后收敛"的法则：

$$\mu(n) = \frac{\mu_0}{1 + (n/\tau)} \qquad (7.1.42)$$

式中，μ_0 为固定的学习速率参数；τ 为"搜索时间常数"。由式（7.1.42）可以看出，这种法则在 $n \leqslant \tau$ 的迭代时间内使用近似固定的学习速率 μ_0；而当迭代时间 n 比搜索时间参数 τ 大时，学习速率则随时间衰减，并且衰减速度越来越快。

第二个例子是"先固定、后指数衰减"的法则：

$$\mu(n) = \begin{cases} \mu_0 & n \leqslant N_0 \\ \mu_0 \mathrm{e}^{-N_d(n-N_0)}, & n > N_0 \end{cases} \tag{7.1.43}$$

式中，μ_0 和 N_d 分别为正的常数；N_0 为正整数。

上述时变的学习速率是预先确定的，与 LMS 算法的实际运行状态并没有直接的关系。如果时变的学习速率是由 LMS 算法的实际运行状态控制的，则这类时变的学习速率称为自适应学习速率，也称为学习规则的学习（learning of learning rules），是 Amari 于 1967 年提出的。以上述思想为基础，学者已提出许多方法以选择自适应学习速率，这里介绍两个例子。

（1）Harries 等通过检验 LMS 算法估计误差相邻样本值的极性控制学习速率。若估计误差存在 m_0 个相邻的符号变化，则适当减小学习速率；而如果存在 m_1 个相邻的同符号，则适当增加学习速率。

（2）Kwong 和 Johston 提出根据预测误差的平方来调节学习速率。

以上方法需要用户选择一些附加的常数和初始学习速率，它们都是根据诸如"初始阶段使用大的学习速率，稳态阶段使用小的学习速率"的语言规则，并把这些语言规则转换成数学模型进行学习速率参数的调节。自然地，学习速率的调节也可以直接使用模糊系统理论和语言模型来实现。

7.1.4　LMS 算法的统计性能分析

前面介绍了基本的 LMS 算法及其学习速率的选择。本节应用独立性理论对 LMS 算法的统计性能进行分析。

LMS 算法的独立性理论最早是由 Widrow 等和 Mazo 提出的。它的核心是下面的独立性假设：

（1）输入向量 $u(1), u(2), \cdots, u(n)$ 相互统计独立；

（2）在时刻 n，输入向量 $u(n)$ 与所有过去时刻的期望响应 $d(1), d(2), \cdots, d(n-1)$ 统计独立；

（3）时刻 n 的期望响应 $d(n)$ 与 n 时刻的输入向量 $u(n)$ 相关，但与过去时刻的输入向量统计独立；

（4）输入向量 $u(n)$ 和期望响应 $d(n)$ 对所有 n 组成联合高斯分布的随机变量。

令 ω_{opt} 表示最优维纳滤波器，则权重误差向量定义为

$$\varepsilon(n) \overset{\mathrm{def}}{=} \omega(n) - \omega_{\mathrm{opt}} \tag{7.1.44}$$

于是，由 LMS 算法产生估计误差可以定义为

$$
\begin{aligned}
e(n) &\overset{\text{def}}{=} d(n) - \boldsymbol{\omega}^{\text{H}}(n)\boldsymbol{u}(n) \\
&= d(n) - \boldsymbol{\omega}_{\text{opt}}^{\text{H}}\boldsymbol{u}(n) - \boldsymbol{\varepsilon}^{\text{H}}(n)\boldsymbol{u}(n) \\
&= e_{\text{opt}}(n) - \boldsymbol{\varepsilon}^{\text{H}}(n)\boldsymbol{u}(n)
\end{aligned}
\tag{7.1.45}
$$

式中，$e_{\text{opt}}(n)$ 是最优维纳滤波器的估计误差。考虑抽头权重向量 $\boldsymbol{\omega}(n)$ 的估计误差的均方值，简称均方误差，记为

$$
\xi(n) = \text{MSE}(\boldsymbol{\omega}(n)) = E\{|e(n)|^2\}
\tag{7.1.46}
$$

利用独立性假设，易得

$$
\begin{aligned}
\xi(n) &= E\{[e_{\text{opt}}(n) - \boldsymbol{\varepsilon}^{\text{H}}(n)\boldsymbol{u}(n)][e_{\text{opt}}^*(n) - \boldsymbol{u}^{\text{H}}(n)\boldsymbol{\varepsilon}(n)]\} \\
&= \xi_{\min} + E\{\boldsymbol{\varepsilon}^{\text{H}}(n)\boldsymbol{u}(n)\boldsymbol{u}^{\text{H}}(n)\boldsymbol{\varepsilon}(n)\}
\end{aligned}
\tag{7.1.47}
$$

式中

$$
\xi_{\min} = E\{|e_{\text{opt}}(n)|^2\} = E\{|e_{\text{opt}}(n)e_{\text{opt}}^*(n)|\}
\tag{7.1.48}
$$

是最优维纳滤波器产生的最小均方误差。

计算式（7.1.47）右边的第二项，有

$$
\begin{aligned}
E\{\boldsymbol{\varepsilon}^{\text{H}}(n)\boldsymbol{u}(n)\boldsymbol{u}^{\text{H}}(n)\boldsymbol{\varepsilon}(n)\} &= E\{\text{tr}[\boldsymbol{\varepsilon}^{\text{H}}(n)\boldsymbol{u}(n)\boldsymbol{u}^{\text{H}}(n)\boldsymbol{\varepsilon}(n)]\} \\
&= E\{\text{tr}[\boldsymbol{u}(n)\boldsymbol{u}^{\text{H}}(n)\boldsymbol{\varepsilon}(n)\boldsymbol{\varepsilon}^{\text{H}}(n)]\} \\
&= \text{tr}[E\{\boldsymbol{u}(n)\boldsymbol{u}^{\text{H}}(n)\boldsymbol{\varepsilon}(n)\boldsymbol{\varepsilon}^{\text{H}}(n)\}]
\end{aligned}
\tag{7.1.49}
$$

式中，$\text{tr}[\boldsymbol{AB}] = \text{tr}[\boldsymbol{BA}]$，并假定 $\boldsymbol{\varepsilon}(n)$ 和 $\boldsymbol{u}(n)$ 统计独立。

利用独立性假设，式（7.1.49）又可写为

$$
\begin{aligned}
E\{\text{tr}[\boldsymbol{\varepsilon}^{\text{H}}(n)\boldsymbol{u}(n)\boldsymbol{u}^{\text{H}}(n)\boldsymbol{\varepsilon}(n)]\} &= \text{tr}[E\{\boldsymbol{u}(n)\boldsymbol{u}^{\text{H}}(n)\}E\{\boldsymbol{\varepsilon}(n)\boldsymbol{\varepsilon}^{\text{H}}(n)\}] \\
&= \text{tr}[\boldsymbol{RK}(n)]
\end{aligned}
\tag{7.1.50}
$$

式中，$\boldsymbol{R} = E\{\boldsymbol{u}(n)\boldsymbol{u}^{\text{H}}(n)\}$ 为输入向量的相关矩阵；$\boldsymbol{K}(n) = E\{\boldsymbol{\varepsilon}(n)\boldsymbol{\varepsilon}^{\text{H}}(n)\}$ 为 n 时刻的滤波器权重向量误差的相关矩阵，简称权重误差相关矩阵。

将式（7.1.50）代入式（7.1.47），即可将 LMS 算法中的均方误差表示为

$$
\xi(n) = \xi_{\min} + \text{tr}[\boldsymbol{RK}(n)]
\tag{7.1.51}
$$

由 n 时刻的自适应算法产生的均方误差 $\xi(n)$ 与由最优维纳滤波器产生的最小均方误差 $\xi_{\min}$ 之差称为 n 时刻的自适应算法的剩余均方误差，记为 ξ_{ex}，即有

$$
\xi_{ex} = \xi(n) - \xi_{\min} = \text{tr}[\boldsymbol{RK}(n)]
\tag{7.1.52}
$$

当 n 趋于无穷大时，剩余均方误差的极限值称为稳态剩余均方误差（或称渐近剩余均方误差），记为

$$
\xi_{ex} = \xi_{ex}(\infty) = \lim_{n\to\infty}\text{tr}[\boldsymbol{RK}(n)]
\tag{7.1.53}
$$

本节最后考虑期望响应 $d(n)$ 的一种特殊选择 $d(n) \equiv 0$。此时，最小均方误差（MMSE）准则的代价函数式（7.1.4）变为

$$
J(n) = E\{|\boldsymbol{\omega}^{\text{H}}\boldsymbol{u}(n)|^2\}
\tag{7.1.54}
$$

由于式（7.1.54）右边代表滤波器输出的能量，所以式（7.1.54）的最小化称为最小输出能量（minimum output energy，MOE）准则。

仿照均方误差的定义式（7.1.28），可以定义 n 时刻滤波器抽头权重向量 $\boldsymbol{\omega}(n)$ 的平均输出能量（mean output energy）：

$$\eta(n) \stackrel{\text{def}}{=} \text{MOE}(\boldsymbol{\omega}(n)) = E\{|\boldsymbol{\omega}^{\text{H}}\boldsymbol{u}(n)|^2\} \tag{7.1.55}$$

由于权重误差向量 $\boldsymbol{\varepsilon}(n) = \boldsymbol{\omega}(n) - \boldsymbol{\omega}_{\text{opt}}$，并且 $\boldsymbol{\omega}_{\text{opt}}$ 与滤波器输入向量 $\boldsymbol{u}(n)$ 统计独立，故由式（7.1.55）得

$$
\begin{aligned}
\eta(n) &= E\{|[\boldsymbol{\omega}_{\text{opt}}^{\text{H}} + \boldsymbol{\varepsilon}(n)]^{\text{H}}\boldsymbol{u}(n)|^2\} \\
&= E\{|\boldsymbol{\omega}_{\text{opt}}^{\text{H}}\boldsymbol{u}(n)|^2\} + E\{\boldsymbol{\varepsilon}^{\text{H}}(n)\boldsymbol{u}(n)\boldsymbol{u}^{\text{H}}(n)\boldsymbol{\varepsilon}(n)\} \\
&= \eta_{\min} + E\{\boldsymbol{\varepsilon}^{\text{H}}(n)\boldsymbol{u}(n)\boldsymbol{u}^{\text{H}}(n)\boldsymbol{\varepsilon}(n)\}
\end{aligned}
\tag{7.1.56}
$$

式中，$\eta_{\min} = E\{|\boldsymbol{\omega}_{\text{opt}}^{\text{H}}\boldsymbol{u}(n)|^2\}$ 表示最优滤波器的输出能量，它就是自适应滤波器所能达到的最小输出能量。定义剩余输出能量

$$\eta_{ex}(n) \stackrel{\text{def}}{=} \eta(n) - \eta_{\min} \tag{7.1.57}$$

并利用式（7.1.50），则有

$$\eta_{ex}(n) = E\{\boldsymbol{\varepsilon}^{\text{H}}(n)\boldsymbol{u}(n)\boldsymbol{u}^{\text{H}}(n)\boldsymbol{\varepsilon}(n)\} = \text{tr}[\boldsymbol{R}\boldsymbol{K}(n)] \tag{7.1.58}$$

比较式（7.1.58）和式（7.1.52）可知

$$\eta_{ex}(\infty) = \xi_{ex}(\infty) \tag{7.1.59}$$

也就是说，滤波器的稳态剩余输出能量与稳态剩余输出均方误差等价。

以上分析表明，尽管根据 MMSE 准则与 MOE 准则设计的滤波器抽头权重向量可能不同，但它们的稳态剩余均方误差和稳态剩余输出能量等价。特别地，实际测量的剩余均方误差 $\xi_{ex}(n)$ 相对于迭代时间 n 的变化曲线称为 LMS 算法的学习曲线，它是一条随时间衰减的曲线，从中可以看出 LMS 算法的收敛性能（收敛的快慢与稳态剩余均方误差的大小）。

7.1.5 LMS 算法的跟踪性能

前面对 LMS 算法统计性能的分析是在维纳滤波器固定不变的基本假设下进行的。因此，这些统计性能是标准 LMS 算法所具有的"平均性能"，它们适合于平稳环境。

在非平稳的环境下，系统的参数是时变的，因而维纳滤波器的参数也应该是时变的，以跟踪系统的动态变化。评价 LMS 算法对非平稳环境的适应能力的指标是 LMS 算法的跟踪性能。根据参数随时间变化的快慢，时变系统有快时变和慢时变之分。本节只研究慢时变环境。

一个未知的动态系统可以用一横向滤波器建模，该滤波器的抽头权重向量即冲激响应向量 $\boldsymbol{\omega}_{\text{opt}}(n)$ 服从一阶马尔可夫分布：

$$\boldsymbol{\omega}_{\text{opt}}(n+1) = a\boldsymbol{\omega}_{\text{opt}}(n) + \boldsymbol{w}(n) \tag{7.1.60}$$

式中，a 为一固定的参数，对于慢时变系统，a 是一个接近于 1 的正数；$\boldsymbol{w}(n)$ 为过程噪声，其均值为零，相关矩阵为 $\boldsymbol{Q}$。

横向滤波器的输出 $\boldsymbol{\omega}_{\text{opt}}^{\text{H}}(n)\boldsymbol{u}(n)$ 逼近期望响应，其逼近误差 $\upsilon(n)$ 称为测量噪声。因此，横向滤波器的期望响应可以表示为

$$d(n) = \boldsymbol{\omega}_{\text{opt}}^{\text{H}}(n)\boldsymbol{u}(n) + \boldsymbol{\upsilon}(n) \tag{7.1.61}$$

对滤波器的输入、过程噪声和测量噪声作如下假设：

（1）过程噪声向量 $\boldsymbol{w}(n)$ 与输入向量 $\boldsymbol{u}(n)$、测量噪声向量 $\boldsymbol{\upsilon}(n)$ 独立；

（2）输入向量 $\boldsymbol{u}(n)$ 和测量噪声 $\boldsymbol{\upsilon}(n)$ 独立；

（3）测量噪声 $\boldsymbol{\upsilon}(n)$ 为白噪声，它具有零均值和有限方差 $\sigma_v^2 < \infty$。

为描述模型的"快"和"慢"变化，Macchi 将时变系统的非平稳度（degree of nonstationarity）定义为由过程噪声向量 $\boldsymbol{w}(n)$ 引起的平均噪声功率与测量噪声引起的平均噪声功率之比，即

$$\alpha \overset{\text{def}}{=} \left(\frac{E\{|\boldsymbol{w}^{\text{H}}(n)\boldsymbol{u}(n)|^2\}}{E\{|\boldsymbol{\upsilon}(n)|^2\}} \right)^{1/2} \tag{7.1.62}$$

注意，非平稳度 α 只是时变系统的一个特征描述，它并不对自适应滤波器作任何描述。

利用过程噪声向量 $\boldsymbol{w}(n)$ 与输入向量 $\boldsymbol{u}(n)$ 之间的统计独立性，并注意到对于标量 $\boldsymbol{x}^{\text{H}}\boldsymbol{y}$，$E\{\boldsymbol{x}^{\text{H}}\boldsymbol{y}\} = \text{tr}[E\{\boldsymbol{x}^{\text{H}}\boldsymbol{y}\}]$，容易得到式（7.1.62）的分子为

$$\begin{aligned}
E\{|\boldsymbol{w}^{\text{H}}(n)\boldsymbol{u}(n)|^2\} &= E\{\boldsymbol{w}^{\text{H}}(n)\boldsymbol{u}(n)\boldsymbol{u}^{\text{H}}(n)\boldsymbol{w}(n)\} \\
&= \text{tr}[E\{\boldsymbol{w}^{\text{H}}(n)\boldsymbol{u}(n)\boldsymbol{u}^{\text{H}}(n)\boldsymbol{w}(n)\}] \\
&= E\{\text{tr}[\boldsymbol{w}^{\text{H}}(n)\boldsymbol{u}(n)\boldsymbol{u}^{\text{H}}(n)\boldsymbol{w}(n)]\} \\
&= E\{\text{tr}[\boldsymbol{w}(n)\boldsymbol{w}^{\text{H}}(n)\boldsymbol{u}(n)\boldsymbol{u}^{\text{H}}(n)]\} \\
&= \text{tr}[E\{\boldsymbol{w}(n)\boldsymbol{w}^{\text{H}}(n)\boldsymbol{u}(n)\boldsymbol{u}^{\text{H}}(n)\}] \\
&= \text{tr}[E\{\boldsymbol{w}(n)\boldsymbol{w}^{\text{H}}(n)\}][E\{\boldsymbol{u}(n)\boldsymbol{u}^{\text{H}}(n)\}] \\
&= \text{tr}[\boldsymbol{Q}\boldsymbol{R}]
\end{aligned} \tag{7.1.63}$$

式中，$\boldsymbol{Q} = E\{\boldsymbol{w}(n)\boldsymbol{w}^{\text{H}}(n)\}$ 为过程噪声向量 $\boldsymbol{w}(n)$ 的相关矩阵；$\boldsymbol{R} = E\{\boldsymbol{u}(n)\boldsymbol{u}^{\text{H}}(n)\}$ 为输入向量 $\boldsymbol{u}(n)$ 的相关矩阵。

另外，式（7.1.62）的分母是零均值的测量噪声 $\boldsymbol{\upsilon}(n)$ 的方差 σ_v^2。将这一结果和式（7.1.63）代入式（7.1.62），即可将非平稳度简写为

$$\alpha = \frac{1}{\sigma_v}(\text{tr}[\boldsymbol{Q}\boldsymbol{R}])^{1/2} = \frac{1}{\sigma_v}(\text{tr}[\boldsymbol{R}\boldsymbol{Q}])^{1/2} \tag{7.1.64}$$

式中，$\text{tr}[\boldsymbol{Q}\boldsymbol{R}] = \text{tr}[\boldsymbol{R}\boldsymbol{Q}]$ 是因为矩阵乘积 $\boldsymbol{Q}\boldsymbol{R}$ 和 $\boldsymbol{R}\boldsymbol{Q}$ 具有相同的对角线元素。

除了前面介绍过的收敛速率，失调（misadjustment）是衡量自适应滤波性能的另一个重要测度。自适应滤波器的失调定义为滤波器稳态剩余均方误差 J_{ex} 与滤波器最小均方误差 $J_{\min}$ 之比，即

$$M \overset{\text{def}}{=} \frac{J_{ex}}{J_{\min}} \tag{7.1.65}$$

式中，稳态剩余均方误差定义为滤波器输出的实际均方误差与最小均方误差之差，即 $J_{\text{out}} - J_{\min}$。显然，当 $J_{ex} = 0$ 时，滤波器的输出刚好达到最小输出均方误差，因此，它是最小均方误差意义下的最优滤波器。此时，失调 $M = 0$，即滤波器不存在任何失调。由此可以看出，失调 M 实际上是一个衡量滤波器偏离最优滤波器的测度。只要剩余输出能量

不等于零，便称滤波器存在失调。通常希望自适应滤波器的失调越小越好，这取决于滤波器的设计和滤波器所处的环境（如滤波器希望跟踪的信号的非平稳度）。

下面分析非平稳 α 与自适应滤波器的失调之间的关系。对于一个由 MMSE 准则设计的滤波器，其最小均方误差 $J_{\min}$ 等于测量噪声的方差，即有

$$J_{\min} = \sigma_v^2 \qquad\qquad (7.1.66)$$

另外，由马尔可夫模型公式（7.1.60）可以看出，因为式（7.1.60）中的系数 a 非常接近于 1，过程噪声向量 $w(n)$ 实际上就是滤波器权重误差向量，即 $w(n) \approx \boldsymbol{\omega}_{\mathrm{opt}}(n+1) - \boldsymbol{\omega}_{\mathrm{opt}}(n) = \boldsymbol{\varepsilon}(n)$。这表明 n 时刻的过程噪声向量 $w(n)$ 的相关矩阵 $\boldsymbol{Q}(n) = E\{w(n)w^{\mathrm{H}}(n)\} \approx E\{\boldsymbol{\varepsilon}(n)\,\boldsymbol{\varepsilon}^{\mathrm{H}}(n)\} = \boldsymbol{K}(n)$。将这一关系代入式（7.1.58），得到自适应滤波器 n 时刻的剩余输出能量

$$\eta_{ex}(n) = \mathrm{tr}[\boldsymbol{RQ}]$$

若自适应滤波器不存在失调，则其稳态剩余输出能量 $J_{ex} = \eta_{ex}(\infty) = \mathrm{tr}[\boldsymbol{RQ}]$。即最小均方误差滤波器与最小能量滤波器等价。若自适应滤波器存在失调，则其稳态剩余输出能量 $J_{ex} > \mathrm{tr}[\boldsymbol{RQ}]$，即

$$J_{ex} \geqslant \mathrm{tr}[\boldsymbol{RQ}] \qquad\qquad (7.1.67)$$

将式（7.1.66）和式（7.1.67）代入式（7.1.65）有

$$M \geqslant \frac{\mathrm{tr}[\boldsymbol{RQ}]}{\sigma_v^2} = \alpha^2 \qquad\qquad (7.1.68)$$

换句话说，自适应滤波器的失调 M 是时变系统的非平稳度的平方值的上界。

根据以上分析可以得出以下结论。

（1）对于慢时变系统，由于其非平稳度 α 较小，自适应滤波器可以跟踪时变系统的变化。

（2）若时变系统的变化太快，以致非平稳度 α 大于 1，那么在这样的情况下，由自适应滤波器造成的失调 $M > 1$，即失调将超过 100%。这意味着，自适应滤波器将不可能跟踪这种快时变系统的变化。

7.2　RLS 自适应算法

本节将把最小二乘法推广为一种自适应算法，其目的是设计自适应的横向滤波器，使得在已知 $n-1$ 时刻横向滤波器抽头权重系数的情况下，能够通过简单的更新求出 n 时刻的滤波器抽头权重系数。这样一种自适应的最小二乘算法称为递推最小二乘算法，简称 RLS 算法。

7.2.1　RLS 算法的基本原理

与一般的最小二乘方法不同，这里考虑一种指数加权的最小二乘方法。顾名思义，在这种方法里，使用指数加权的误差平方和作为代价函数，即有

$$J(n) = \sum_{i=0}^{n} \lambda^{n-i} \mid \varepsilon(i) \mid^2 \qquad (7.2.1a)$$

式中，加权因子 $0 < \lambda < 1$ 称为遗忘因子，其作用是对离 n 时刻近的误差加比较大的权重，而对离 n 时刻远的误差加比较小的权重。换句话说，λ 对各个时刻的误差具有一定的遗忘作用，故称为遗忘因子。从这个意义上讲，$\lambda = 1$ 相当于各时刻的误差被"一视同仁"，即无任何遗忘功能，或具有无穷记忆功能。此时，指数加权的最小二乘方法退化为一般的最小二乘方法。反之，若 $\lambda = 0$，则只有现时刻的误差起作用，而过去时刻的误差完全被遗忘，不起任何作用。在非平稳环境中，为了跟踪变化的系统，这两个极端的遗忘因子值都是不适合的。

式（7.2.1a）中的估计误差定义为

$$\varepsilon(i) = d(i) = \boldsymbol{\omega}^{H}(n)\boldsymbol{u}(i) \qquad (7.2.1b)$$

式中，$d(i)$ 代表 i 时刻的期望响应。在期望响应未知的情况下，可取滤波器的实际输出直接作为期望响应 $d(i)$。注意，式（7.2.1b）中的抽头权重向量为 n 时刻的权重向量 $\boldsymbol{\omega}(n)$，而不是 i 时刻的权重向量 $\boldsymbol{\omega}(i)$，其理由如下：在自适应更新过程中，滤波器总是越来越好，这意味着，对于任何时刻 $i \leqslant n$，估计误差的绝对值 $\mid \varepsilon(i) \mid = \mid d(i) - \boldsymbol{\omega}^{H}(n)\boldsymbol{u}(i) \mid$ 总是比 $\mid e(i) \mid = \mid d(i) - \boldsymbol{\omega}^{H}(n)\boldsymbol{u}(i) \mid$ 小。因此，由 $\varepsilon(i)$ 构成的代价函数 $J(n)$ 总是比由 $e(i)$ 构成的代价函数 $\tilde{J}(n)$ 小，故代价函数 $J(n)$ 比 $\tilde{J}(n)$ 更合理。根据定义，$\varepsilon(i)$ 称为滤波器在 i 时刻的后验估计误差，而 $e(i)$ 称为 i 时刻的先验估计误差。因此，加权误差平方和的完整表达式为

$$J(n) = \sum_{i=0}^{n} \lambda^{n-i} \mid d(i) - \boldsymbol{\omega}^{H}(n)\boldsymbol{u}(i) \mid^2 \qquad (7.2.2)$$

它是 $\boldsymbol{\omega}(n)$ 的函数。由 $\dfrac{\partial J(n)}{\partial \boldsymbol{\omega}} = 0$ 易得 $\boldsymbol{R}(n)\boldsymbol{\omega}(n) = \boldsymbol{r}(n)$，其解为

$$\boldsymbol{\omega}(n) = \boldsymbol{R}^{-1}(n)\boldsymbol{r}(n) \qquad (7.2.3)$$

式中

$$\boldsymbol{R}(n) = \sum_{i=0}^{n} \lambda^{n-i} \boldsymbol{u}(i)\boldsymbol{u}^{H}(i) \qquad (7.2.4)$$

$$\boldsymbol{r}(n) = \sum_{i=0}^{n} \lambda^{n-i} \boldsymbol{u}(i)d^{*}(i) \qquad (7.2.5)$$

式（7.2.3）表明，指数加权最小二乘问题（7.2.1a）的解 $\boldsymbol{\omega}(n)$ 实际为维纳滤波器系数。下面考虑它的自适应更新。

根据式（7.2.4）和式（7.2.5），易得递推估计公式：

$$\boldsymbol{R}(n) = \lambda\boldsymbol{R}(n-1) + \boldsymbol{u}(n)\boldsymbol{u}^{H}(n) \qquad (7.2.6a)$$

$$\boldsymbol{r}(n) = \lambda\boldsymbol{r}(n-1) + \boldsymbol{u}(n)d^{*}(n) \qquad (7.2.6b)$$

对式（7.2.6a）使用矩阵求逆引理，又可得逆矩阵 $\boldsymbol{P}(n) = \boldsymbol{R}^{-1}(n)$ 的递推公式：

$$\boldsymbol{P}(n) = \frac{1}{\lambda}\left[\boldsymbol{P}(n-1) - \frac{\boldsymbol{P}(n-1)\boldsymbol{u}(n)\boldsymbol{u}^{H}(n)\boldsymbol{P}(n-1)}{\lambda + \boldsymbol{u}^{H}(n)\boldsymbol{P}(n-1)\boldsymbol{u}(n)}\right]$$

$$= \frac{1}{\lambda}[\boldsymbol{P}(n-1) - \boldsymbol{k}(n)\boldsymbol{u}^{H}(n)\boldsymbol{P}(n-1)] \qquad (7.2.7)$$

式中，$k(n)$ 为增益向量，定义为

$$k(n) = \frac{P(n-1)u(n)}{\lambda + u^{H}(n)P(n-1)u(n)} \qquad (7.2.8)$$

利用式（7.2.7）不难证明：

$$\begin{aligned}
P(n)u(n) &= \frac{1}{\lambda}[P(n-1)u(n) - k(n)u^{H}(n)P(n-1)u(n)] \\
&= \frac{1}{\lambda}\{[\lambda + u^{H}(n)P(n-1)u(n)]k(n) - k(n)u^{H}(n)P(n-1)u(n)\} \qquad (7.2.9) \\
&= k(n)
\end{aligned}$$

另外，由式（7.2.3）又有

$$\begin{aligned}
\omega(n) &= R^{-1}(n)r(n) = P(n)r(n) \\
&= \frac{1}{\lambda}[P(n-1) - k(n)u^{H}(n)P(n-1)][\lambda r(n-1) + d^{*}(n)u(n)] \\
&= P(n-1)r(n-1) + \frac{1}{\lambda}d^{*}(n)[P(n-1)u(n) - k(n)u^{H}(n)P(n-1)u(n)] \\
&\quad - k(n)u^{H}(n)P(n-1)r(n-1)
\end{aligned}$$

代入式（7.2.9）后，上式可写为

$$\omega(n) = \omega(n-1) + d^{*}(n)k(n) - k(n)u^{H}(n)\omega(n-1)$$

化简后得

$$\omega(n) = \omega(n-1) + k(n)e(n) \qquad (7.2.10)$$

式中

$$\begin{aligned}
e(n) &= d(n) - u^{T}(n)\omega^{*}(n-1) \\
&= d(n) - \omega^{H}(n-1)u(n)
\end{aligned} \qquad (7.2.11)$$

为先验估计误差。

综上所述，可以得到 RLS 直接算法如下。

算法 7.2.1（RLS 直接算法）。

步骤 1 初始化：$\omega(0) = 0,\ P(0) = \delta^{-1}I$，其中 δ 是一个很小的值。

步骤 2 更新：$n = 1, 2, \cdots$

$$e(n) = d(n) - \omega^{H}(n-1)u(n)$$

$$k(n) = \frac{P(n-1)u(n)}{\lambda + u^{H}(n)P(n-1)u(n)}$$

$$P(n) = \frac{1}{\lambda}[P(n-1) - k(n)u^{H}(n)P(n-1)]$$

$$\omega(n) = \omega(n-1) + k(n)e^{*}(n)$$

RLS 算法的应用需要初始值 $P(0) = R^{-1}(0)$。在非平稳情况下，此初始值由式（7.2.12）决定：

$$P(0) = R^{-1}(0) = \left[\sum_{i=-n_0}^{0} \lambda^{-i}u(i)u^{H}(i)\right]^{-1} \qquad (7.2.12)$$

因此，相关矩阵的表达式（7.2.6a）变为

$$R(n) = \sum_{i=1}^{n} \lambda^{n-i} u(i) u^{H}(i) + R(0) \tag{7.2.13}$$

由于 λ 的遗忘作用，自然希望 $R(0)$ 在式（7.2.13）中起的作用很小。考虑到这一点，不妨用一个很小的单位矩阵来近似 $R(0)$，即

$$R(0) = \delta I, \quad \delta \text{是很小的正数} \tag{7.2.14}$$

因此，$P(0)$ 的初始值由式（7.2.15）给出：

$$P(0) = \delta^{-1} I, \quad \delta \text{是很小的正数} \tag{7.2.15}$$

这就是在算法 7.2.1 中初始值取 $P(0) = \delta^{-1} I$（其中 δ 很小）的原因。

δ 的值越小，相关矩阵初始值 $R(0)$ 在 $R(n)$ 的计算中所占比重越小，这是我们所希望的；反之，$R(0)$ 的作用就会突显出来，这是应该避免的。δ 的典型取值为 $\delta = 0.01$ 或更小。一般情况下，取 $\delta = 0.01$ 与 $\delta = 10^{-4}$ 时，RLS 算法给出的结果并没有明显的区别，但是取 $\delta = 1$ 将严重影响 RLS 算法的收敛速度及收敛结果，这一点是在应用 RLS 算法时必须注意的。

7.2.2　RLS 算法与卡尔曼滤波算法的比较

考虑一特殊的"无激励"动态模型：

$$x(n+1) = \lambda^{-1/2} x(n) \tag{7.2.16}$$

$$y(n) = u^{H}(n) x(n) + \upsilon(n) \tag{7.2.17}$$

式中，$x(n)$ 为模型的状态向量；$y(n)$ 为一标量的观测值或参考信号；$u^{H}(n)$ 为观测矩阵；$\upsilon(n)$ 为一标量白噪声信号，它具有零均值和单位方差。模型参数 λ 是个正的实常数。由式（7.2.16）容易看出：

$$x(n) = \lambda^{-n/2} x(0) \tag{7.2.18}$$

式中，$x(0)$ 是状态向量的初始值。将式（7.2.18）代入式（7.2.17），并使用共同项 $x(0)$ 表示各个时刻的观测值，则有

$$\begin{cases} y(0) = u^{H}(0) x(0) + \upsilon(0) \\ y(1) = \lambda^{-1/2} u^{H}(1) x(0) + \upsilon(1) \\ \quad\quad\vdots \\ y(n) = \lambda^{-n/2} u^{H}(n) x(0) + \upsilon(n) \end{cases} \tag{7.2.19}$$

或等价为

$$\begin{cases} y(0) = u^{H}(0) x(0) + \upsilon(0) \\ \lambda^{1/2} y(1) = u^{H}(1) x(0) + \lambda^{1/2} \upsilon(1) \\ \quad\quad\vdots \\ \lambda^{n/2} y(n) = u^{H}(n) x(0) + \lambda^{n/2} \upsilon(n) \end{cases} \tag{7.2.20}$$

从卡尔曼滤波的观点来看，方程组（7.2.20）表示无激励动态模型的随机特性。

与卡尔曼滤波器使用随机模型不同，RLS 算法则采用确定模型，即期望信号（也称参考信号）可以用线性回归模型表示为

$$\begin{cases} d^*(0) = \boldsymbol{u}^H(0)\boldsymbol{\omega}_0 + e_0^*(0) \\ d^*(1) = \boldsymbol{u}^H(1)\boldsymbol{\omega}_0 + e_0^*(1) \\ \quad\quad\vdots \\ d^*(n) = \boldsymbol{u}^H(n)\boldsymbol{\omega}_0 + e_0^*(n) \end{cases} \quad\quad （7.2.21）$$

式中，$\boldsymbol{\omega}_0$ 为模型的未知参数向量；$\boldsymbol{u}(n)$ 为输入向量；$e_0^*(n)$ 为观测噪声。

若令卡尔曼滤波器中状态向量的初始值等于 RLS 算法中的抽头权重向量，即

$$\boldsymbol{x}(0) = \boldsymbol{\omega}_0 \quad\quad （7.2.22）$$

则很容易看出，RLS 算法的确定模型（7.2.21）与卡尔曼滤波算法的特殊随机模型（7.2.20）等价的条件是满足如下一一对应关系：

$$y(n) = \lambda^{-n/2} d^*(n) \quad\quad （7.2.23）$$

$$\upsilon(n) = \lambda^{-n/2} e_0^*(n) \quad\quad （7.2.24）$$

式中，等号左边为状态空间模型的参数；等号右边为线性回归模型的参数。

总结以上分析可以得出如下结论：RLS 算法使用的确定性线性回归模型是卡尔曼滤波算法的一种特殊的无激励的状态空间模型。

这一等价关系是 Sayed 与卡尔曼于 1994 年建立的。

表 7.2.1 综合了卡尔曼滤波算法和 RLS 算法之间各个变量的对应关系。

表 7.2.1　卡尔曼滤波与 RLS 算法参数列表

卡尔曼滤波		RLS 算法	
参数名称	变量	参数名称	变量
初始状态向量	$\boldsymbol{x}(0)$	抽头权重向量	$\boldsymbol{\omega}_0$
状态向量	$\boldsymbol{x}(n)$	指数加权的权重抽头向量	$\lambda^{-n/2}\boldsymbol{\omega}_0$
参考（观测）信号	$y(n)$	期望响应	$\lambda^{-n/2}d^*(n)$
观测噪声	$\upsilon(n)$	测量误差	$\lambda^{-n/2}e_0^*(n)$
一步预测的状态向量	$\hat{x}(n+1\,|\,y_1,\cdots,y_n)$	抽头权重向量的估计	$\lambda^{-n/2}\hat{\omega}(n)$
状态预测误差的相关矩阵	$\boldsymbol{K}(n)$	输入向量相关矩阵的逆矩阵	$\lambda^{-1}\boldsymbol{P}(n)$
卡尔曼增益	$g(n)$	增益向量	$\lambda^{-1/2}\boldsymbol{k}(n)$
新息	$\alpha(n)$	先验估计无信号	$\lambda^{-1/2}\xi^*(n)$
初始条件	$\hat{x}(1) = \boldsymbol{0}$	初始条件	$\hat{\omega}(0) = \boldsymbol{0}$
	$\boldsymbol{K}(0)$		$\delta^{-1}\boldsymbol{P}(0)$

7.2.3　RLS 算法的统计性能分析

由于维纳滤波器的测量误差 $e_{opt}(n) = d(n) - \boldsymbol{\omega}_{opt}^{H}\boldsymbol{u}(n)$ 具有最小的均方值，因此期望响应 $d(n)$ 可写为

$$d(n) = e_{opt}(n) + \boldsymbol{\omega}_{opt}^{H}\boldsymbol{u}(n) \tag{7.2.25}$$

式（7.2.25）称为期望响应 $d(n)$ 的线性回归模型，$M \times 1$ 权重向量 $\boldsymbol{\omega}_{opt}$ 表示模型的回归参数向量。根据式（7.2.11）及式（7.2.25），消去 $d(n)$，即可将先验估计误差表示为

$$\begin{aligned}
e(n) &= e_{opt}(n) - [\boldsymbol{\omega}(n-1) - \boldsymbol{\omega}_{opt}]^{H}\boldsymbol{u}(n) \\
&= e_{opt}(n) - \boldsymbol{\varepsilon}^{H}(n-1)\boldsymbol{u}(n)
\end{aligned} \tag{7.2.26}$$

式中

$$\boldsymbol{\varepsilon}(n-1) = \boldsymbol{\omega}(n-1) - \boldsymbol{\omega}_{opt} \tag{7.2.27}$$

表示 $n-1$ 时刻的实际抽头权重向量与最优维纳滤波器抽头权重向量之差，简称权重误差向量。

考虑先验估计误差的均方值均方估计误差：

$$\xi(n) = \text{MSE}\{\boldsymbol{\omega}(n)\} = E\{|e(n)|^{2}\} \tag{7.2.28}$$

将式（7.2.26）代入式（7.2.28），并加以整理得

$$\begin{aligned}
\xi(n) &= E\{|e_{opt}(n)|^{2}\} + E\{\boldsymbol{u}^{H}(n)\boldsymbol{\varepsilon}(n-1)\boldsymbol{\varepsilon}^{H}(n-1)\boldsymbol{u}(n)\} \\
&\quad - E\{e_{opt}(n)\boldsymbol{u}^{H}(n)\boldsymbol{\varepsilon}(n-1)\} - E\{\boldsymbol{\varepsilon}^{H}(n-1)\boldsymbol{u}(n)e_{opt}^{*}(n)\}
\end{aligned} \tag{7.2.29}$$

下面具体分析式（7.2.29）等号右边各项的值。

（1）式（7.2.29）等号右边第一项表示最优维纳滤波器的均方误差，它是所有滤波器所能具有的最小均方误差，记为

$$\xi_{min} = E\{|e_{opt}(n)|^{2}\} \tag{7.2.30a}$$

（2）计算式（7.2.29）等号右边的第二项，易得

$$\begin{aligned}
&E\{\boldsymbol{u}^{H}(n)\boldsymbol{\varepsilon}(n-1)\boldsymbol{\varepsilon}^{H}(n-1)\boldsymbol{u}(n)\} \\
&= E\{\text{tr}[\boldsymbol{u}^{H}(n)\boldsymbol{\varepsilon}(n-1)\boldsymbol{\varepsilon}^{H}(n-1)\boldsymbol{u}(n)]\} \\
&= E\{\text{tr}[\boldsymbol{u}(n)\boldsymbol{u}^{H}(n)\boldsymbol{\varepsilon}(n-1)\boldsymbol{\varepsilon}^{H}(n-1)]\} \\
&= \text{tr}[E\{\boldsymbol{u}(n)\boldsymbol{u}^{H}(n)\boldsymbol{\varepsilon}(n-1)\boldsymbol{\varepsilon}^{H}(n-1)\}] \\
&= \text{tr}[E\{\boldsymbol{u}(n)\boldsymbol{u}^{H}(n)\}E\{\boldsymbol{\varepsilon}(n-1)\boldsymbol{\varepsilon}^{H}(n-1)\}] \\
&= \text{tr}[\boldsymbol{R}\boldsymbol{K}(n-1)]
\end{aligned} \tag{7.2.30b}$$

式中，$\boldsymbol{R} = E\{\boldsymbol{u}(n)\boldsymbol{u}^{H}(n)\}$ 为滤波器输入的相关矩阵；$\boldsymbol{K}(n-1) = E\{\boldsymbol{\varepsilon}(n-1)\boldsymbol{\varepsilon}^{H}(n-1)\}$ 为 $n-1$ 时刻的权重误差相关矩阵。

（3）由于 $n-1$ 时刻的权重误差向量 $\boldsymbol{\varepsilon}(n-1)$ 与 n 时刻的输入向量 $\boldsymbol{u}(n)$、测量误差 $e_{opt}(n)$ 统计独立，故式（7.2.29）等号右边第三项为

$$E\{e_{opt}(n)\boldsymbol{u}^{H}(n)\boldsymbol{\varepsilon}^{H}(n-1)\} = E\{e_{opt}(n)\boldsymbol{u}^{H}(n)\}E\{\boldsymbol{\varepsilon}(n-1)\}$$

又由正交性原理可知，测量误差 $e_{opt}(n)$ 与输入向量 $\boldsymbol{u}(n)$ 的所有元素正交，即 $E\{e_{opt}(n) \cdot \boldsymbol{u}^{H}(n)\} = 0$，故

$$E\{e_{\text{opt}}(n)\boldsymbol{u}^{\text{H}}(n)\boldsymbol{\varepsilon}^{\text{H}}(n-1)\} = 0 \tag{7.2.30c}$$

（4）同理，有

$$E\{\boldsymbol{\varepsilon}^{\text{H}}(n-1)\boldsymbol{u}(n)e_{\text{opt}}^{*}(n)\} = E\{\boldsymbol{\varepsilon}^{\text{H}}(n-1)\}E\{\boldsymbol{u}(n)e_{\text{opt}}^{*}(n)\} = 0 \tag{7.2.30d}$$

将式（7.2.30a）和式（7.2.30d）代入式（7.2.29），得

$$\xi(n) = \xi_{\min} + \text{tr}[\boldsymbol{R}\boldsymbol{K}(n-1)] \tag{7.2.31}$$

由此可求出剩余均方误差：

$$\xi_{ex}(n) = \xi(n) - \xi_{\min} = \text{tr}[\boldsymbol{R}\boldsymbol{K}(n-1)] \tag{7.2.32}$$

及稳态或渐近剩余均方误差：

$$\xi_{ex}(\infty) = \lim_{n\to\infty} \text{tr}[\boldsymbol{R}\boldsymbol{K}(n-1)] \tag{7.2.33}$$

实际测量的剩余均方误差 $\xi_{ex}(n)$ 相对于迭代时间 n 的变化曲线称为 RLS 算法的学习曲线，它是一条随时间衰减的曲线，表示 RLS 算法的收敛性能（速率与稳态剩余均方误差）。

7.2.4　快速 RLS 算法

业已证明，RLS 直接算法中的卡尔曼增益向量可以利用"快速"方式更新，从而使得 RLS 算法可以快速实现。快速 RLS 算法的关键是恰当利用数据矩阵的移不变性质。为此，考虑数据向量 $\boldsymbol{x}_M(n) = [u(n), u(n-1), \cdots, u(n-M+1)]^{\text{T}}$ 增加一阶后的数据向量 $\boldsymbol{x}_{M+1}(n) = [u(n), u(n-1), \cdots, u(n-M)]^{\text{T}}$。显然，它有两种不同的分块形式：

$$\boldsymbol{x}_{M+1}(n) = \begin{bmatrix} \boldsymbol{x}_M(n) \\ u(n-M) \end{bmatrix} = \begin{bmatrix} u(n) \\ \boldsymbol{x}_{M-1}(n-1) \end{bmatrix} \tag{7.2.34}$$

利用这两种分块形式，即可得到增阶后的自相关矩阵 $\boldsymbol{R}_{M+1}(n)$ 的恰当分块。根据这些分块，n 时刻的卡尔曼增益向量 $\boldsymbol{c}_M(n)$ 便可以借助增阶后的向量 $\boldsymbol{c}_{M+1}(n)$ 由 $\boldsymbol{c}_{M-1}(n-1)$ 获得。总的更新机理可表示如下：

$$
\begin{array}{ccccc}
\boldsymbol{a}_M(n-1) & & \boldsymbol{b}_M(n-1) & & \\
\downarrow & & \downarrow & & \\
\boldsymbol{c}_{M-1}(n-1) & \rightarrow & \boldsymbol{c}_{M+1}(n) & \rightarrow & \boldsymbol{c}_M(n) \\
\downarrow & & \downarrow & & \\
\boldsymbol{a}_M(n) & & \boldsymbol{b}_M(n) & &
\end{array} \tag{7.2.35}
$$

式中，辅助向量 $\boldsymbol{a}_M(n)$ 和 $\boldsymbol{b}_M(n)$ 分别表示前向和后向最小二乘预测器，它们对应 7.1 节 LMS 算法中分别令 $y(n) = u(n+1)$ 和 $y(n) = u(n-M)$ 之后的 FIR 横向滤波器。

算法 7.2.2（稳定化的快速 RLS 算法）。

步骤 1　初始化：$\boldsymbol{\omega}_M(0) = 0$, $\boldsymbol{c}_M(0) = 0$, $\boldsymbol{a}_M(0) = [1, 0, \cdots, 0]^{\text{T}}$

　　　　$\boldsymbol{b}_M(0) = [0, 0, \cdots, 1]^{\text{T}}$, $\alpha_M(0) = 1$, $\alpha_M^f(0) = \lambda^M \alpha_M^b(0)$, $\alpha_M^b(0) = \delta > 0$

步骤 2　$n = 1, 2, \cdots$

$$e_M^f(n) = u(n) + \boldsymbol{a}_M^{\text{T}}(n-1)\boldsymbol{x}_M(n-1) \tag{7.2.36}$$

$$\varsigma_M^f(n) = e_M^f(n) / \alpha_M(n-1) \tag{7.2.37}$$

$$\boldsymbol{a}_M(n) = \boldsymbol{a}_M(n-1) - \boldsymbol{c}_M(n-1)\varsigma_M^f(n) \tag{7.2.38}$$

$$\alpha_M^f(n) = \lambda \alpha_M^f(n-1) + e_M^f(n)\varsigma_M^f(n) \tag{7.2.39}$$

$$k_{M+1}(n) = \lambda^{-1}\alpha_M^f(n-1)e_M^f(n) \tag{7.2.40}$$

$$c_{M+1}(n) = \begin{bmatrix} 0 \\ c_M(n) \end{bmatrix} + \begin{bmatrix} 1 \\ a_M(n-1) \end{bmatrix} k_{M+1}(n-1) \tag{7.2.41}$$

$$c_{M+1} = \begin{bmatrix} d_M(n) \\ d_{M+1}(n) \end{bmatrix} \tag{7.2.42}$$

$$e_M^b(n) = \lambda \alpha_M^b(n-1)d_{M+1}(n) \tag{7.2.43}$$

$$\tilde{e}_M^b(n) = u(n-M) + b_M^{\mathrm{T}}(n-1)x_M(n) \tag{7.2.44}$$

$$\Delta^b = \tilde{e}_M^b(n) - e_M^b(n) \tag{7.2.45}$$

$$\hat{e}_{M,i}^b(n) = \tilde{e}_M^b(n) + \delta_i \Delta^b(n), \quad i = 1,2,3 \tag{7.2.46}$$

$$c_M(n) = d_M(n) - b_M(n-1)d_{M+1}(n) \tag{7.2.47}$$

$$\alpha_{M+1}(n) = \alpha_M(n-1) - k_{M+1}(n)e_M^f(n) \tag{7.2.48}$$

$$\alpha_M(n) = \alpha_{M+1}(n) + d_{M+1}(n)\hat{e}_{M,1}^b(n) \tag{7.2.49}$$

$$\tilde{\alpha}_M(n+1) = 1 + c_M^{\mathrm{T}}(n)x_M(n) \tag{7.2.50}$$

$$\Delta^\alpha(n) = \tilde{\alpha}_M(n) + \delta\Delta^\alpha(n) \tag{7.2.51}$$

$$\tilde{\alpha}_M(n) = \tilde{\alpha}_M(n) + \delta\Delta^\alpha(n) \tag{7.2.52}$$

$$\varsigma_{M,i}^b(n) = \hat{e}_{M,i}^b(n)/\hat{\alpha}_M(n), \quad i = 2,3 \tag{7.2.53}$$

$$b_M(n) = b_M(n-1) - c_M(n)\varsigma_{M,2}^b(n) \tag{7.2.54}$$

$$\alpha_M^b(n) = \lambda \alpha_M^b(n-1) + \hat{e}_{M,3}^b(n)\varsigma_{M,3}^b(n) \tag{7.2.55}$$

$$e_M(n) = y(n) - \omega^{\mathrm{T}}(n-1)x_M(n) \tag{7.2.56}$$

$$\varsigma_M(n) = e_M(n)/\hat{\alpha}_M(n) \tag{7.2.57}$$

$$\mu(n) = \alpha_M(n)/[1 - \rho\hat{\alpha}_M(n)] \tag{7.2.58}$$

$$\omega_M(n) = \omega_M(n-1) + \mu(n)c_M(n)\varsigma_M(n) \tag{7.2.59}$$

上述算法步骤 2 的有关计算公式体现了式（7.2.35）中所示的更新关系。例如，左边 $c_{M-1}(n-1)$ 和 $a_M(n-1)$ 合成 $a_M(n)$ 的关系体现在式（7.2.22）中，而 $c_{M-1}(n-1)$ 和 $a_M(n-1)$ 合

成 $c_{M+1}(n)$ 的关系则体现在式（7.2.41）中。又如，$c_{M+1}(n)$ 和 $b_M(n-1)$ 合成 $c_M(n)$ 的关系体现在式（7.2.42）及式（7.2.47）中。

7.3　自适应数字滤波器的应用

自适应滤波器有两个输入：期望信号和滤波器输入信号。在自适应滤波器应用中，它们可按实际需要取自不同的信号源。自适应滤波器有两个输出：误差信号和滤波器输出信号，它们在实际应用中有不同的含义。

7.3.1　自适应噪声抵消器

自适应噪声抵消器如图 7.3.1 所示，信号源产生有用信号 s；在观测传感器检测到的噪声信号 s 与观测噪声 v_1 叠加，作为自适应噪声抵消器的主要输入 d。参考传感器检测到的噪声源信号 v_2 作为自适应滤波器的输入。s 与 v_1 和 v_2 不相关；而 v_1 和 v_2 取自同一噪声源，它们是强相关的。自适应滤波器的输出 y 作为 v_1 的最佳估计 $\hat{v}_1$，从 d 中减去 $\hat{v}_1$，就得到 s 的最佳估计，$e(n)=\hat{s}(n)$。这就是自适应噪声抵消器的基本原理，自适应噪声抵消器可以检测到被噪声湮没的有用信号。

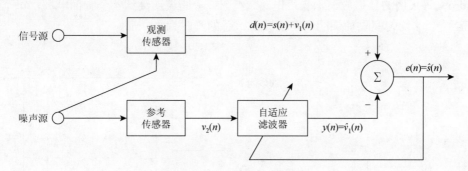

图 7.3.1　自适应噪声抵消器

在自适应噪声抵消中，参考传感器的放置应该达到两个目的：其输出 v_2 与观测传感器检测到的噪声 v_1 相关；参考传感器检测不到有用信号 s。例如，飞行员在和地面控制系统联络过程中，他的麦克风作为观测传感器，将飞行员的语音转换为有用信号的同时，也要受到噪声（如发动机振动）的干扰。为了有效地实现自适应噪声抵消，参考传感器应放置在远离飞行员的地方。自适应噪声抵消器已成功地应用于心电图仪和脑电图仪，这时微弱的心电信号和脑电信号不可避免地会受到电源的强烈干扰。靠近人心脏和头部的传感器就是观测传感器，为了抵消强电源干扰，参考传感器应放置在远离心脏和头部的地方。

在自适应噪声抵消器中，误差信号：

$$e = s + v_1 - y = s + (v_1 - y) \tag{7.3.1}$$

因为 y 是 v_2 的滤波输出：

$$y(n) = \sum_{i=0}^{N-1} w_n(i) v_2(n-i) \qquad (7.3.2)$$

所以，y 与 v_1 相关，但与 s 不相关。于是，均方误差为

$$E[e^2] = E[s^2] + E[(v_1 - y)^2] \qquad (7.3.3)$$

当自适应调节 $w_n(i)$ 使 $E[e^2]$ 最小时，式（7.3.3）第 1 项不受自适应调节过程的影响，故 $E[e^2]$ 最小意味着 $E[(v_1 - y)^2]$ 最小。又因为 $E[(v_1 - y)^2] = E[(e-s)^2]$，所以 $E[(v_1 - y)^2]$ 最小意味着 $E[(e-s)^2]$ 最小，自适应噪声抵消的误差信号实际上就是有用信号 s 的最佳估计。

自适应噪声抵消器的一个典型应用就是胎儿心电图检测。胎儿心电图检测对于评估胎儿发育状况具有重要意义。将心电图仪的电极置于孕妇腹部，就可测得胎儿的心电图。但是孕妇自己的心电图往往对胎儿心电图形成很强的干扰，孕妇肌肉运动和胎儿运动也会产生较强的干扰噪声，导致胎儿心电图难于识别。

图 7.3.2（a）给出了胎儿心电图测试的电极配置，孕妇腹部的电极用来检测胎儿的心电图，因为隔着母体，测出的胎儿心电图会很微弱，其中还叠加了母亲的心电图以及其他噪声。在孕妇胸部不同位置分别设置 4 个电极，以得到孕妇本人的心电图。图 7.3.2（b）为 Widrow 等采用的自适应消除噪声电路，4 个参考通道连接到 4 个胸部电极，每个通道为具有 32 个非均匀间隔抽头的横向滤波器，总的延时为 129ms。

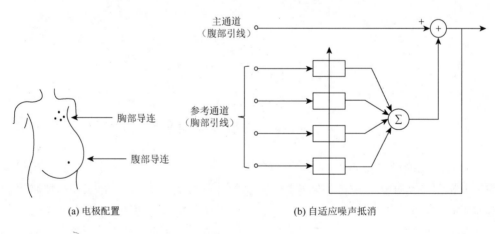

(a) 电极配置　　　　　　　　　　(b) 自适应噪声抵消

图 7.3.2　自适应方法用于胎儿心电监测

图 7.3.3 是自适应噪声抵消的实验结果，采样频率为 256Hz。图 7.3.3（c）为胸部电极信号波形，是清晰的母亲心电图波形；图 7.3.3（b）为腹部电极信号波形，可以看出，胎儿心电图要比母亲心电图微弱得多，这使得鉴别胎儿心电图很困难。经过自适应噪声抵消器抑制母亲心电图信号，在图 7.3.3（a）中的胎儿心电图变得清晰起来。

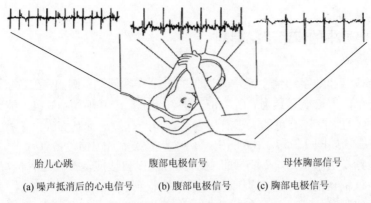

胎儿心跳　　　　　　　腹部电极信号　　　　　　母体胸部信号

(a) 噪声抵消后的心电信号　　(b) 腹部电极信号　　(c) 胸部电极信号

图 7.3.3　自适应噪声抵消后的心电信号

7.3.2　自适应系统辨识

在自动控制中，由于缺少受控对象的先验知识，不能对受控对象建立准确的模型，设计适当的控制器。这时可以采用系统辨识，以建立受控对象准确的数学模型。在图 7.3.4 中，在同一输入作用下，受控对象与自适应滤波器的输出比较，由比较得出的误差控制自适应滤波器使之逼近受控对象。在实际的控制系统中，受控对象的输出叠加有观测噪声，而且其特征在动态过程中，有时是随时间缓慢变化的。自适应滤波器除了系统辨识之外，还具有去噪、跟踪时变受控对象的功能。

需要注意的是，自适应滤波器和受控对象应当有同样的性质，如同样为线性 FIR 或 IIR 系统，或者至少有某种等价性。

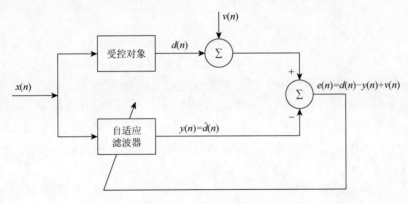

图 7.3.4　自适应系统辨识

因为观测噪声 v 与输入 x 不相关，所以它与受控对象自适应滤波器的输出 d 和 y 也不相关，均方误差为

$$E[e^2] = E[v^2] + E[(d-y)^2]$$

当自适应调节滤波器系数 w 使 $E[e^2]$ 最小时，上式第 1 项不受自适应过程的影响，故 $E[e^2]$ 最小意味着 $E[(d-y)^2]$ 最小，即 y 是 d 的最优估计。

7.3.3　宽带信号中的窄带干扰抑制

这是信号检测和数字通信中经常会遇到的一个实际问题。例如，在数字通信中，有用信号往往是一个漫射谱宽带信号，而窄带干扰可能来自于其他用户，也可能来自于敌方干扰台。而且干扰的强度还有可能大于有用信号，为了有效地抑制高强度干扰，可以使用自适应滤波，其原理如图 7.3.5 所示。图中，$s(n)$ 表示宽带有用信号，$v(n)$ 表示强窄带噪声，$v(n)$ 所占据的频带是未知的，或者是随时变化的，所以自适应滤波在这种情况下特别有效。与自适应噪声抵消器的基本原理类似，为了从接收到的 $d(n)$ 中减去 $v(n)$，要求自适应滤波器的输出是窄带干扰 $v(n)$ 的最优估计 $\hat{v}(n)$，因此要求滤波器的输入 $x(n)$ 与 $v(n)$ 相关，而与 $s(n)$ 不相关。与自适应噪声抵消器不同的是，受客观物理条件的限制，此时不可能用一个参考传感器单独检测干扰。为此，将 $d(n)$ 通过一个延迟 z^{-D} 作为滤波器的输入，即

$$x(n) = d(n-D) = s(n-D) + v(n-D)$$

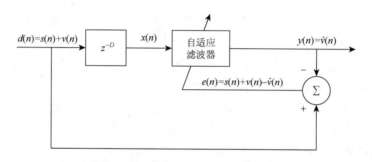

图 7.3.5　宽带信号中的窄带干扰抑制

因为 $v(n)$ 与 $s(n)$ 不相关，所以要求 $x(n)$ 与 $v(n)$ 相关而与 $s(n)$ 不相关意味着 $v(n)$ 必须与过去时刻的 $v(n-D)$ 相关，而 $s(n)$ 必须与过去时刻的 $s(n-D)$ 不相关，也就是说，图 7.3.5 中的延迟器对 s 起去相关的作用。当按宽带有用信号的奈奎斯特频率采样时，可以认为 $s(n)$ 与其过去时刻的样本不相关，为达到去相关的目的，D 应取得足够大。当按宽带有用信号的奈奎斯特频率采样时，对于窄带干扰，采样很密集，所以经过延迟之后，$v(n)$ 与其过去时刻的样本有一定的相关性，为保证这种相关性，D 不能取得太大，在实际应用中，D 取 1 或 2。

为了从接收到的 $d(n)$ 中减去 $v(n)$，可以从 $d(n)$ 的若干个过去时刻的预测值对 $v(n)$ 做出最优估计 $\hat{v}(n)$，即

$$y(n) = \hat{v}(n) = \sum_{i=0}^{N-1} w_n(i) d(n-D-i)$$

所以自适应滤波器在这里实际上是一个线性预测器。所以图 7.3.5 所示的宽带信号中窄带干扰的抑制又称为预测器。

自适应滤波器的误差输出：

$$e(n) = d(n) - y(n) = s(n) + v(n) - \hat{v}(n)$$

由于延迟器的去相关作用，$\hat{v}(n)$ 和 $s(n)$ 不相关，但它和 $v(n)$ 却是相关的。与自适应噪声抵消器的分析类似，$e(n)$ 实际上是 $s(n)$ 的最佳估计。预测器的频率特性相当于一个陷波器，而且陷波器频带是可以自适应调节的，陷波器在最大限度抑制窄带干扰能量的同时，宽带有用信号的能量损失却很小。

自适应线性增强器（adaptive line enhancer，ALE）的结构和预测器完全不一样，只不过预测器以 $e(n)$ 作为输出，而 ALE 以 $y(n) = \hat{v}(n)$ 作为输出。在 ALE 中，$v(n)$ 是窄带有用信号（如具有分离谱线的正弦信号），而 $s(n)$ 却是宽带噪声。ALE 的频率特性相当于一个中心频率可自适应调节的带通滤波器。

7.3.4　自适应回声抵消

在电话传输通道中，连接到用户的线路绝大多数都是两线线路，双向传输发送话音和接收话音。对于长途电话，为了补偿线路对话音的衰减，必须隔一定距离设置增音站。因为用于增音的放大器是单向传输的，所以双向传输需要两个放大器，这就需要四线传输。两线传输和四线传输之间的变换通常用混合变换器完成。长途电话的另一种实现方式是采用载波传输。它本身就是四线线路，也需要载波混合变换器。这种两线-四线变换电路如图 7.3.6 所示。

图 7.3.6　长途电话中两线-四线变换电路

理想的混合变换器在发送通道和接收通道之间应该有良好的隔离，但是在实际应用中，因为隔离程度有限和阻抗不匹配等原因，A 的说话声有可能经过 B 端的混合变换器传回来形成回声。对于高空卫星通信的长途信道，单向传播的延迟时间约为 270ms，来回传播一次的延迟时间约为 540ms。这样讲话者在滞后半秒后，又听到自己的话音，严重影响通话质量，如图 7.3.7（b）所示。此回声又可能通过 A 端的混合器再次传播出去，形成多次回声，如图 7.3.7（c）所示。

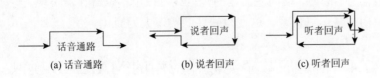

(a) 话音通路　　　　　(b) 说者回声　　　　　(c) 听者回声

图 7.3.7　语音通路与回声

解决回声问题的自适应抵消方法是基于这样的事实：A 端话音的回声必然与 A 端的说

话声相关，而自适应噪声抵消方法能够有效地衰减相关噪声。图 7.3.8 所示为自适应电话回声抵消原理。来自 A 端的话音为 $x(k)$，$x(k)$ 经过 B 端混合变换器产生回声 $n(k)$。B 端话音为 $s(k)$。回声 $n(k)$ 对 $s(k)$ 形成干扰。自适应回声抵消器的目的就是要把 $n(k)$ 消去。自适应滤波器的输入为 $x(k)$。输出为回声 $n(k)$ 的估计值。因为 $n(k)$ 与 $x(k)$ 相关，所以自适应算法在最小均方误差意义下使得滤波器的输出尽可能接近回声 $n(k)$，抵消器的输出 $e(k)$ 也就尽可能地接近 B 的说话声 $s(k)$，从而消除了回声。可见，这与噪声抵消电路的原理完全一致。

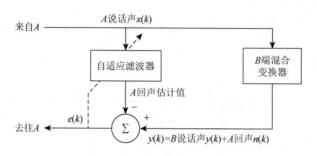

图 7.3.8　自适应电话回声抵消原理

　　自适应滤波器中加权系数的数量，取决于混合变换器的脉冲响应函数的长度以及抵消器到混合变换器的传输延迟，后者取决于抵消器的位置，抵消器的位置应该距离混合变换器越近越好。

　　当然，实际应用中对传输通道的两端都应该消除回声，因此需要两个自适应滤波器，如图 7.3.9 所示。

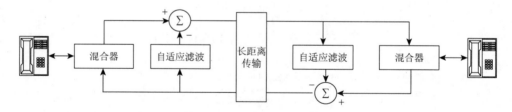

图 7.3.9　长途电话回声消除

　　除了长途电话，回声抵消技术还可以用于数据传输。不同的是，数据传输系统传输的是数字式信号，如果滤波器的采样速率与数字信号的采样速率同步，那么施加给自适应滤波器的是二值信号。因此，横向滤波器的延迟线可以用移位寄存器实现，与加权系数的相乘运算也可以用加减运算代替，这使得硬件的实现大为简化。

7.4　自适应数字滤波器应用的 MATLAB 模拟

MATLAB 2010b 按如下路径进入：

　　Help →Signal Processing Blocksets →Demos →Simulink Demos

MATLAB 2014b 按如下路径进入：

Help →DSP System Toolbox →DSP System Toolbox Examples
在 MATLAB 中对自适应数字滤波器的某些应用进行计算机模拟。

7.4.1　自适应延迟时间估计器

图 7.4.1 为 MATLAB 中的自适应延迟时间估计器（文件名为 lmsadtde.mdl），为了更清楚地看出它实际上是自适应系统辨识，将它修改为图 7.4.2。待辨识系统的传递函数为 $H(z) = 0.5 + 0.5z^{-8}$，冲激响应为 $h(n) = 0.5[1 + \delta(n-8)]$，通过模拟，可以看到这个结果，在实际应用中，待辨识系统的传递函数是未知的，我们希望通过检测装置估计其传递函数，从而了解系统的性质。例如，在雷达和声呐系统中，通过自适应延迟时间估计器可以计算出目标的距离；根据自适应延迟时间估计器的原理，可以分析室内（教室、讲演厅、音乐厅）墙面的反射情况。

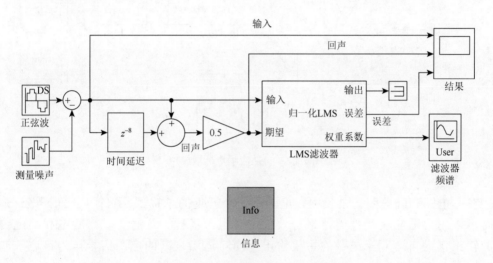

图 7.4.1　自适应延迟时间估计器

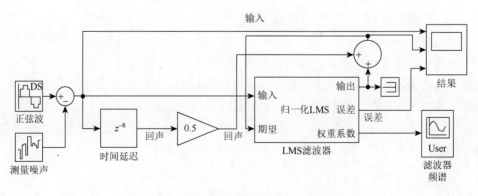

图 7.4.2　修改后的自适应延迟时间估计器

7.4.2　自适应噪声抵消器

MATLAB 中的自适应噪声抵消器如图 7.4.3 所示（文件名为 dspanc.mdl）。图中噪声滤波器用来模拟噪声检测传感器，以保证噪声滤波器的输出与输入自适应滤波器的噪声有一定的相关性。

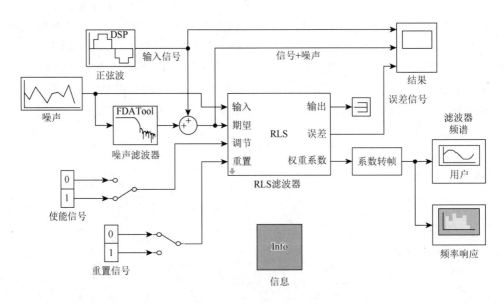

图 7.4.3　自适应噪声抵消模拟

在心电图和脑电图记录仪中，电源是一个严重的干扰源，它往往比信号强得多。这时可以用自适应噪声抵消器来有效地抑制电源干扰。这时可以将心电和脑电传感器的输出作为自适应滤波器的希望输出，而将适当衰减的电源信号作为自适应滤波器的输入。

7.4.3　卡尔曼滤波器在雷达跟踪中的应用

卡尔曼滤波器在雷达跟踪中的应用如图 7.4.4 所示（文件名为 aero_radmod_dsp.mdl）。雷达测量系统中，目标跟踪往往是人们非常关注的问题，但待测运动目标的位置、速度和加速度信号每时每刻都存在噪声干扰。卡尔曼滤波基于运动目标动态信息，设法消除噪声干扰，获取目标位置的最优估计。估计过程包含三个方面：①对运动目标当前位置的估计；②对运动目标未来位置的估计；③对运动目标过去位置的估计。

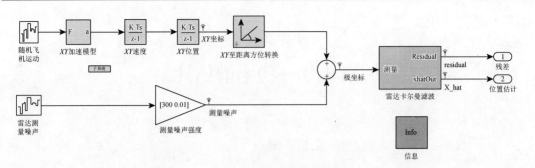

图 7.4.4 卡尔曼滤波器在雷达跟踪中的应用

第8章　功率谱估计

8.1　概　述

根据 Wiener-Khinchine 定理，广义平稳随机信号的功率谱是自相关函数的傅里叶变换，它取自无限多个自相关函数值。但对于实际应用，观测数据往往是有限的，因此要准确计算功率谱通常是不可能的。而合理的方法就是利用这有限的数据得到一个对功率谱的较好估计，这就是功率谱估计。换言之，功率谱估计是根据平稳随机信号的一次或有限次实现的观测值，来估计该随机信号的功率谱密度。

谱估计的主要用途是设定模型，通过这些模型可以将信号描述为宽带信号或窄带信号、平稳信号或非平稳信号等。模型一旦选定，并通过人为判断或通过对数据进一步的统计检验加以证实，就可以由此得出某些新的认识，并可能提出解决问题的新方法或新手段。

功率谱估计的技术源远流长，尤其是在过去的 30 年里获得了飞速发展。功率谱估计的方法如图 8.1.1 所示。它涉及信号与系统、随机信号分析、概率统计、矩阵代数等一系列的基础学科，广泛应用于雷达、声呐、通信、地质勘探、天文、核工程、生物医学工程等众多领域，其内容、方法不断更新，是一个极具生命力的研究领域。下面对功率谱估计的发展进行一个简要的回顾，并归纳出现有功率谱估计的主要方法。

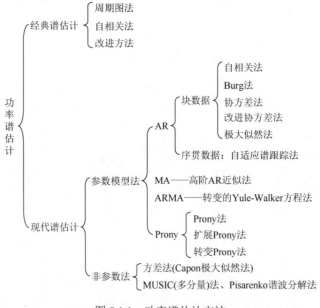

图 8.1.1　功率谱估计方法

　　"谱"的概念来源于英国著名科学家牛顿。后来，法国科学家傅里叶于 1822 年提出了对信号分析影响至深的傅里叶谐波分析理论，该理论至今仍是信号分析与处理的理论基础。

　　傅里叶级数提出后，首先被用于分析自然界中的周期现象，如研究声音、天气、太阳黑子的活动、潮汐等现象时用于测定其发生的周期。在 19 世纪末，Schuster 提出用傅里叶系数的幅度平方作为测量函数功率的方法，并将其命名为周期图（periodogram）。这就是经典谱估计的最早提法，并一直沿用至今。所不同的是现在利用快速傅里叶变换（fast Fourier transform，FFT）来计算离散傅里叶变换，以 FFT 系数的平方等同于信号功率。同时，Schuster 鉴于周期图的剧烈起伏，提出了平均周期图的概念，并指出在对有限长数据计算傅里叶系数时存在"旁瓣"问题，而这也就是所谓"窗函数"影响的前身。

　　然而，较差的方差性能一直是周期图法的"致命伤"，这也促使人们寻找另外的谱分析方法。1927 年，Yule 提出了利用线性回归方程来模拟时间序列，从而得出隐含在时间序列中的周期的新方法，而该方法实际上成为现代谱估计的最重要方法——参数模型法的基础。在 Yule 分析方法的基础上，Walker 利用该方法研究了衰减正弦时间序列，并推导出在现代谱分析中经常应用的 Yule-Walker 方程。因此，从某种意义上讲，Yule 和 Walker 既是现代谱分析的奠基者，也是开拓自回归模型的急先锋。

　　1930 年，著名控制论专家维纳在其经典论文 *Generalized harmonic analysis* 中，首次精确定义了一个随机信号的自相关函数及功率谱密度，并将谱分析建立在随机信号统计特性的基础上，即功率谱密度是随机信号二阶统计量自相关函数的傅里叶变换，这也正是本书前面已经提到的 Wiener-Khinchine 定理。1949 年，Tukey 根据 Wiener-Khinchine 定理提出了利用有限长数据进行功率谱估计的自相关方法，即利用有限长样本数据先估计自相关函数，再对自相关函数进行傅里叶变换以得到功率谱的估计。1958 年，Blackman 和 Tukey 在合著的经典著作 *The Measurements of Power Spectra* 中，专门对自相关谱估计法进行了介绍和分析，因此自相关法功率谱估计法又被称为 BT（Blackman-Tukey）法。至此，经典功率谱估计的两个基本方法——周期图法和自相关法正式登上历史舞台，并在其后的时间里在信号处理领域大放异彩，时至今日两种方法也是平稳随机信号功率谱估计的首选。

　　在经典功率谱估计的基础上，现代谱估计则着重针对其较低的分辨率和较差的方差性能等问题展开研究。Khinchine 等于 1938 年给出了线性预测的理论框架，并建立了自回归模型参数与自相关函数之间关系的 Yule-Walker 方程。1948 年，Bartlett 首次提出利用自回归模型系数来计算功率谱。Levinson 则根据自回归模型和线性预测的共同点——特普利茨矩阵，提出了基于该矩阵特点的 Yule-Walker 方程快速算法，所有上述工作都为现代谱估计的研究奠定了良好的理论基础。1965 年，Cooley 和 Tukey 提出的快速傅里叶变换（FFT）算法，则更进一步促进了谱估计的迅速发展，1967 年，Burg 提出最大熵估计，这是向着高分辨率谱估计所做的最有意义的努力。

　　现代谱估计的内容极其丰富，涵盖的学科及应用领域也相当广泛，至今仍然有许多学者从事相关研究，并有大量的论文出现。但本书并不涉及现代谱估计，读者如果有兴趣，可参阅相关文献资料，作进一步的深入了解。

在取得一组随机信号的样本后，往往需要知道该信号的主要特征，如均值、方差、相关函数、功率谱密度函数等。有时可以直接利用这些结果获得某些结论（如某一随机信号是否平稳、某一信号反映的状态是否异常），有时则可以利用这些结果作为对信号进行下一步处理的依据（如设计最优线性滤波器、检测宽带噪声下的窄带信号等）。因此，本章将介绍如何由信号的观测数据估计信号的特征。估计时原始信号往往存在两种可能的形式：连续时间信号或经采样后的离散时间信号。连续时间信号常见于一些用于处理模拟信号的处理器，离散时间信号则主要适用于数字计算机进行分析计算。就当前信号处理的发展趋势来看，离散数字信号处理无疑将占主导地位，因此本章也只介绍离散数字信号处理。

本章首先讨论了随机信号处理中均值、方差的估计，并就数据相关性对估计结果的影响展开了讨论，重点对相关函数的估计与应用进行了阐述和分析。在此基础上，详尽介绍了周期图法和自相关法这两种经典功率谱估计方法，主要涉及功率谱的定义、算法、估计性能、相应的改进及部分应用实例等方面。最后，就谱估计时一些实际问题进行了简要的分析和介绍。

8.2 数字特征的估计

8.2.1 均值的估计

设观测信号 $x(n)$ 有 N 个数据样本 $x_N(0), x_N(1), \cdots, x_N(N-1)$，则均值 m_x 的估计 $\hat{m}_x$ 定义为

$$\hat{m}_x = \frac{1}{N} \sum_{n=0}^{N-1} x_N(n) \tag{8.2.1}$$

可以证明此估计是无偏的，即

$$\begin{aligned}
E(\hat{m}_x) &= E\left[\frac{1}{N} \sum_{n=0}^{N-1} x_N(n)\right] \\
&= \frac{1}{N} \sum_{n=0}^{N-1} E[x_N(n)] = \frac{1}{N} \sum_{n=0}^{N-1} m_x \\
&= m_x
\end{aligned} \tag{8.2.2}$$

当各数据样本不相关时，此估计又是一致的，即满足

$$\lim_{N \to \infty} E(\hat{m}_x - m_x)^2 \to 0 \tag{8.2.3}$$

$$\begin{aligned}
E(\hat{m}_x^2) &= E\left\{\left[\frac{1}{N} \sum_{n=0}^{N-1} x_N(n)\right]\left[\frac{1}{N} \sum_{k=0}^{N-1} x_N(k)\right]\right\} \\
&= \frac{1}{N^2} \sum_{n=0}^{N-1} \sum_{k=0}^{N-1} E[x_N(n) x_N(k)] \\
&= \frac{1}{N^2} \left\{ \sum_{k=0}^{N-1} E[x_N^2(n)] + \sum_{\substack{n=0 \\ n \neq k}}^{N-1} \sum_{k=0}^{N-1} E[x_N(n) x_N(k)] \right\}
\end{aligned} \tag{8.2.4}$$

因为 $x_N(n)$ 和 $x_N(k)$ 不相关，所以

$$E(\hat{m}_x^2) = \frac{1}{N^2}\left\{\sum_{k=0}^{N-1}E[x_N^2(n)] + \sum_{\substack{n=0\\n\neq k}}^{N-1}\sum_{k=0}^{N-1}E[x_N(n)]E[x_N(k)]\right\} \tag{8.2.5}$$

令 $E[x_N^2(n)] = D_x$，且 $E[x_N(n)] = m_x$，代入式（8.2.5）得

$$E(\hat{m}_x^2) = \frac{1}{N}D_x + \frac{N(N-1)}{N^2}m_x^2$$
$$= \frac{1}{N}D_x + \frac{N-1}{N}m_x^2 \tag{8.2.6}$$

$$E(\hat{m}_x^2) - [E(\hat{m}_x)]^2 = \frac{1}{N}D_x + \frac{N-1}{N}m_x^2 - m_x^2 = \frac{1}{N}(\sigma_x^2 + m_x^2) - \frac{1}{N}m_x^2$$
$$= \frac{1}{N}\sigma_x^2 \tag{8.2.7}$$

可见，当 $N \to \infty$ 时，偏差和方差都趋近于零，所以说 $\hat{m}_x$ 是 m_x 的一致性估计。

8.2.2　方差的估计

当均值的真实值 m_x 已知时，方差可按式（8.2.8）来估计：

$$\hat{\sigma}_x^2 = \frac{1}{N}\sum_{n=0}^{N-1}[x_N(n) - m_x]^2 \tag{8.2.8}$$

可以证明此时估计是无偏且一致的。但是若均值的真实值未知，就要用 $\hat{m}_x$ 代替 m_x 进行估计。此时有

$$\hat{\sigma}_x^2 = \frac{1}{N}\sum_{n=0}^{N-1}[x_N(n) - \hat{m}_x]^2 \tag{8.2.9}$$

此时的估计是有偏的。如果进行无偏估计，则可按式（8.2.10）估计：

$$\hat{\sigma}_x^2 = \frac{1}{N-1}\sum_{n=0}^{N-1}[x_N(n) - \hat{m}_x]^2 \tag{8.2.10}$$

证明　若方差按照式（8.2.9）进行估计，则估计的均值为

$$E(\hat{\sigma}_x^2) = \frac{1}{N}\sum_{n=0}^{N-1}E[x_N(n) - \hat{m}_x]^2$$
$$= \frac{1}{N}\sum_{n=0}^{N-1}\{E[x_N^2(n)] + E(\hat{m}_x^2) - 2E[x_N(n)\hat{m}_x]\} \tag{8.2.11}$$

令 $E[x_N^2(n)] = D_x$，且 $E[x_N(n)] = m_x$。$E(\hat{m}_x^2)$ 在前面已证明，即

$$E(\hat{m}_x^2) = \frac{1}{N}D_x + \frac{N-1}{N}m_x^2 \tag{8.2.12}$$

$E[x_N(n)\hat{m}_x]$ 可化简为

$$
\begin{aligned}
E[x_N(n)\hat{m}_x] &= \frac{1}{N}E\left\{x_N(n)\sum_{k=0}^{N-1}E[x_N(k)]\right\} \\
&= \frac{1}{N}E[x_N^2(n)] + \frac{1}{N}\sum_{\substack{k=0 \\ m\neq k}}^{N-1}E[x_N(n)x_N(k)] \\
&= \frac{1}{N}D_x + \frac{1}{N}\sum_{\substack{k=0 \\ m\neq k}}^{N-1}E[x_N(n)]E[x_N(k)] \\
&= \frac{1}{N}D_x + \frac{N-1}{N}m_x^2
\end{aligned}
\tag{8.2.13}
$$

将式（8.2.12）和式（8.2.13）代入 $E(\hat{\sigma}_x^2)$ 可得

$$
\begin{aligned}
E(\hat{\sigma}_x^2) &= \frac{1}{N}\sum_{n=0}^{N-1}\left[D_x + \frac{1}{N}D_x + \frac{N-1}{N}m_x^2 - 2\left(\frac{1}{N}D_x + \frac{N-1}{N}m_x^2\right)\right] \\
&= \frac{1}{N}\sum_{n=0}^{N-1}\left(D_x - \frac{1}{N}D_x - \frac{N-1}{N}m_x^2\right) \\
&= \frac{N-1}{N}\sigma_x^2
\end{aligned}
\tag{8.2.14}
$$

可见，按照式（8.2.9）进行方差估计是有偏估计，但当 $N\to\infty$ 时，其是渐近无偏的。显而易见的是，若改用式（8.2.10）进行估计，其肯定是无偏的。

8.2.3　数据的相关性对估计结果的影响

由实际经验可知，经过平均后数据的分散程度将大为下降，因此对几次采样数据取平均是工作中改进观察分散程度最常用的措施。但人们采用这一措施后往往发现实际的改进远远达不到理论推导预期的效果。其原因就在于以上讨论的都是各样本之间互不相关的情况，而实际的信号各个样本之间或多或少都存在相关性。这种相关结构会对统计处理的结果有影响，使平均技术的效果大为降低。下面讨论当样本之间存在时间相关性时均值估计和方差估计的性能。

1. 均值估计

设样本的真实均值是 m_x，真实方差是 σ_x^2。如上所述，N 个样本的均值估计为

$$
\hat{m}_x = \frac{1}{N}\sum_{n=0}^{N-1}x_N(n)
\tag{8.2.15}
$$

当各个样本不相关时，$\hat{m}_x$ 的方差比数据的原方差 σ_x^2 小 N 倍，即 $\hat{m}_x$ 的方差为

$$
\sigma_{\hat{m}_x}^2 = \sigma_x^2 / N
\tag{8.2.16}
$$

也就是说分散程度改进了 $\sqrt{N}$ 倍。可证明当数据间存在时间相关时，均值的方差就无法达到上述水平，它等于

$$\sigma_{\hat{m}_x}^2 = \sigma_x^2 \left[1 + 2 \sum_{m=1}^{N-1} \left(\frac{N-m}{N} \right) \rho_x(m) / N \right] \tag{8.2.17}$$

式中，$\rho_x(m) = C_x(m)/C_x(0)$，是 $x(n)$ 在延迟 m 样本时的归一化自协方差。

显然，式（8.2.17）又可以写为

$$\frac{\sigma_{\hat{m}_x}^2}{\sigma_x^2} = 1 + 2 \sum_{m=1}^{N-1} \left(\frac{N-m}{N} \right) \rho_x(m) \Big/ N \tag{8.2.18}$$

式（8.2.18）等号左边代表平均前后方差改进的程度。当各数据互不相关时，$\rho_x(m) = 0(m=1,2,\cdots,N-1)$。此时式（8.2.18）退化为式（8.2.16）。一般情况下 $\rho_x(m) \neq 0$，因此方差改进倍数会降低。

对数据进行采样时，采样点数可以根据所希望取得的方差改进程度来控制。设数据原方差是 σ_x^2，希望平均后方差改进 K 倍，则可以按如下确定数据点数 N。

（1）先估计数据的 $\rho_x(m), m=1,2,\cdots,N-1$；

（2）将所得各 $\rho_x(m)$ 和所希望的方差改进倍数 K 代入式（8.2.18）解 N。因为这时式（8.2.18）是 N 的非线性方程，不易求得解析解，所以可假设不同 N 值代入式（8.2.18）等号右边求得 K 值。取最接近所求值的 N 作为所需答案。

2. 方差估计

根据以上分析，N 点样本方差的估计为

$$\hat{\sigma}_x^2 = \frac{1}{N-1} \sum_{n=0}^{N-1} [x_N(n) - \hat{m}_x]^2 \tag{8.2.19}$$

当各个样本数据不相关时，式（8.2.19）是 σ_x^2 的无偏估计，$E(\hat{\sigma}_x^2) = \sigma_x^2$。可以证明当各个样本数据之间有关联时，$\hat{\sigma}_x^2$ 是 σ_x^2 的有偏估计，$\hat{\sigma}_x^2$ 的均值为

$$E[\hat{\sigma}_x^2] = \sigma_x^2 \left[1 - \frac{2 \sum_{m=1}^{N-1} \left(\frac{N-m}{N} \right) \rho_x(m)}{N} \right] \tag{8.2.20}$$

可见当各样本数据不相关时，$\rho_x(m) = 0(m=1,2,\cdots,N-1)$。此时有 $E(\hat{\sigma}_x^2) = \sigma_x^2$，是无偏估计。但当各数据相关时，$E(\hat{\sigma}_x^2) \neq \sigma_x^2$，是有偏估计。数据量 N 越大，估计越接近于无偏。

8.3　自相关函数的估计

根据第 5 章的知识，对于广义平稳随机信号 $X(n)$，其自相关函数定义为

$$R_X(m) = E[X^*(n)X(n+m)] \tag{8.3.1}$$

若 $X(n)$ 是各态历经的，则式（8.3.1）中的总集平均可以由单一样本 $x(n)$ 的时间平均来实现，即

$$R_x(m) = \lim_{N \to \infty} \frac{1}{2N+1} \sum_{n=-N}^{N} x(n)x(n+m) \tag{8.3.2}$$

而实际应用中，所采集的信号往往是因果的实信号，当 $n<0$ 时 $x(n)\equiv0$，且数据只有有限长，因此自相关函数 $R_x(m)$ 可改写为

$$R_x(m)=\lim_{N\to\infty}\frac{1}{N}\sum_{n=0}^{N}x(n)x(n+m)\qquad（8.3.3）$$

所以，自相关估计就在于如何利用 N 个观测值 $x_N(0),x_N(1),\cdots,x_N(N-1)$ 来估计出信号 $x(n)$ 的自相关函数 $R_x(m)$。对此，经典谱估计包含两种方法：其一是基于式（8.3.3）直接进行计算，称为直接估计法；其二是先计算出观测信号的能量谱，然后对其进行傅里叶反变换得到相应的自相关函数。下面分别对这两种方法加以讨论。

8.3.1　直接估计法

直接估计法是根据自相关的定义，利用有限的样本来实现对自相关函数的估计：

$$R_x(m)=\lim_{N\to\infty}\frac{1}{N}\sum_{n=0}^{N}x_N(n)x_N(n+m)\qquad（8.3.4）$$

因此，当样本序列所包含的数据总数为 N 时，根据式（8.3.3），对于每一个延迟 m，每次计算可以利用的数据点相应只有 $N-m-1$ 个，因为当 $n=N-m-1$ 时，$n+m=N-1$，此时 $x_N(n+m)$ 已经到了样本序列的最边缘。且在 $0\sim N-1$ 的范围内 $x_N(n)=x(n)$，所以实际计算时，式（8.3.4）转化为

$$\hat{R}_x(m)=\frac{1}{N}\sum_{n=0}^{N-|m|-1}x(n)x(n+m),\quad m=0,\pm1,\cdots,\pm(N-1)\qquad（8.3.5）$$

式中，$\hat{R}_x(m)$ 就是对自相关函数 $R_x(m)$ 的估计。在实际应用时，需要注意以下三个问题：

（1）$\hat{R}_x(m)$ 是一个双边序列，自变量 m 的取值范围为 $-(N-1)\leqslant m\leqslant N-1$，$m\in\mathbf{Z}$。对于实信号，由自相关函数的偶对称性，只需求出 $0\leqslant m\leqslant N-1$ 的部分的 $\hat{R}_x(m)$ 值即可，另外一半是完全对称的。

（2）因为 $x(n)$ 观测数据只有 N 点，所以对于 $n\geqslant N$ 的数据点只能假设为 0。

（3）随着 $m\to N-1$，计算每一个自相关值时参与计算的观测数据点越来越少，尤其是当 $m=\pm(N-1)$ 时，只有 $x(0)$ 和 $x(N-1)$ 两个数据点参与计算，这会导致所谓的"端点效应"。所以，通常使 $|m|$ 的最大值 M 远小于 N，即 $M<<N$。而实际计算时只需求出 $0\leqslant m\leqslant M$ 时 $\hat{R}_x(m)$ 的值，然后根据相关函数的偶对称性 $\hat{R}_x(m)=\hat{R}_x(-m)$ 就可求出另外一半。

1. 偏差

$$\begin{aligned}E[\hat{R}_x(m)]&=E\left[\frac{1}{N}\sum_{n=0}^{N-m-1}x(n)x(n+m)\right]=\frac{1}{N}\sum_{n=0}^{N-m-1}E[x(n)x(n+m)]\\&=\frac{1}{N}\sum_{n=0}^{N-m-1}R_x(m)=\frac{N-m}{N}R_x(m)\end{aligned}\qquad（8.3.6）$$

所以 $\hat{R}_x(m)$ 的偏差为

$$\begin{aligned}\mathrm{Bias}[\hat{R}_x(m)] &= E[\hat{R}_x(m)] - R_x(m)\\ &= \frac{N-m}{N}R_x(m) - R_x(m) = -\frac{m}{N}R_x(m)\end{aligned}\tag{8.3.7}$$

对比式（8.3.6）和式（8.3.7）不难得出以下结论。

（1）虽然 $\hat{R}_x(m)$ 是 $R_x(m)$ 的有偏估计，但当 $N\to\infty$ 时，$\mathrm{Bias}[\hat{R}_x(m)]\to 0$，因此 $\hat{R}_x(m)$ 也是 $R_x(m)$ 的渐近无偏估计。

（2）随着延迟时间 $|m|$ 的增大，偏差也越大。这是因为随着 m 的增大，式（8.3.5）中可用于求和的有效数据就减少，尤其是当 $m=N$ 时，$E[\hat{R}_x(m)]=0$，此时偏差值为 $R_x(m)$，达到最大。

（3）由式（8.3.6）可以看出，$\hat{R}_x(m)$ 的均值是 $R_x(m)$ 与三角窗函数 $w(n)$ 的乘积，其中 $w(n)$ 的长度是 $2N-1$，如图 8.3.1 所示。

$$w(n) = \begin{cases}\dfrac{N-m}{N}=1-\dfrac{m}{N}, & 0\leqslant m\leqslant N-1\\[2mm] 0, & m\geqslant N\end{cases}\tag{8.3.8}$$

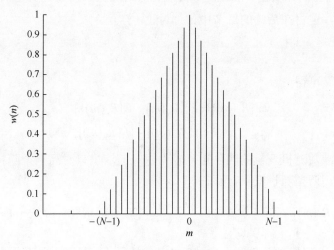

图 8.3.1　三角窗

三角窗函数 $w(n)$ 又称为 Bartlett 窗函数，正是由于 $w(n)$ 对自相关函数 $R_x(m)$ 进行加权，$\hat{R}_x(m)$ 产生了偏差。而窗函数对 $R_x(m)$ 的加权是非均匀的，这也就直接导致了上述第（2）点结论的产生。

根据前述分析可知，观测信号只是原始数据 $x(n)$ 的一部分，因此也就可以看作 $x(n)$ 与一矩形窗函数 $d(n)$ 乘积的结果，即

$$x_N(n) = x(n)d(n)\tag{8.3.9}$$

式中

$$d(n) = \begin{cases} 1, & 0 \leqslant n \leqslant N-1 \\ 0, & \text{其他} \end{cases} \tag{8.3.10}$$

将式（8.3.9）及式（8.3.10）代入式（8.3.5）可得

$$\hat{R}_x(m) = \frac{1}{N} \sum_{n=0}^{N-m-1} x_N(n) x_N(n+m)$$

$$= \frac{1}{N} \sum_{n=0}^{N-m-1} x(n)d(n)x(n+m)d(n+m) \tag{8.3.11}$$

所以

$$E[\hat{R}_x(m)] = \frac{1}{N} \sum_{n=0}^{N-m-1} E[x(n)x(n+m)]d(n)d(n+m)$$

$$= \frac{R_x(m)}{N} \sum_{n=0}^{N-m-1} d(n)d(n+m) = R_x(m)w(m) \tag{8.3.12}$$

式中，$w(m)$ 正是矩形窗函数 $d(n)$ 的自相关。

上述讨论说明，当对一个信号进行截断时，就不可避免地对该数据施加了一个矩形窗口，相当于就在自相关函数上叠加了一个三角窗口，而这个三角窗口也就不可避免地影响了 $\hat{R}_x(m)$ 对 $R_x(m)$ 的估计质量。因此，如何改变窗的形状从而实现调整估计的质量也就成为一个研究热点，这将在后续的章节中详细讨论。

2. 方差

由方差的定义可得

$$\mathrm{var}[\hat{R}_x(m)] = E\{[\hat{R}_x(m) - E\{\hat{R}_x(m)\}]^2\}$$

$$= E[\hat{R}_x^2(m)] - \{E[\hat{R}_x(m)]\}^2 \tag{8.3.13}$$

此处计算要涉及随机变量的四阶矩，较为困难。这里只对高斯型随机变量进行分析，可以证明，对于高斯型随机变量，存在

$$\mathrm{var}[\hat{R}_x(m)] = \frac{1}{N} \sum_{l=-(N-m-1)}^{N-m-1} \left(1 + \frac{|m|+|l|}{N}\right)[R_x^2(l) + R_x(m+l)R_x(m-l)] \tag{8.3.14}$$

显然，当 $N \to \infty$ 时，估计的方差 $\mathrm{var}[\hat{R}_x(m)]$ 趋近于 0。又因为当 $N \to \infty$ 时，$\mathrm{Bias}[\hat{R}_x(m)]$ 亦趋近于 0，因此 $\hat{R}_x(m)$ 是 $R_x(m)$ 的一致性估计。

另外，若要使 $\hat{R}_x(m)$ 为无偏估计，可对式（8.3.5）进行适当修改，即

$$\hat{R}_x(m) = \frac{1}{N-m} \sum_{n=0}^{N-m-1} x_n x_{n+m}, \quad m = 0, \pm 1, \cdots \tag{8.3.15}$$

然而，当 $m \to N$ 时，式（8.3.15）估计的结果方差太大，因而实际应用当中往往很少采用。

3. 自相关算法的简单优化

若不考虑估计的计算工作量，直接估计法已经能较好地解决自相关函数的估计问题。但直接按式（8.3.5）进行一次估计所需乘法次数约为 $N^2/2$，难以在计算机上实时计算。为解决这一问题，可通过"查表"的方式将 $x(n)$ 和 $y(n)$ 取不同值时的乘积事先计算出来，并存储在计算机内存中专门开辟的一个区域中。计算时，只需要按照 $x(n)$ 和 $y(n)$ 的值再查找相应位置存储表中的值即可，从而大大降低乘法次数。

在内存容量允许的条件下（如 $y(n)$ 和 $y(n)$ 均为 1 个字节，每个乘积值用 2 个字节存储，则乘法表需要 $2^{17}\text{B} = 128\text{KB}$），可按照上述方法建立查找表。若内容容量不足，可利用下式之一，将乘积转换为平方的和差，相应乘法表也就成为平方表，同等条件下（如 x、y、$x+y$、$x-y$ 均为 1 个字节，平方值按照 2 个字节存储，查找表所需的容量仅为 $2^9\text{B} = 512\text{B}$），对存储容量的需求也就大为降低。

$$xy = \frac{1}{2}[(x+y)^2 - x^2 - y^2]$$
$$xy = \frac{1}{2}[(x+y)^2 - (x-y)^2]$$

（8.3.16）

8.3.2　间接估计法——自相关的快速算法

随着样本序列的数据量 N 的增大，按照直接法对自相关函数进行估计，其计算量将呈现几何级数增长。此时，可以利用间接估计法，借助快速傅里叶变换（FFT）来提高估计速度，降低计算量。其原理就在于函数或样本数据 $x(n)$ 的自相关 $R_x(m) = \frac{1}{N}\sum_n x(n)x(n+m)$，可以转化为卷积形式 $R_x(n) = \frac{1}{N}[x(n)*x(-n)]$。而根据数字信号处理的理论可知，时域的卷积相当于频域的乘积，因此卷积可以通过 FFT 来进行。相应地，自相关也就通过 FFT 求得，其计算框图如图 8.3.2 所示。

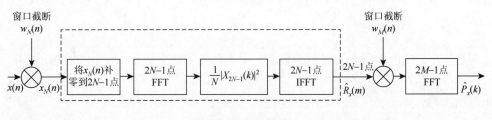

图 8.3.2　自相关估计

间接估计法的具体步骤如下。

（1）计算样本序列 $x(n)$ 的 DFT—— $X(k)$。DFT 可以通过 FFT 实现。

（2）计算 $X(k)$ 的复共轭 $X^*(k)$，并将二者相乘得到 $X(k)$ 的模平方 $|X(k)|^2 = X(k)X^*(k)$。

（3）对 $|X(k)|^2$ 进行离散傅里叶反变换（IDFT）。

（4）将反变换结果除以 N 后便得到自相关的估计值 $\hat{R}_{x0}(m)$。

上述只是间接估计法的原理步骤，实际应用当中还需注意如下两方面的问题，方可得到正确结果。

（1）为避免由于 DFT 的循环卷积所造成的伪象，必须对原始样本序列进行适当补零。补零的效果，一方面消除了循环卷积所引入的伪象，另一方面也可以减少栅栏效应的影响。需要注意的是，对于长度为 N 的样本序列，其相关函数的长度为 $2N-1$。因此在计算 FFT 之前需将样本序列的长度 L 至少增至 $2N-1$，即至少需补 $N-1$ 个零数据。同时，为了加快 FFT 的计算速度，补零后样本序列的长度 L 最好是 2 的整次幂。

（2）经过傅里叶反变换的 $\hat{R}_{x0}(m)$ 并不等于 $\hat{R}_x(m)$，而是等于将 $\hat{R}_x(m)$ 中的左半部分向右平移 L 后形成的新序列，如图 8.3.3 所示。根据 DFT 的周期性，以及自相关函数是偶函数的性质，存在如下关系：

$$\hat{R}_x(-m) = \hat{R}_x(L-m), \quad m = 1,2,\cdots,L/2+1 \tag{8.3.17}$$

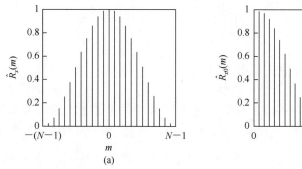
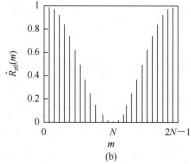

图 8.3.3　$\hat{R}_x(m)$ 与 $\hat{R}_{x0}(m)$ 之间的关系

8.3.3　其他相关函数的估计

对自协方差函数的估计可参照自相关函数的估计，按式（8.3.18）进行：

$$\hat{C}_x(m) = \frac{1}{N} \sum_{n=0}^{N-m-1} [x(n)-m_x][x(n+m)-m_x], \quad m = 0,\pm1,\cdots \tag{8.3.18}$$

同理，互相关函数和互协方差函数也可用类似的方法来估计。所不同的是，互相关和互协方差涉及了两个不同的信号 $x(n)$ 和 $y(n)$，因此它们不是偶函数，在 $m>0$ 和 $m<0$ 时结果有所不同。

互相关估计：

$$\begin{cases} \hat{R}_{xy}(m) = \dfrac{1}{N} \sum_{n=0}^{N-m-1} x(n)y(n+m) \\[3mm] \hat{R}_{xy}(-m) = \dfrac{1}{N} \sum_{n=0}^{N-m-1} y(n)x(n+m) \end{cases}, \quad m = 0,1,\cdots,N-1 \tag{8.3.19}$$

互协方差估计：

$$
\begin{cases}
\hat{C}_{xy}(m) = \dfrac{1}{N} \sum_{n=0}^{N-m-1} [x(n)-m_x][y(n+m)-m_y] \\[3mm]
\hat{C}_{xy}(-m) = \dfrac{1}{N} \sum_{n=0}^{N-m-1} [x(n+m)-m_x][y(n)-m_y]
\end{cases}, \quad m=0,1,\cdots,N-1 \tag{8.3.20}
$$

8.3.4　相关技术的应用

1. 噪声中信号的恢复

1）检测湮没在随机噪声中的周期信号

设正弦信号 $x(t) = x_0 \sin(\Omega t + \varphi)$，则有

$$
R_x(\tau) = \lim_{T \to \infty} \frac{1}{T} \int_{-T/2}^{T/2} x_0^2 \sin(\Omega t + \varphi) \sin[\Omega(t+\tau)+\varphi]\mathrm{d}t \tag{8.3.21}
$$

令 $\Omega t + \varphi = \alpha$，则 $\mathrm{d}t = \mathrm{d}\alpha / \omega$，且 $\Omega T = 2\pi$，可得

$$
R_x(\tau) = \frac{1}{2\pi} \int_{-\pi}^{\pi} \sin\alpha[\sin\alpha\cos(\Omega t)+\sin(\Omega\tau)\cos(\alpha)]\mathrm{d}\alpha = \frac{x_0^2}{2}\cos(\Omega t) \tag{8.3.22}
$$

可见，正弦信号的自相关函数是余弦函数，且二者频率相同。而随机噪声随时间增加，其相似性迅速减弱，相关函数趋近于零，因此，在一定延时之后，自相关函数的周期性就反映了源信号中的周期成分。例如，在水域中探索有无潜艇经过。潜水艇的发动机发出的是周期性信号，而海浪是随机的，若经过相关分析发现有周期性峰值特征，就可以得知可能有潜艇经过。

2）强背景噪声下对信号源的检测

强背景噪声下对信号源的检测可以借助互相关的方法加以实现。例如，利用两个不同的传感器检测同一个信号源 $s(t)$ 的相关检测系统，如图 8.3.4 所示。两个传感器的输出信号分别为

$$
x(t) = K_1 s(t) + n_1(t) \tag{8.3.23}
$$
$$
y(t) = K_2 s(t) + n_2(t) \tag{8.3.24}
$$

式中，K_1 和 K_2 分别表示两个传感器的转换系数或增益；$n_1(t)$ 和 $n_2(t)$ 分别表示叠加在两个传感器上的噪声。

对两个传感器的输出信号 $x(t)$ 和 $y(t)$ 进行互相关可得

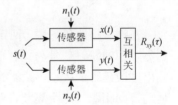

图 8.3.4　利用两个不同的
传感器对同一信号的相关检测

$$
\begin{aligned}
R_{xy}(\tau) &= E[y(t)x(t-\tau)] \\
&= E\{[K_2 s(t)+n_2(t)][K_1 s(t-\tau)+n_1(t-\tau)]\} \\
&= K_1 K_2 R_s(\tau) + K_1 R_{sn_2}(\tau) + K_2 R_{sn_1}(\tau) + R_{n_1 n_2}(\tau)
\end{aligned} \tag{8.3.25}
$$

若 $n_1(t)$、$n_2(t)$ 和 $s(t)$ 互不相关，则式（8.3.25）等号右边后 3 项均为零，简化后得

$$R_{xy}(\tau) = K_1 K_2 R_s(\tau) \qquad (8.3.26)$$

显然，噪声就从被测信号中剔除了。这种方法的特点是，$R_{xy}(\tau)$ 不包含噪声的自相关项，可以根据各种延时的相关值判断信号 $s(t)$ 的特征。例如，$R_{xy}(0)$ 反映信号 $s(t)$ 的功率，当延时很大时，$R_{xy}(\tau)$ 则反映 $s(t)$ 中的直流分量以及周期特征。

上述原理已经成功应用于监视火焰的燃烧情况，例如，在喷吹煤粉高炉或燃油大型锅炉中监视特定部位的火焰情况。如图 8.3.5 所示，两个望远镜从不同角度对准同一个火源的同一个部位，利用光电检测器检测火焰的波动起伏，并对两路信号进行互相关处理。如果被对准的火焰熄灭，虽然炉中其他火焰在继续燃烧，背景噪声很强，但是两个检测器测得的噪声是不相关的，其互相关函数 $R_{xy}(\tau)$ 的数值很小。反之，如果被对准的火焰在燃烧，则 $R_{xy}(\tau)$ 值很大。利用互相关函数抑制不相关噪声的原理，就能从很强的背景噪声中把被监视火焰的燃烧情况提取出来。

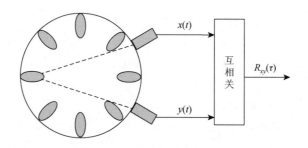

图 8.3.5　互相关法检测火焰燃烧情况

2. 延时测量

在许多检测任务中，两路信号间的区别仅仅是一定的延时特性。例如，超声测距和雷达测距中的发射信号与接收信号之间的波形相似，但在时间轴上错开了一段延时。因此，测出这段延时的大小，就能够得到发射点与目标之间的距离。对于移动的物体，沿着物体运动方向相距一定距离装设两个固定的传感器，用以检测该物体的某种属性由运动导致的随机变化，如温度、密度、光的吸收系数、折射率、介电常数等变化，得到的两路随机信号在波形上相似，但在时间轴上错开了一定的延时，测出延时的大小就能计算出该物体的运动速度。

对于上述过程，被测对象均可被简化为一个纯延时环节，如图 8.3.6 所示。图中，$x(t)$ 为延时环节的输入信号，$y(t)$ 为输出信号，$n(t)$ 则为噪声信号。当利用相关法对 $x(t)$ 和 $y(t)$ 进行互相关运算，求取 $R_{xy}(\tau)$ 时，其峰值点位置所对应的延迟时间 τ 就是两个信号之间的延时 T，如图 8.3.7 所示。相关法测延时的基本原理较为简单，读者可自行推导，此处不再赘述。

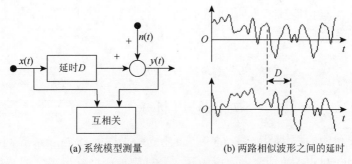

(a) 系统模型测量   (b) 两路相似波形之间的延时

图 8.3.6   相关法测量延时的模型及两路信号波形

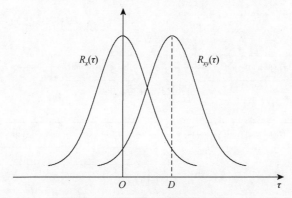

图 8.3.7   用互相关函数测量延时

3. 泄漏检测

液体或气体输送管道的泄漏将会导致资源浪费，而据统计资料显示，由供水管网的泄漏所造成的损失相当严重。因此，若能在发现泄漏后快速、准确地找到泄漏点的位置，就可以及时采取补救措施减少浪费。

研究表明，泄漏洞口会产生管道振动现象，其频率分布于 500～1000Hz，尤其是对于压力为 100kPa 的主供水线，该振动信号可以在数百米之内被检测到，并用于泄漏点的定位。漏水对土壤的冲击以及漏水在空腔中的回旋所产生的低频噪声，由于其传播距离较短，可用于泄漏点的最后精确定位。其具体步骤可表述为：利用若干个声波传感器检测由泄漏所产生的声波振动信号，再利用相关技术确定不同传感器输出信号之间的延时，根据传感器的几何布局和声波的传播速度，最后定位泄漏点的具体位置。

图 8.3.8 是泄漏检测系统的原理示意图。泄漏点 X 产生声波 $x(t)$，根据供水管道埋设方向分别在 P 点和 Q 点设置声波传感器，测得的信号分别为 $p(t)$ 和 $q(t)$。

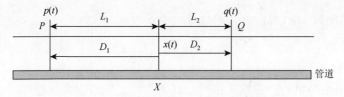

图 8.3.8   泄漏检测系统的原理示意图

假设声波从 X 点传播到 P 点所需时间为 T_1，传播到 Q 点所需时间则为 T_2，则相应的频率响应函数可表示为

$$H_{xp}(\mathrm{j}\omega) = H_1(\mathrm{j}\omega)\mathrm{e}^{-\mathrm{j}\omega T_1} \tag{8.3.27}$$

$$H_{xq}(\mathrm{j}\omega) = H_2(\mathrm{j}\omega)\mathrm{e}^{-\mathrm{j}\omega T_2} \tag{8.3.28}$$

对应于声波传输的方块图如图 8.3.9（a）所示。图中，$S_x(\mathrm{j}\omega)$、$S_p(\mathrm{j}\omega)$ 和 $S_q(\mathrm{j}\omega)$ 分别表示 $x(t)$、$p(t)$ 和 $q(t)$ 的功率谱密度函数。经过简单变换，可得到图 8.3.9（b）所示的方块图。

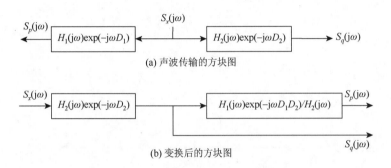

图 8.3.9　泄漏检测系统的方块图

4. 系统辨识

所谓系统辨识是指根据实验数据，利用相关计算反推出反映系统特性的频率响应函数：由互相关函数的傅里叶变换求得系统的频率响应或互谱密度函数。

为了测定一个未知参数的线性系统的频率响应，以白噪声序列 $w(n)$ 作为激励源，记录其输出 $y(n)$，输入输出之间的互相关为

$$
\begin{aligned}
R_{wy}(m) &= E[w(n)y(n+m)] = E\left[w(n)\sum_{k=-\infty}^{\infty} h(k)w(n+m-k)\right] \\
&= \sum_{k=-\infty}^{\infty} h(k)E[w(n)w(n+m-k)] \\
&= \sum_{k=-\infty}^{\infty} h(k)R_{ww}(m-k) = R_{ww}(m) * h(m)
\end{aligned}
\tag{8.3.29}
$$

已知白噪声序列 $w(n)$ 的自相关函数是一个 δ 函数，代入式（8.3.29）可得

$$R_{wy}(m) = h(m) \tag{8.3.30}$$

式中，$h(m)$ 为系统的单位冲激响应函数，其傅里叶变换辨识系统的频率响应为 $H(\mathrm{e}^{\mathrm{j}\omega})$。

上述过程的原理框图如图 8.3.10 所示。

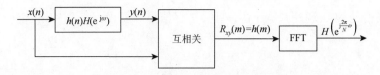

图 8.3.10　测定系统的频率响应原理图

8.4　经典功率谱估计

功率谱密度函数表示随机信号各频率成分的功率分布情况,在随机信号处理中应用相当广泛。经典功率谱估计方法是建立在功率谱定义的基础上的,利用有限长的数据进行估计,通常分为相关法（间接法）和周期图法（直接法）两种,以及由此派生出来的各种改进方法。

8.4.1　相关法——间接法

相关法又称为间接法,该方法建立在 Wiener-Khinchine 定理的基础上,由 Blackman 和 Tukey 在 1958 年给出具体实现方法,因此又称为 BT 法。其实施步骤为:先对 N 点数据按 8.3 节所述方法估计自相关 $\hat{R}_x(m)$,共得到 $2N{-}1$ 个点的估计值,然后对其进行 FFT,便得到相应的功率谱 $\hat{P}_{\text{BT}}(\text{e}^{\text{j}\omega})$,简记为 $\hat{P}_{\text{BT}}(\omega)$

$$\hat{R}_x(m) = \frac{1}{N}\sum_{n=0}^{N-|m|-1} x(n)x(n+m), \quad m = 0, \pm 1, \cdots \pm (N-1) \tag{8.4.1}$$

$$\begin{aligned}\hat{P}_{\text{BT}}(\omega) &= \sum_{m=-\infty}^{+\infty} \hat{R}_x(m)\text{e}^{-\text{j}\omega m} \\ &= \sum_{m=-M}^{M} \hat{R}_x(m)\text{e}^{-\text{j}\omega m}\end{aligned}, \quad |M| \leqslant N-1 \tag{8.4.2}$$

可以看出,当 M 较小时,上述公式的计算量不是很大。因此,在 FFT 问世以前,或者说周期图法广泛应用之前,间接法是最常用的谱估计方法。而需要注意的是,在计算出自相关 $\hat{R}_x(m)$ 后,需把延迟时间为负的自相关函数整体平移至延迟时间为正的部分。即 $\hat{R}_x(m), -(N-1)\leqslant m \leqslant -1$ 平移至 $N \leqslant m \leqslant 2N-2$ 处,才能得到正确的结果,如图 8.3.3 所示。

8.4.2　周期图法——直接法

周期图法又称为直接法,它把随机信号 $x(n)$ 的 N 点观测数据 $x_N(n)$ 视为一个能量有限信号,直接取 $x_N(n)$ 的傅里叶变换,得到其频谱 $X_N(\text{e}^{\text{j}\omega})$。然后再取其幅值的平方并除以 N 得到 $\hat{P}_{\text{PER}}(\text{e}^{\text{j}\omega})$,（简记为 $\hat{P}_{\text{PER}}(\omega)$）,作为对信号 $x(n)$ 真实功率谱 $P(\omega)$ 的估计,其具体步骤如下。

（1）由获得的 N 点观测数据 $x_N(n)$ 直接进行傅里叶变换，得到频谱 $X_N(\mathrm{e}^{\mathrm{j}\omega})$，简记为 $X_N(\omega)$，即

$$X_N(\omega) = \sum_{n=0}^{N-1} X_N(n)\mathrm{e}^{-\mathrm{j}\omega n} \tag{8.4.3}$$

（2）取 $X_N(\omega)$ 模的平方，并除以 N，得到 $\hat{P}_{\mathrm{PER}}(\omega)$，并以此作为对 $x(n)$ 真实功率谱 $P(\omega)$ 的估计，即

$$\hat{P}_{\mathrm{PER}}(\omega) = \frac{1}{N}\left|X_N(\omega)\right|^2 \tag{8.4.4}$$

周期图这一概念来自于 1899 年，因为它直接由傅里叶变换得到，所以习惯称为直接法。而在 FFT 出现以前，该方法由于计算量过大而无法应用于实际工程中。自 1965 年 FFT 出现后，该方法就成为了谱估计的一个常用方法。将 ω 在单位圆上等间隔取值，可得

$$\hat{P}_{\mathrm{PER}}(k) = \frac{1}{N}\left|X_N(k)\right|^2 \tag{8.4.5}$$

由于频谱 $X_N(k)$ 可以利用 FFT 快速计算，功率谱 $\hat{P}_{\mathrm{PER}}(k)$ 也就可以相应地快速求出。

8.4.3　直接法与间接法的关系

事实上，可以证明直接法与间接法谱估计所得结果是一致的。根据自相关的性质，对于实序列，其自相关是偶对称的，有 $\hat{R}_x(m) = \hat{R}_x(-m)$。且自功率谱也是偶对称的，即 $\hat{P}(\omega) = \hat{P}(-\omega)$。因此

$$\begin{aligned}
\hat{P}_{\mathrm{BT}}(\omega) = \hat{P}_{\mathrm{BT}}(-\omega) &= \sum_{m=-\infty}^{+\infty} \hat{R}_x(m)\mathrm{e}^{-\mathrm{j}\omega m} \\
&= \frac{1}{N}\sum_{m=-\infty}^{+\infty}\sum_{n=0}^{N-m-1} x(n)x(n+m)\mathrm{e}^{-\mathrm{j}\omega m} \\
&= \frac{1}{N}\sum_{m=-\infty}^{+\infty}\sum_{n=0}^{N-m-1} x_N(n)x_N(n+m)\mathrm{e}^{-\mathrm{j}\omega m}
\end{aligned} \tag{8.4.6}$$

令 $l = n + m$，则

$$\begin{aligned}
\hat{P}_{\mathrm{BT}}(\omega) &= \sum_{m=-\infty}^{+\infty} \hat{R}_x(m)\mathrm{e}^{-\mathrm{j}\omega m} = \frac{1}{N}\left[\sum_{n=-\infty}^{+\infty} x_N(n)\mathrm{e}^{-\mathrm{j}\omega n}\right]\left[\sum_{l=-\infty}^{+\infty} x_N(l)\mathrm{e}^{-\mathrm{j}\omega l}\right]^* \\
&= \frac{1}{N} X_N(\omega)X_N^*(\omega) = \frac{1}{N}\left|X_N(\omega)\right|^2 = \hat{P}_{\mathrm{PER}}(\omega)
\end{aligned} \tag{8.4.7}$$

可见，两种方法所得到的结果是一致的。但是，需要注意的是，利用周期图法进行估计，在进行傅里叶变换之前，必须把数据补零至 $2N-1$ 点。另外，实际工作中相关法的最大延迟量 M 往往小于 $N-1$，这样两种方法得出的结果当然也不会相同。只有在 $M = N-1$ 时，两种方法所得到的结果才是完全相同的。

8.4.4　估计质量的评价

1. 均值

无论直接法或是间接法，从均值上看，均是有偏估计，但却是渐近无偏的。

根据偏差的定义可得

$$E[\hat{P}_{BT}(\omega)] = E[\hat{P}_{PER}(\omega)] = E\left[\sum_{m=-(N-1)}^{N-1} \hat{R}_x(m)\mathrm{e}^{-\mathrm{j}\omega m}\right] \tag{8.4.8}$$

将式（8.3.6）代入式（8.4.8）得

$$E[\hat{P}_{BT}(\omega)] = \sum_{m=-(N-1)}^{N-1} R_x(m)\left(1-\frac{|m|}{N}\right)\mathrm{e}^{-\mathrm{j}\omega m}$$

$$= \sum_{m=-(N-1)}^{N-1} R_x(m)w(m)\mathrm{e}^{-\mathrm{j}\omega m} \tag{8.4.9}$$

式中，$R_x(m)$ 是信号 $x(n)$ 的真实自相关；$w(m)$ 是三角窗函数。令 $W(\omega)$ 是 $w(m)$ 的傅里叶变换，由卷积定理可知

$$E[\hat{P}_{BT}(\omega)] = E[\hat{P}_{PER}(\omega)] = P(\omega) * W(\omega)$$

$$= \frac{1}{2\pi}\int P(\lambda)W(\omega-\lambda)\mathrm{d}\lambda \tag{8.4.10}$$

式中，$P(\omega)$ 是信号的真实功率谱。因为 $w(m)$ 是三角窗函数，它也是矩形窗函数 $d(n)$ 的自相关，令 $D(\omega)$ 是 $d(n)$ 的傅里叶变换，则式（8.4.10）可改写为

$$E[\hat{P}_{BT}(\omega)] = E[\hat{P}_{PER}(\omega)] = P(\omega) * \frac{1}{N}|D(\omega)|^2 \tag{8.4.11}$$

相应地，估计的偏差为

$$\mathrm{Bias}[\hat{P}_{BT}(\omega)] = \mathrm{Bias}[\hat{P}_{PER}(\omega)] = P(\omega) * \frac{1}{N}|D(\omega)|^2 - P(\omega) \tag{8.4.12}$$

根据数字信号处理的知识可知，三角窗函数及矩形窗函数的傅里叶变换 $W(\omega)$ 和 $D(\omega)$ 分别等于

$$W(\omega) = \frac{1}{N}\frac{\sin^2\left(\dfrac{\omega N}{2}\right)}{\sin^2\left(\dfrac{\omega}{2}\right)}, \quad D(\omega) = \frac{\sin^2\left(\dfrac{\omega N}{2}\right)\mathrm{e}^{-\mathrm{j}\frac{\omega(N-1)}{2}}}{\sin^2\left(\dfrac{\omega}{2}\right)} \tag{8.4.13}$$

所以，当 $N \to \infty$ 时，$W(\omega)$ 和 $D(\omega)$ 均趋于 δ 函数，此时

$$\lim_{N\to\infty} E[\hat{P}_{BT}(\omega)] = \lim_{N\to\infty} E[\hat{P}_{PER}(\omega)] = P(\omega) \tag{8.4.14}$$

显然，对于固定的样本点数 N，无论周期图法还是相关法，其对功率谱的估计均是有偏估计。但当 $N \to \infty$ 时，其期望值等于真实值 $P(\omega)$，因此它们又是渐近无偏估计。

2. 方差

由于方差分析需涉及 4 阶矩的问题，且比较复杂，本书只给出在假定信号 $x(n)$ 是高斯零均值平稳随机信号的条件下，两种功率谱估计方差的一些普遍意义的结论：无论样本点数 N 如何增加，功率谱估计也不是一致估计，且其方差的量级在 σ_x^4 左右。同时由于功率谱上频率相距为 $2\pi / N$ 整数倍的各点估计值是互不相关的，因此估计结果沿频率轴起伏，且 N 越大，起伏越严重。

周期图法用于随机信号功率谱估计时性能不好的根本原因在于傅里叶变换的特点。根据傅里叶变换和傅里叶级数的定义，傅里叶变换和傅里叶级数是把所分析的信号分解成无穷多正弦信号的叠加，这些正弦信号的幅度、频率及相位都是固定不变的。但是，随机信号的幅度、频率和相位是随机变化的，而周期图法实际上是把随机信号视为确定性信号，因此必然带来估计上的质量问题。相应地，为了改进周期图法的估计性能，有两种常用的方法：平滑和平均。两种方法将在 8.5 节中进行具体介绍。

3. 窗函数的影响

由前面讨论可知，在功率谱估计中窗函数是必不可少的。因此，窗函数对功率谱估计所产生的影响也是不可避免的：其一是降低功率谱的频率分辨率；其二则导致频谱泄漏。

功率谱的频率分辨率是指估计谱对于真实谱 $P(\omega)$ 中两个十分邻近的谱峰，在估计谱 $\hat{P}(\omega)$ 中，其仍然得以被识别出来的能力，也可以简称为 $\hat{P}(\omega)$ 的分辨率。决定 $\hat{P}(\omega)$ 分辨率的主要因素是样本数据的长度，即窗函数 $d(n)$ 的宽度。由式（8.4.10）可知，$E[\hat{P}(\omega)] = P(\omega) * W(\omega)$，即 $\hat{P}(\omega)$ 的均值是 $P(\omega)$ 与 $W(\omega)$ 的卷积。若 $d(n)$ 是一宽度为 N 的矩形窗，相应 $W(\omega)$ 应该是一个长度为 $2N$ 的三角函数的频谱，其主瓣宽度为 $4\pi / N$。因此，若使 $P(\omega)$ 中的两个谱峰得以被识别，其谱峰间距需大于等于 $4\pi / N$。

若信号的长度为 L，采样率为 f_s，采样后的数据点数为 N，则 $L = N / f_s$，那么，估计谱 $\hat{P}(\omega)$ 的分辨率与 f_s / N 或 $2\pi / N$ 成正比。对于长度为 N 的各种窗函数，其主瓣宽度为 $2k\pi / N$，相应 $\hat{P}(\omega)$ 的分辨率也就与 $2k\pi / N$ 成正比。

因此，对于两个相距为 D 的谱峰，若要区别二者，需满足

$$2k\pi / N < D$$

即

$$N > 2k\pi / D \tag{8.4.15}$$

为了保证 $\hat{P}(\omega)$ 的分辨率满足要求，希望 N 越大越好。但随着 N 的增大，$\hat{P}(\omega)$ 的起伏加大，方差性能降低，这也是周期图法的固有矛盾，二者无法统一。只有相互妥协，以期得到一个较好的估计效果。

"泄漏"对谱估计的影响前述已经讨论过，此处不再赘述。当然，在选用窗函数时，希望选取能够满足频谱恒为正、主瓣较窄、旁瓣较小且衰减较快的窗函数，这样效果更好，能够尽量降低窗函数对功率谱估计的影响。

8.5　经典功率谱估计的改进

由于周期图法估计功率谱并不是真实功率谱的一致估计，且当 N 增大时，谱线起伏加大，方差性能降低；而 N 太小时，谱的分辨率往往达不到要求，因此需要对其进行改进以提高性能。其改进通常包括以下两种途径，主要改善周期图法估计方差特性。

（1）平均。采取平均化减小统计变异性，是指将所有数据分为 K 段，分别求取每一段的功率谱，然后加以平均。

（2）平滑。利用加非矩形窗的方法对单一功率谱估计进行平滑，减小功率泄漏。

实际应用当中往往是同时采用这两种改进措施，以达到进一步改善性能的目的。

8.5.1　平均

实际应用中，对于平稳随机信号，理论上是通过一次观测即可求出其全部统计特性。但这是在观测时间趋于无限长时才能够成立。因此，对于有限长数据，其统计特性的估计必然存在一定的误差，这就是所谓的统计变异性。减小统计变异性通常有两种策略：其一是增加观测时间，增大处理数据，这必然会提高对设备的要求，不但处理成本上升，且往往也不可行；其二是对同一现象进行多次独立观测，最终取所有观测结果的平均。平均法就是基于第二种策略的改进方法，它又被称为 Bartlett 法，此法的基本思想是将整个长为 N 的数据段分为 K 段，每段长度为 M，即 $N = KM$，对每一段分别估计其功率谱，然后求其平均值作为最后的谱估计。而根据概率论的知识可知，对于 K 个具有相同均值 m 和方差 σ^2 的独立随机变量，新的随机变量的均值也是 m，但是方差减小为原来的 $1/K$。由此，Bartlett 法可以有效改善周期图法的方差性能。

设将长度为 N 数据段 $x_N(n)$ 分为 K 段，每段长度为 M，第 i 段数据加上矩形窗 $d_1(n)$ 后，表示为

$$x_N^i(n) = x_N[n+(i-1)M]d_1[n+(i-1)M], \quad 0 \leqslant n \leqslant M-1; 1 \leqslant i \leqslant K$$

为了与长度为 N 的矩形窗 $d(n)$ 有所区别，这里用 $d_1(n)$ 表示长度为 M 的矩形窗，$w_1(n)$ 表示 $d_1(n)$ 进行自相关后得到的三角函数，长度为 $2M-1$。

计算每一段数据 $x_N^i(n)$ 的功率谱 $\hat{P}_{PER}^i(\omega)$，可得

$$\hat{P}_{PER}^i(\omega) = \frac{1}{M} | \sum_{n=0}^{M-1} x_N^i(n)e^{-j\omega n} |^2, \quad 1 \leqslant i \leqslant K \tag{8.5.1}$$

对各个分段功率谱进行求和并取其平均，得到其平均功率谱 $\hat{P}_{PER}^{AV}(\omega)$ 为

$$\hat{P}_{PER}^{AV}(\omega) = \frac{1}{K} \sum_{i=1}^{K} \hat{P}_{PER}^i(\omega) = \frac{1}{MK} | \sum_{n=0}^{M-1} x_N^i(n)e^{-j\omega n} |^2 \tag{8.5.2}$$

因此，平均功率谱 $\hat{P}_{PER}^{AV}(\omega)$ 的均值为

$$E[\hat{P}_{\mathrm{PER}}^{\mathrm{AV}}(\omega)] = \frac{1}{K}\sum_{i=1}^{K} E[\hat{P}_{\mathrm{PER}}^{i}(\omega)] = E[\hat{P}_{\mathrm{PER}}^{i}(\omega)]$$

$$= P(\omega)*\frac{1}{M}|D_1(\omega)|^2 = P(\omega)*W_1(\omega)$$

（8.5.3）

式中，$D_1(\omega)$ 是矩形窗 $d_1(n)$ 的频谱；$W_1(\omega)$ 是 $w_1(n)$ 的频谱。不难看出，改进前后的功率谱 $\hat{P}_{\mathrm{PER}}(\omega)$ 与 $\hat{P}_{\mathrm{PER}}^{\mathrm{AV}}(\omega)$ 都是有偏估计，但当 $N \to \infty$ 时，二者都等于真实谱 $P(\omega)$，均为渐近无偏。但因为 $d_1(n)$ 的宽度小于 $d(n)$ 的宽度，即 $M < N$，因此 $W_1(\omega)$ 主瓣宽度远大于 $W(\omega)$，平均后偏差加大，分辨率会有所下降。

若考虑方差，则可得

$$\mathrm{var}[\hat{P}_{\mathrm{PER}}^{\mathrm{AV}}(\omega)] = \frac{1}{K}\mathrm{var}[\hat{P}_{\mathrm{PER}}^{i}(\omega)] = \frac{\sigma^4}{K}\left\{1+\left[\frac{\sin(M\omega)}{M\omega}\right]^2\right\}$$

（8.5.4）

可见，分的段数越多，K 越大，改进后的方差越小。若 $K \to \infty$，则方差趋近于零，$\hat{P}_{\mathrm{PER}}^{\mathrm{AV}}(\omega)$ 也就成为了真实谱 $P(\omega)$ 的一致性估计。

然而，方差性能改善是以牺牲偏差和分辨率作为代价的，换言之，分辨率直接决定了每一段数据的长度 M，而段数 K 则决定了方差性能的改善程度，在总数据长度 N 固定的前提下，二者是矛盾的，因此实际工作中 M 和 K 的值需要根据信号的先验知识来确定。K 大则 M 小，因而偏差大方差小，估计的曲线平滑但无法正确反映原谱的尖峰。反之，K 小则 M 大，因而偏差小方差大，曲线起伏剧烈，但平均而言却更接近于真实谱 $P(\omega)$。若已知 $P(\omega)$ 中有两个相距为 D 的谱峰，为了将二者区分开，要求 $M > 4\pi/D$。若数据总长 N 已确定，则根据 $N = KM$ 可相应确定数据段数 K。若 N 可以变化，则需要根据方差改善程度来确定 K，从而再确定数据总长 N。

值得注意的是，上述推导均是在假设所分各段数据之间是完全独立的前提下得出的，但现实信号中相邻的几段数据往往具有较强的相关性，并非相互独立。因而最终方差的改善往往达不到理论结果，小于式（8.5.4）所给出的值。

8.5.2　平滑

采用有限长序列来估计功率谱，实质上等于加矩形窗截断随机序列，因此必然会出现 Gibbs 效应，使信号集中于小范围的功率扩散至较大的频带中。这种因截断而扩散至主瓣以外的功率称为泄漏功率，它增大了估计的误差。因此，可采用平滑的方法，先将序列与适当的窗函数 $d(n)$ 相乘，最后再进行傅里叶变换，得出谱估计的结果 $\hat{P}_{\mathrm{PER}}^{\mathrm{SM}}(\omega)$，即

$$\hat{P}_{\mathrm{PER}}^{\mathrm{SM}}(\omega) = \frac{1}{N}\left|\sum_{n=0}^{N-1} x_N(n)d(n)\mathrm{e}^{-\mathrm{j}\omega n}\right|^2$$

（8.5.5）

在时域加窗可以促使频域收敛加快，对功率谱进行平滑滤波，减小功率泄漏。对其偏差和方差的评价可归入 8.5.3 节中，此处不再赘述。

8.5.3　Welch 法

Welch 法又称为加权重叠平均法，是对 Bartlett 法的改进，其流程图如图 8.5.1 所示。该方法本质上属于平均法，但同时吸收了平滑法的优点。其改进就在于对数据进行分段时可以允许各段数据之间有重叠，同时每一段所覆盖的数据窗口并非一定是矩形窗。

图 8.5.1　Welch 法流程图

以包含 N 点的数据为例，设每一段数据的长度为 M，若每段数据之间不重叠，即为 8.5.1 节所述的 Bartlett 法分段，如图 8.5.2（a）所示，则段数 $K = N/M$。若允许各段数据之间有重叠，则数据可分为更多段。例如，当每段数据与相邻段数据之间有一半的重叠时，如图 8.5.2（b）所示，则段数 K 为

$$K = \text{INT}\left[\frac{N - M/2}{M/2}\right] \tag{8.5.6}$$

式中，INT[·]表示取整操作。

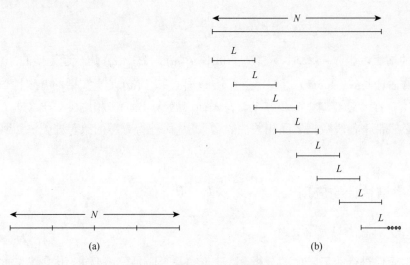

图 8.5.2　Bartlett 法分段示意图

分段之后按照 Bartlett 法的步骤进行功率谱的估计，对于第 i 段数据 $x_N^i(n)$ 的功率谱 $\hat{P}_{\text{PER}}^i(\omega)$，可得

$$\hat{P}_{\text{PER}}^i(\omega) = \frac{1}{MU}\left|\sum_{n=0}^{M-1} x_N^i(n)d_2(n)\mathrm{e}^{-\mathrm{j}\omega n}\right|^2 \tag{8.5.7}$$

式中，U 为归一化算子，定义为

$$U = \frac{1}{M}\left|\sum_{n=0}^{M-1} d_2^2(n)\right|^2 \tag{8.5.8}$$

其中，$d_2(n)$ 为在数据截断时所应用的窗口函数。若 $d_2(n)$ 是一个长为 M 的矩形窗，则 $d_2(n) = d_1(n)$。若 $d_2(n)$ 不是矩形窗，如汉宁窗或汉明窗，则可有效改善由矩形窗函数旁瓣较大所造成的谱失真。

对所有分段数据的功率谱进行求和平均后得到应用 Welch 法的功率谱估计值 $\hat{P}_{\mathrm{WEL}}(\omega)$：

$$\hat{P}_{\mathrm{WEL}}(\omega) = \frac{1}{K}\sum_{i=1}^{K} \hat{P}_{\mathrm{PER}}^i(\omega) = \frac{1}{MKU}\sum_{i=1}^{K}\left|\sum_{n=0}^{M-1} x_N^i(n)d_2(n)\mathrm{e}^{-\mathrm{j}\omega n}\right|^2 \tag{8.5.9}$$

可以证明，$\hat{P}_{\mathrm{WEL}}(\omega)$ 的均值为

$$E[\hat{P}_{\mathrm{WEL}}(\omega)] = \frac{1}{K}\sum_{i=1}^{K} E[\hat{P}_{\mathrm{PER}}^i(\omega)] = E[\hat{P}_{\mathrm{PER}}^i(\omega)]$$

$$= P(\omega) * \frac{1}{MU}|D_2(\omega)|^2 = P(\omega) * W_2(\omega) \tag{8.5.10}$$

式中

$$D_2(\omega) = \sum_{n=0}^{M-1} d_2(n)\mathrm{e}^{-\mathrm{j}\omega n} \tag{8.5.11}$$

$$W_2(\omega) = \frac{1}{MU}|D_2(\omega)|^2 \tag{8.5.12}$$

且随着 N 的增大，当 $N \to \infty$ 时，$E[\hat{P}_{\mathrm{WEL}}(\omega)] \approx P(\omega)$，$\hat{P}_{\mathrm{WEL}}(\omega)$ 是渐近无偏的。

方差的估计与式（8.5.4）近似，当 $N \to \infty$ 时，$\hat{P}_{\mathrm{WEL}}(\omega)$ 是真实谱的一致性估计。但由于 Welch 法允许各段数据之间相互重叠，因而段数 M 增加，相应进一步减小方差。但数据的重叠必然带来各段数据之间相关性的增大，从而使得方差的改善亦无法达到理论计算的程度。

8.5.4　功率谱估计的应用

1. 光学元件面形精度的评价

对光学元件进行面形精度的分析，以评价它是否满足使用要求，这是光学面形检测的重要组成部分。传统的面形评价指标如峰谷值、均方根值等，其评价工作均是在空域进行的。而随着 20 世纪 90 年代强光光学的发展，高功率固体激光系统要求对其采用的大口径光学元件的波前质量进行全空间频段的控制，尤其是元件中频段的波前误差，它导致的光束的高频调制和非线性增益会造成光学元件的丝状破坏和降低光束的可聚焦功率，因而利用功率谱密度对波前误差进行评价分析就成为一个重要手段。

设被检波面轮廓函数 $z(x)$ 的一维傅里叶变换为

$$Z(k) = \int_0^L z(x)\exp(-jkx)\mathrm{d}x \tag{8.5.13}$$

离散条件下，式（8.5.13）变为

$$Z(m) = \Delta x \hat{Z}(m) = \Delta x \sum_{n=0}^{N-1} z(n)\exp(-j2\pi mn/N), \quad -N/2 \leqslant m \leqslant N/2 \tag{8.5.14}$$

式中，N 是采样点数；Δx 是采样间隔。根据功率谱密度的定义：

$$\mathrm{PSD} = |Z(k)|^2/L = |Z(m)|^2/(N\Delta x) \tag{8.5.15}$$

$$\mathrm{PSD}(v_m) = \frac{\Delta x}{N}\left|\sum_{n=0}^{N-1} z(n)\exp(-j2\pi mn/N)\right|^2, \quad -N/2 \leqslant m \leqslant N/2 \tag{8.5.16}$$

由式（8.5.16）计算出来的 PSD 是关于 v_m 对称的，PSD 曲线的绘制只需取它的正频率分量。空间频率 v_m 的范围受采样长度 L 和电荷耦合器件（charge coupled device，CCD）分辨率的限制，可分辨的最低空间频率为 $1/L$，最高空间频率为 $1/(2\Delta x)$，称为奈奎斯特截止频率。CCD 的像素是固定的，但可以通过干涉仪的变焦减小采样长度 L，从而让采样间隔 Δx 减小，增大可分辨的最高频率。

为了使得到的 PSD 曲线较真实地反映波前误差的频率分布情况，必须将在波面不同处采样得到的 PSD 进行对应频率的平均。平均的方法可以采用多条平均法和逐段平均法。通常采用多条平均法，在波面上平行地选取 K 条相同长度的采样线，算出各自的值再进行平均，平均前后的功率谱曲线如图 8.5.3 所示。

$$\mathrm{PSD}_{\mathrm{Ave}} = \sum_{i=0}^{K} \mathrm{PSD}_i/K \tag{8.5.17}$$

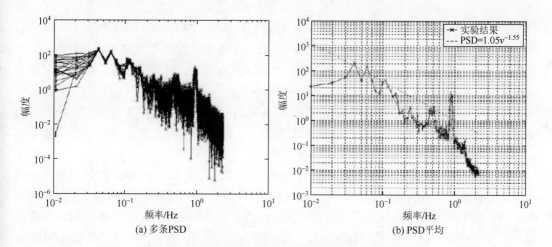

图 8.5.3　实际采集所得多条 PSD 曲线及其平均

2. 车床噪声源的识别研究

车床噪声作为评价车床质量优劣的重要指标，将直接影响其经济价值，减小车床的整机噪声对于提高车床产品的市场竞争力、改善工作环境具有重要意义。研究发现，车床主轴箱齿轮啮合的周期噪声是影响车床噪声声压级超标的主要原因。然而，车床噪声信号是由多种频率成分组合而成的随机信号，欲在随机信号中找出周期性信号成分，必须首先将噪声的时域信号转化为频域中的信息，利用噪声信号的自功率谱进行频谱分析，进而判断噪声的来源，确定相应的解决方案。图 8.5.4 所示为机床噪声识别系统的结构框图。图 8.5.5 所示为噪声测量点的位置示意图。

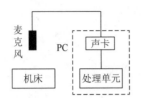

图 8.5.4　机床噪声识别系统结构框图

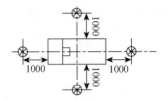

图 8.5.5　噪声测量点位置示意图

单位（mm）

根据研究可知，齿轮噪声按照在噪声频谱中的位置可划分为高频噪声和低频噪声。低频噪声主要是由齿轮的周节累积误差、传动中相互磕碰或毛刺摩擦、箱体孔系不平行或扭曲以及轴承误差等因素产生的，它属于长周期误差。对于长周期误差，其频率一般较低（10～20Hz），对噪声的声压级影响不大。

高频噪声主要是由齿轮基节误差、齿形误差、齿面粗糙度等因素产生的，它属于短周期误差。齿轮的齿形误差使齿轮副的每对齿啮合时都发出一次撞击声，产生齿轮啮合噪声的频率称为啮合频率，计算公式为

$$f_z = \frac{nz}{60} \tag{8.5.18}$$

式中，f_z 表示齿轮啮合频率（Hz）；n 表示齿轮的转速（r/min）；z 表示齿轮的齿数。

如果齿形误差表现为齿形中凹，还会产生频率为齿轮啮合频率 2 倍的倍频噪声，噪声频率通常在几百赫兹到上千赫兹，对噪声的声压级影响很大，很容易导致车床噪声声压级超标。

当得到车床噪声信号的功率谱图后，只需要将功率谱图的峰值频率与车床可能产生的噪声频率（即根据式（8.5.18）计算出来的齿轮啮合频率或信频）进行对照分析，就可以识别出引起车床噪声声压级超标的主要噪声源。

图 8.5.6（a）是某型车床主轴转速为 1550r/min（挡位为 1500r/min）时，对车床空运转噪声进行采集、分析所得的功率谱图。根据后续计算结果可以得出，齿数比为 55/44 的齿轮啮合频率为 947.222Hz，齿数比为 48/40 的齿轮啮合频率为 1033.33Hz，这两对齿轮都是主要噪声源；其中 950.07Hz 和 947.222Hz 相差不大，对应次大噪声声压级 82.03dB；2061.11Hz 大约为 1033.33Hz 的 2 倍频，对应最大噪声声压级 83.8dB。综合分析可以得出结论：齿数比为 48/40 的齿轮对存在齿形中凹的问题。

再对改进以后的车床进行噪声功率谱分析，如图 8.5.6（b）所示。相同条件下，不难看出此时 1030.67Hz 对应的最大声压级为 82.17dB，其 2 倍频 2005.72Hz 所对应的声压级已降为 78.71dB。因此可以得出结论：虽然齿数比为 48/40 的齿轮对还是主要噪声源，但其整机噪声声压级已小于 83dB，符合国家标准。

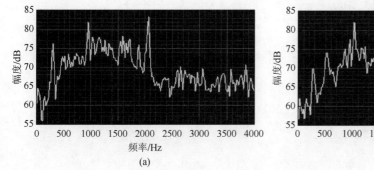
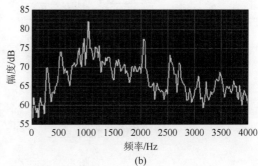

图 8.5.6　车床噪声测量功率谱结果

3. 随机脉冲核信号的频谱特性分析

^{252}Cf 自发裂变产生的中子与物质作用将产生核反应，可以构成一个典型的核信息系统。对系统内所携带的核信息进行测量与分析，可以揭示核结构与核反应规律。近年来，基于高速数据采集，通过频域变换对核信息系统的随机核信号进行处理的方法得到了快速发展，使其在某些核信息系统随机核信号的处理方面发挥了日益重要的作用。因此，利用 ^{252}Cf 裂变中子源所构造的核信息系统，对其所采集的中子脉冲数据为研究对象，在分块平均法的基础上进行频域变换，并分别对核信息系统 3 个测量通道的随机核信号进行相关分析和功率谱分析，可得到核材料的频域相关信息。而对频谱的局部特征进行观察和分析，有利于进一步探讨核信息系统随机核信号的物理意义，反演其本质属性。

核信息系统频谱分析的算法如下。

通过高速数据采集所获得的系统随机核信号，按数据块 block 进行数据采样，每一个 block 只是样本数据中的一段。在相关分析时，采用分块相关法。这里选用了无偏相关函数估计，表示为

$$R_x(m) = \frac{1}{N-m} \sum_{n=0}^{N-1-m} x(n)x(n+m) \tag{8.5.19}$$

对得到的相关估计进行离散傅里叶变换得到信号在频域中的功率谱估计，表示为

$$G_x(\omega) = \sum_{k=-N}^{N} R_x(k)\exp(-\mathrm{j}\omega k) \tag{8.5.20}$$

鉴于系统所测得的随机核信号的数据量非常巨大，在对每一个 block 数据进行频谱计算时都要执行傅里叶变换，使得总的分析计算耗时极大。因此，在不影响计算精度的前提下，系统采用了图 8.5.7 所示简化的功率谱计算流程：先对每个 block 数据进行相关计算，求出相关函数总和，再对总的相关函数进行 FFT，求得总功率谱，最后再做平均，得到所需的功率谱密度估计。

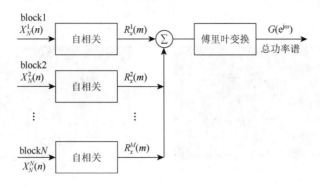

图 8.5.7　简化的功率谱计算流程图

在中子源 ^{252}Cf 裂变材料的核信息系统中，由于存在裂变链式反应，所以处在同一裂变链上的中子是前后相关的。核信号的高速测量，即为通过对 3 个测量通道所采集到的 block 数据进行相关计算，获得同一裂变链上的中子前后的相关性。以系统的高速数据采集实测的 block 数据为研究对象，并对中子源 ^{252}Cf 探测器（设置为通道 1）和探测器Ⅰ、探测器Ⅱ（分别设置为通道 2 和通道 3）共 3 路信号进行高速采集。利用分块平均法，分别对上述 3 个测量通道的随机核信号进行自相关和互相关计算，所得结果如图 8.5.8 所示。由图 8.5.8（a）可知，当 $t=0$ 时，$R_{11}(0)=1.3789\times10^{-4}$，它表示在 ^{252}Cf 源快电离室中，一次 ^{252}Cf 裂变所需要的时间为 1.3789×10^{-4} s。研究中，采样时间间隔为 1ns。可见，实际测得的 ^{252}Cf 裂变率为 137890s^{-1}。从图 8.5.8（a）中还能清楚地看到 ^{252}Cf 源电子学线路的死时间 $t_d=35$ns。由图 8.5.8（b）可见，$R_{22}(0)=5.1171\times10^{-5}$ 表示的是每次探测到 ^{252}Cf 裂变时探测器Ⅰ所对应的计数率，从中还可以观察到探测系统电子学线路的死时间 $t_d=19$ns。图 8.5.8 中，常数部分表示噪声，即背景辐射，与源计数率无关。与图（a）不同的是，图（b）相当于单个探测器的 Rossi-α 测量的曲线，它揭示了瞬发中子衰减常数 α 的特征，其中随时间的衰减基本上包含两项：快衰变（50ns 之前）

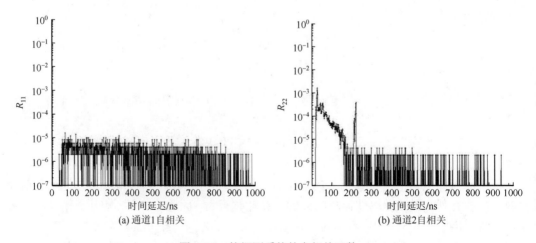

图 8.5.8　核探测系统的自相关函数

和慢衰变（持续超过 100ns）。快衰变主要与裂变材料部件本身有关，慢衰变则与裂变材料部件周围的慢化剂有关。

中子源时间分布函数的形式对功率谱没有影响（无论正态分布还是泊松分布或其他分布），但形式的变化对功率谱是有影响的。只要分布形式没有变化，核信息系统的核事件就可以近似为一个平稳随机信号。在实际测量中，使用的中子源就是平稳的，且源通道的信号也是服从泊松分布的脉冲序列的，它满足功率谱的应用条件。图 8.5.9（a）所示为 ^{252}Cf 源自功率谱密度曲线，它不随频率的变化而变化，对源的自功率谱 $G_{11}(0)$ 归一化为 1。图 8.5.9（b）和（c）分别所示为通道 2 和通道 3 的自功率谱，其中 G_{22} 略有振动，而 G_{33} 的抖动则更为剧烈。由此可知，裂变材料的中子增殖因子和探测效率都很大，这是因为探测器的自功率谱密度对计数率是很敏感的，故所有对计数率有影响的因素，如本底、自发裂变、诱发裂变等，均对 G_{22} 和 G_{33} 有影响。基于此，可以由探测器通道的自功率谱密度求得裂变系统的特性，如本底、探测效率及有效增殖系数等。

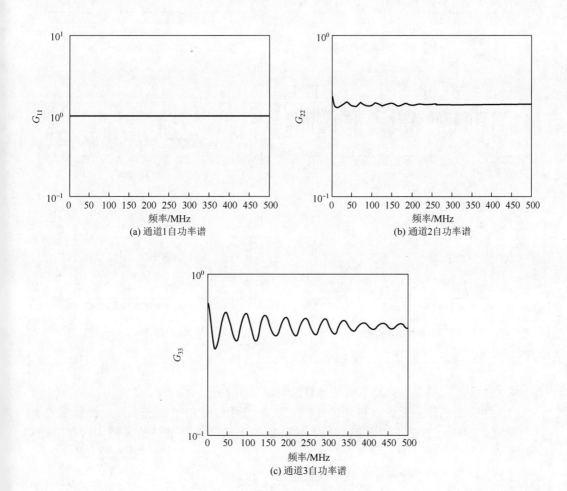

图 8.5.9　核探测系统的功率谱密度

8.6 经典功率谱估计算法的性能比较

为了比较本章所述的几种功率谱估计方法的性能，本节选用相关法、周期图法、Bartlett 法以及 Welch 法对一组包含被白噪声污染的两个不同频率正弦信号分别进行功率谱估计，其中两个正弦信号的归一化频率分别为 $f_1 = 0.1$ 和 $f_2 = 0.4$。数据窗采用矩形窗，长度为 512，估计结果如图 8.6.1 所示。从图中不难看出，图 8.6.1（f）的噪声水平是最平坦的。

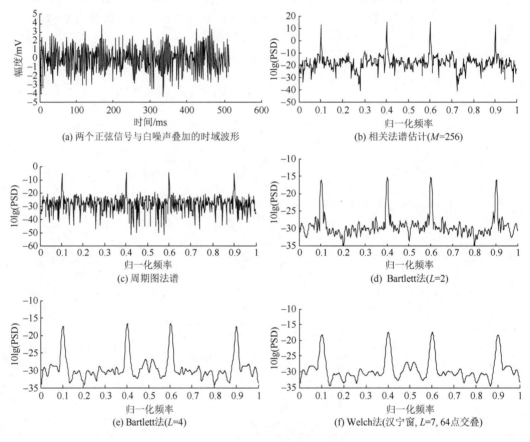

图 8.6.1 经典谱估计及其改进

综上所述，我们对经典功率谱估计算法简略总结如下。

（1）经典谱估计，无论直接法还是间接法，均可利用 FFT 快速实现，计算量较小，且物理概念明确，便于工程实现。对于长数据的谱估计，目前仍然是较为常用的谱估计方法。

（2）各种方法的谱分辨率都较低，且正比于 $2\pi / N$。

（3）窗函数所造成的影响不可避免。当窗函数的主瓣较宽时，导致分辨率下降。而较大的旁瓣则有可能掩盖真实谱中较微弱的部分，或是产生虚假的谱峰。但窗函数的使用和周期图法的平均与平滑方法紧密相连。平均和平滑虽然能够改善周期图法的方差性能，却在一定程度上以牺牲分辨率和偏差为代价。而且没有一个窗函数能够使谱估计在偏差、方差以及分辨率等方面都得以改善，窗函数的使用只是改进谱估计质量的一种技巧，它并不是解决问题的根本。

（4）经典谱估计的方差性能较差，都不是真实谱的一致性估计，且 N 增大时谱线起伏加剧。

8.7　谱估计时的一些实际问题

（1）数据采样率。设平稳随机信号 $x(t)$ 的最高频率为 f_c，为了避免谱估计发生频率混叠现象，根据奈奎斯特定理，采样频率 f_s 应最少是信号最高频率 f_c 的 2 倍，即

$$f_s \geqslant 2f_c \text{或} t_s = \frac{1}{f_s} \leqslant \frac{1}{2f_c} = \frac{\pi}{\omega_c} \tag{8.7.1}$$

采样值为 $x(n)$，则有采样展开式：

$$\hat{x}(t) = \sum_{n=-\infty}^{+\infty} x(n)\frac{\sin[\omega_c(t-nt_s)]}{\omega_c(t-nt_s)} f_s \geqslant 2f_c \text{或} t_s = \frac{1}{f_s} \leqslant \frac{1}{2f_c} = \frac{\pi}{\omega_c} \tag{8.7.2}$$

且 $\hat{x}(t)$ 在均方意义下逼近于 $x(t)$，即

$$E[|\hat{X}(t) - X(t)|^2] = 0 \tag{8.7.3}$$

实际应用中，采样率 f_s 常取信号最高频率 f_c 的 3～5 倍。如果信号的上限频率不易估计，可以在采样前用适当的低通滤波器加以限制再进行采样。低通滤波器的截止频率应高于信号的上限频率（如语音信号一般的截止频率为 3.4kHz），以不严重影响信号波形为原则，称为抗混叠滤波器。

（2）每段数据的长度。每段信号的长度 L 应该满足频率分辨率的要求。设要求的频率分辨率是 f_Δ，则归一频率分辨率是 f_Δ / f_s。因此，要求 $1/L < f_\Delta / f_s$。为了增加谱估计中谱线的密度，在进行 FFT 之前，可以在每段数据后适当补零。注意补零的作用只是使谱线更加细密，并不能提高频率分辨率。也就是说，由原始采样数据不足造成的信息丢失是不能靠补零来弥补的。

（3）数据总长度。数据总长度 $N =$ 分段总数 $K \times$ 每段点数 L。因此，总长度决定于分段总数，也就是决定于希望改善方差性能的程度。而实际信号或多或少存在非平稳性，因此 N 不宜过长，以避免由信号统计特性的变化而导致的附加估计误差。

（4）数据的预处理。为减小谱泄漏现象引起的估计误差，在谱估计前最好先把直流分量或其他周期性分量（如市电的干扰）去掉。因为它们会在谱估计中引起类似 δ 函数性质的谱峰，使其附近的估计失真。同时，为使被处理数据符合平稳性的要求，处理前还应该

去掉信号中的趋势项，如电生理记录中的基线漂移等。而所谓趋势项是指周期长于数据长度的频率分量，对于趋势项的干扰可先采用一阶或二阶差分处理、线性回归以及高次多项式回归的方法估算出趋势项，然后采用从原始数据中减除的方法进行抑制。图 8.7.1 所示为压电陀螺零点漂移信号中趋势项的去除。

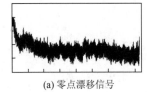 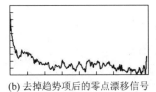 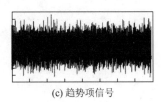

(a) 零点漂移信号　　　　　　(b) 去掉趋势项后的零点漂移信号　　　　　(c) 趋势项信号

图 8.7.1　压电陀螺零点漂移信号中趋势项的去除

8.8　参数法功率谱估计

非参数法谱估计直接从有限观测数据计算功率估计，简单易懂，但其性能受到数据长度的严重制约。分析快速变化的信号时，为了捕捉快速变化部分及信号过渡过程特性，记录长度不能太长。有限观测数据相当于用窗函数截断信号，若窗函数长度为 N，非参数法意味着 $m \geqslant N$ 时，认定自相关 $r_{xx}(m) = 0$，将自相关强行截断，参数法谱估计根据有限观测数据计算随机信号的时间序列信号模型参数，从而计算功率谱估计，非参数法隐含自相关外插，在一定程度上减弱了数据长度的制约，特别适用于短数据的谱分析。

8.8.1　Yule-Walker 谱估计

前面已提到，可以由随机信号的 $p+1$ 个自相关值计算其 AR(p) 模型的参数，这就是所谓的 Yule-Walker 方程，而且有若干求解 Yule-Walker 方程的高效算法，如 Levinson-Durbin 算法。Yule-Walker 谱估计有限观测计算随机信号的有偏自相关估计，如式（8.8.1）所示。再用 Levinson-Durbin 算法计算 AR（p）模型参数，从而计算 Yule-Walker 谱估计：

$$\hat{p}_{xx}^{\mathrm{YW}}(\omega) = \frac{\hat{\sigma}_{wp}^{2}}{\left| 1 + \sum_{k=1}^{p} \hat{a}_{p}(k) \mathrm{e}^{-\mathrm{j}\omega k} \right|^{2}} \tag{8.8.1}$$

式中，$\hat{\sigma}_{wp}^{2}$ 是最小均方观测误差；$\hat{a}_{p}(k)$ 是预测误差滤波器系数。采用有偏自相关估计确保自相关矩阵正定，从而可逆，Yule-Walker 方程肯定有解，而且滤波器是稳定的。确定信号模型的参数之后，令式（2.5.30）中 $p=l$，则可外推其他自相关值 $r_{xx}(l)$。所以 Yule-Walker 谱估计隐含自相关外推。

例 8.8.1 Yule-Walker 谱估计。

语音信号如图 8.8.1 所示,其功率谱含有若干谱峰,特别适合 AR 信号模型。以下程序用 Welch 谱估计分析一段语音信号的功率谱,如图 8.8.2 所示。

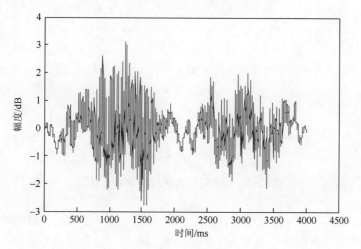

图 8.8.1 语音信号

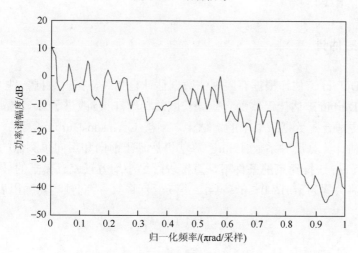

图 8.8.2 语音信号的 Welch 谱估计

```
load mtlb
Hwelch = spectrum.welch('hamming',256,50);
Psd(Hwelch,mtlb,'Fs',Fs,'NFFT',1024)
```

添加如下语句用 Yule-Walker 方法估计语音信号的功率谱,如图 8.8.3 所示。由于采用 AR 信号模型,Yule-Walker 谱估计较为平滑。

```
Hyulear = spectrum.yulear(14);figure;
psd(Hyulear,mtlb,'Fs',Fs,'NFFT',1024)
```

其中,函数 spectrum.yulear 返回 Yule-Walker 谱对象。用户可指定信号模型阶数,其默认值为 4。

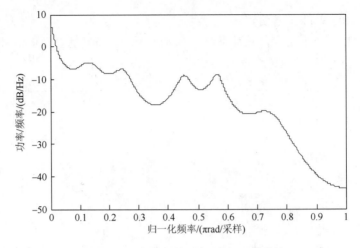

图 8.8.3　语音信号的 Yule-Walker 谱估计

Yule-Walker 法需要用有限观测数据计算自相关，仍然受数据长度制约，当数据较短时，估计方差较大，会出现谱峰偏移（如受噪声污染的正弦信号）与谱线分裂（在信号谱峰附近产生虚假谱线）。

8.8.2　Burg 谱估计

Levinson-Durbin 谱估计根据有限观测数据估计自相关，在短数据条件下估计方差大，所以 Levinson-Durbin 谱估计仍然受到数据长度的制约。Burg 改进了 Levinson-Durbin 算法，改进后的算法更适合短数据条件下的谱估计，回想 Levinson-Durbin 算法，迭代起始时必须根据自相关估计计算反射系数。Burg 算法仍然基于前向和后向预测器的格型结构，在受 Levinson-Durbin 递推约束的条件下，直接求解最小均方误差意义下的最优反射系数。

设有限观测数据为 $x(n)$，$0 \leqslant n \leqslant N-1$。第 m 级前向、后向预测器输出表示为

$$\hat{x}(n) = \sum_{k=1}^{m} a_m(k) x(n-k)$$
$$\hat{x}(n-m) = -\sum_{k=1}^{m} a_m^*(k) x(n+k-m) \tag{8.8.2}$$

Burg 定义总均方误差如下：

$$\varepsilon_m = \sum_{n=m}^{N-1} [|f_m(n)|^2 + |g_m(n)|^2] \tag{8.8.3}$$

将关于预测误差的递推代入式（8.8.3），可求得最小均方误差意义下的最优反射系数为

$$\hat{K}_m = \frac{-\sum_{n=m}^{N-1} f_{m-1}(n) g_{m-1}^*(n)}{\dfrac{1}{2} \sum_{n=m}^{N-1} [|f_{m-1}(n)|^2 |g_{m-1}^*(n-1)|^2]}, \quad m = 1, 2, \cdots, p \tag{8.8.4}$$

式中，分子实际上可视为前向和后向预测误差互相关的估计；分母可视为最小均方前向预测误差和最小均方后向预测误差的估计量，可分别记为 $\hat{E}_{m-1}^f$ 和 $\hat{E}_{m-1}^b$。从而可将式（8.8.4）写为

$$\hat{K}_m = \frac{-\sum_{n=m}^{N-1} f_{m-1}(n)g_{m-1}^*(n-1)}{\frac{1}{2}\sum_{n=m}^{N-1}[\hat{E}_{m-1}^f(n)+\hat{E}_{m-1}^b(n)]} = \frac{-2\sum_{n=m}^{N-1} f_{m-1}(n)g_{m-1}^*(n-1)}{\sum_{n=m}^{N-1}\hat{E}_{m-1}}, \quad m=1,2,\cdots,p \quad (8.8.5)$$

$\hat{E}_{m-1}^f + \hat{E}_{m-1}^b = \hat{E}_{m-1}$ 是最小总均方误差，其递推关系如下：

$$\hat{E}_m = [1-|K_m|^2]\hat{E}_{m-1} - |f_m(m)^2| - |g_m(N-1)|^2 \quad (8.8.6)$$

预测系数和前向、后向预测误差受 Levinson-Durbin 递推约束：

$$a_m(k) = a_{m-1}(k) + K_m a_{m-1}^*(m-k), \quad 1 \leqslant k \leqslant m-1; 1 \leqslant m \leqslant p \quad (8.8.7)$$

$$f_0(n) = g_0(n) = x(n)$$

$$f_m(n) = f_{m-1}(n) + K_m g_{m-1}(n-1), \quad m=1,2,\cdots,p \quad (8.8.8)$$

$$g_m(n) = K_m^* f_{m-1}(n) + g_{m-1}(n-1), \quad m=1,2,\cdots,p$$

Burg 谱估计为

$$\hat{p}_{xx}^{\mathrm{BU}} = \frac{\hat{E}_p}{\left|1+\sum_{k=1}^p \hat{a}_p(k)\mathrm{e}^{-\mathrm{j}\omega k}\right|^2} \quad (8.8.9)$$

启动 Burg 递推初始时，有

$$f_0(n) \Leftarrow x(n), \quad g_0(n) \Leftarrow x(n), \quad \hat{E}_0 = \frac{1}{N}\sum_{n=0}^{N-1}|x(n)|^2 \quad (8.8.10)$$

然后用式（8.8.5）～式（8.8.8）依次递推计算反射系数、最小总均方误差、预测系数及前向、后向预测误差。

例 8.8.2　Burg 谱估计。

频率为 140Hz 和 150Hz 的两个正弦信号受到随机噪声污染，Welch 谱估计程序如下，功率谱估计如图 8.8.4 所示。

```
randn('state',0)
fs = 1000;              %Sampling frequency
t = (0:fs)/fs;          %One second worth of samples
A = [1 2];             %Sinusoid amplitudes
f = [150;140];          %Sinusoid frequencies
xn = A*sin(2*pi*f*t) + 0.1*randn(size(t));
Hwelch = spectrum.welch('hamming',256,50);
psd(Hwelch,xn,'Fs',fs,'NFFT',1024)
```

添加如下语句实现 Burg 谱估计,如图 8.8.5 所示。

```
Hburg = spectrum.burg(14);figure;
psd(Hburg,xn,'Fs',fs,'NFFT',1024)
```

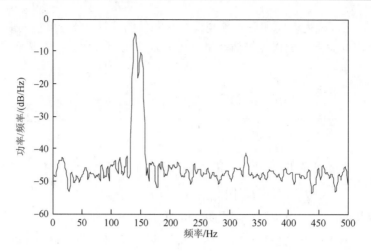

图 8.8.4　　Welch 谱估计

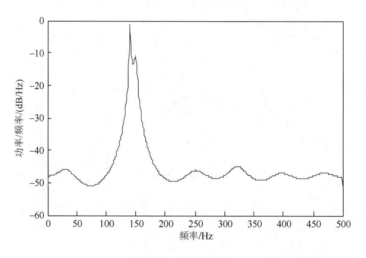

图 8.8.5　　Burg 谱估计

　　一般情况下，对于 AR 信号模型，由于避免了根据有限观测数据计算自相关估计，短数据 Burg 谱估计比自相关函数法精确。但对正弦信号的谱估计有一定困难，存在谱线分裂和偏移，且谱峰位置与初相位有关系，当信号模型阶数减少时，正弦信号初相位引起的谱峰位置偏移会变得比较明显。

8.9　小　　结

　　本章就随机信号处理中均值、方差的估计以及数据相关性对估计结果的影响展开了讨论，着重讲述了相关函数的估计及其应用，并对两种经典功率谱估计方法——周期图法和自相关法进行了重点介绍，详尽分析了功率谱的定义、算法、估计性能及相应的改进。最后，就谱估计时一些实际问题进行了简要的分析和介绍。

主要参考文献

奥本海姆 A V. 1998. 信号与系统[M]. 刘树棠, 译. 西安: 西安交通大学出版社.

车荣强. 2012. 概率论与数理统计[M]. 2 版. 上海: 复旦大学出版社.

陈佳圭. 1987. 微弱信号检测[M]. 北京: 中央广播电视大学出版社.

戴斌飞. 2005. 面形精度评价方法研究[D]. 苏州: 苏州大学.

付梦印. 2003. Kalman 滤波理论及其在导航系统中的应用[M]. 北京: 科学出版社.

高晋占. 2011. 微弱信号检测[M]. 北京: 清华大学出版社.

高西全, 丁玉美. 2008. 数字信号处理[M]. 西安: 西安电子科技大学出版社.

龚耀寰. 2003. 自适应滤波[M]. 2 版. 北京: 电子工业出版社.

何振亚. 2002. 自适应信号处理[M]. 北京: 科学出版社.

赫金 S. 2016. 自适应滤波器原理[M]. 郑宝玉, 译. 北京: 电子工业出版社.

胡广书. 2012. 数字信号处理: 理论、算法与实现[M]. 北京: 清华大学出版社.

胡广书. 2015. 现代信号处理教程[M]. 北京: 清华大学出版社.

景占荣, 羊彦. 2004. 信号检测与估计[M]. 北京: 化学工业出版社.

克劳切 R E. 1988. 多抽样率数字信号处理[M]. 邓广增, 译. 北京: 人民邮电出版社.

黎蕾蕾, 潘英俊, 刘宇. 2007. 压电陀螺随机漂移的建模与补偿[J]. 压电与声光, 29 (3): 270-272.

李道本. 2004. 信号的统计检测与估计理论[M]. 北京: 科学出版社.

梁军鹏. 2007. 基于 LabVIEW 的车床噪声源识别虚拟仪器设计[D]. 武汉: 华中科技大学.

罗鹏飞. 2009. 统计信号处理[M]. 北京: 电子工业出版社.

任勇, 魏彪, 冯鹏, 等. 2009. 多适性核信号处理与分析系统的设计[J]. 重庆大学学报, 32 (9): 1054-1058.

汪源源. 2003. 现代信号处理理论和方法[M]. 上海: 复旦大学出版社.

徐科军. 2006. 信号分析与处理[M]. 北京: 清华大学出版社.

杨福生. 1990. 随机信号分析[M]. 北京: 清华大学出版社.

叶中付. 2013. 统计信号处理[M]. 合肥: 中国科学技术大学出版社.

印勇. 2000. 随机信号分析[M]. 北京: 中国物资出版社.

曾庆勇. 1986. 微弱信号检测[M]. 杭州: 浙江大学出版社.

张玲华, 郑宝玉. 2003. 随机信号处理[M]. 北京: 清华大学出版社.

张蓉竹. 2000. 功率谱密度的数值计算方法[J]. 强激光与粒子束, 12 (6): 661-664.

张贤达. 2015. 现代信号处理[M]. 北京: 清华大学出版社.

张旭东. 2004. 图像编码基础和小波压缩技术[M]. 北京: 清华大学出版社.

张旭东, 陆明泉. 2005. 离散随机信号处理[M]. 北京: 清华大学出版社.

赵树杰, 赵建勋. 2005. 信号检测与估计理论[M]. 北京: 清华大学出版社.

郑君里. 2000. 信号与系统[M]. 北京: 高等教育出版社.

宗孔德. 1994. 多抽样率信号处理[M]. 北京: 清华大学出版社.

Chen Y. 2006. Design and application of quincunx filter banks[D]. Victoria: University of Victoria.

Fliege N J. 1994. Multirate Digital Signal Processing[M]. Chichester UK: John Wiley and Sons.

Kay S M. 2014. Fundamentals of Statistical Signal Processing: Estimation Theory[M]. New Jersey: Prentice Hall PTR.

Nikias C L, Petropulu A P. 1993. Higher-order Spectra Analysis: A Nonlinear Signal Processing Framework[M].

New Jersey：Prentice-Hall.

Oppenheim A V. 1996. Signals and Systems[M]. 2nd ed. New Jersey：Prentice Hall.

Oppenheim A V，Schafer R W，Buck J R. 1999. Discrete-time Signal Processing[M]. 2nd ed. New Jersey：Prentice Hall.

Sophocles J O. 1996. Introduction to Signal Processing[M]. New Jersey：Prentice Hall.

Vaseghi S V. 2000. Advanced Digital Signal Processing and Noise Reduction[M]. 2nd ed. New York：John Wiley & Sons LTD.

Widrow B，Glover J R，McCool J M，et al. 1975. Adaptive noise cancelling：Principles and applications[C]. Proceedings IEEE，63：1692-1716.

Widrow B，McCool J M，Larimore M G，et al. 1976. Stationary and nonstationary learning characteristics of LMS adaptive filter[C]. Proceedings IEEE，64：1151-1162.